Konzeption und Bewertung technischer Entsorgungswege

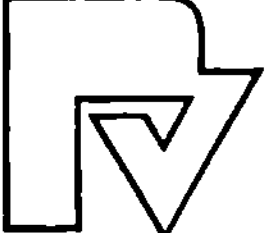

Band 1: Michael Schröder
**Die volkswirtschaftlichen Kosten
von Umweltpolitik**
1991. 224 Seiten. Brosch. DM 69,-
ISBN 3-7908-0535-1

Band 2: Karl Heinz Gruber
**Zur methodischen Auswahl von
Emissionsminderungsmaßnahmen**
1991. 257 Seiten. Brosch. DM 75,-
ISBN 3-7908-0547-5

Band 3: Helmuth-M. Groscurth
**Rationelle Energieverwendung
durch Wärmerückgewinnung**
1991. 184 Seiten. Brosch. DM 65,-
ISBN 3-7908-0552-1

Band 4: Frank Stähler
**Kollektive Umweltnutzungen
und individuelle Bewertung**
1991. 178 Seiten. Brosch. DM 65,-
ISBN 3-7908-0572-6

Rolf Winkler

Konzeption und Bewertung technischer Entsorgungswege

Dargestellt am Beispiel von Reststoffen aus
der Rauchgasreinigung in Baden-Württemberg

Mit 53 Abbildungen

Physica-Verlag Heidelberg

Reihenherausgeber
Werner A. Müller
Peter Schuster

Autor
Dr. Rolf Winkler
Rheinisch-Westfälische Kalkwerk AG
D-5600 Wuppertal 11 - Dornap

ISBN-13: 978-3-7908-0577-2   e-ISBN-13: 978-3-642-48113-0
DOI: 10.1007/978-3-642-48113-0

CIP-Titelaufnahme der Deutschen Bibliothek
Winkler, Rolf:
Konzeption und Bewertung technischer Entsorgungswege:
dargestellt am Beispiel von Rohstoffen aus der
Rauchgasreinigung in Baden-Württemberg / Rolf Winkler. –
Heidelberg: Physica-Verl., 1992
(Umwelt und Ökonomie; Bd. 5)
ISBN-13: 978-3-7908-0577-2
NE: GT

Vorwort

Prozesse der industriellen Produktion und der Energieumwandlung basieren auf **linearen Stoffströmen**, d. h. Rohstoffe werden aus der Natur entnommen, zu Wertstoffen und Reststoffen/Abfällen transformiert und anschließend in die Natur zurückgeführt. Vor allem in den letzten 10 Jahren hat der Wissenszuwachs über derartige Immissionen und ihre Wirkungen in Boden und Wasser jedoch verdeutlicht, daß die Erde nur ein begrenztes Aufnahme- und Abbaupotential für Reststoffe/Abfälle hat. Zur Lösung dieses Problems wurde dabei lange übersehen, daß die Natur selbst die besten Beispiele vorgibt. Dazu gehören u. a. **Stoffkreisläufe** mit geochemischen Prozessen der Stoffumwandlung und -differenzierung wie z. B. der Kohlendioxid-, Stickstoff- oder Schwefelkreislauf.

Die Übertragung des Prinzips **geschlossener Materialströme** auf Reststoffe/Abfälle, umschreibbar mit den bekannten Worten Recycling und Verwertung, ist jedoch nicht ohne weiteres möglich. Notwendige Konzepte und fortschrittliche Techniken müssen in den meisten Fällen erst noch entwickelt werden. Darüber hinaus sind auch wirtschaftliche und politische Schwierigkeiten beachtlich und die Akzeptanz ist in großen Teilen der Öffentlichkeit noch gering.

In der vorliegenden Arbeit wird eine optimierte Lösung zu dieser Problematik aufgezeigt, speziell für eine Reststoffgruppe. Dabei handelt es sich um feste Rückstände aus der Rauchgasreinigung industrieller und öffentlicher Feuerungen, die fossile Energieträger einsetzen. Für diese Materialien werden neuartige Entsorgungswege mit verwertungsorientierten Aufbereitungen auf regionaler Ebene konzipiert und unter technischen, ökologischen und ökonomischen Gesichtspunkten bewertet.

Die Arbeit entstand in den Jahren 1987 - 1990 am Institut für Industriebetriebslehre und Industrielle Produktion der Universität Karlsruhe (TH) in Verbindung mit einem Forschungsprojekt, welches im Auftrag des Umweltministeriums Baden-Württemberg bearbeitet wurde.

Herrn Prof. Dr. O. Rentz danke ich herzlich für die Ermöglichung des Forschungsvorhabens, für die Übernahme des Hauptreferates sowie für die Anregungen und kritischen Stellungnahmen. Ebenso bin ich Herrn Prof. Dr. F. Stehling und Herrn Prof. Dr. K. M. Kautz für die Übernahme der Korreferate verbunden. Besonderer Dank gilt meinen österreichischen Institutskollegen Dr. K. H. Gruber und Dr. R. Hammerschmid für konstruktive und fruchtbare Diskussionsbeiträge sowie für ihre stetige Hilfsbereitschaft. Nicht zuletzt ist diese Arbeit zustande gekommen, weil meine Lebensgefährtin große Teile des Manuskriptes schrieb.

Karlsruhe, im Juli 1991   Rolf Winkler

Inhaltsverzeichnis

1 ZUSAMMENFASSUNG   **1**

2 GEGENSTAND UND AUFBAU DER UNTERSUCHUNGEN   **4**

2.1 Einleitung 4

2.2 Problemstellung...8

2.3 Zielsetzung und Vorgehensweise 12

3 GRUNDLAGEN DER RESTSTOFFENTSORGUNG   **15**

3.1 Rahmenbedingungen 15

3.2 Gesetzliche Vorgaben und Rechtsgrundlagen zur Verwertung von
Stoffen...17

    3.2.1 Bundes-Immissionsschutzgesetz (BImSchG)...............................17

    3.2.2 Abfallgesetz (AbfG) 19

**4 KONZEPTION TECHNISCHER ENTSORGUNGSWEGE FÜR
RESTSTOFFE AUS DER RAUCHGASREINIGUNG**   **23**

4.1 Charakterisierung der Reststoffe und Analyse ihrer Eigenschaften........24

    4.1.1 Anlagenspezifische Reststoffanfallcharakteristik 24

    4.1.2 Rostfeuerungsflugaschen (RFA) 25

    4.1.3 Wirbelschichtaschen (WA)...27

    4.1.4 Sprühabsorptionsreststoffe (SAR) und Calciumsulfit-/Calcium-
    sulfatschlämme (KWR) 29

4.2 Verwertungsbereiche und baustofftechnische Anforderungen 32

    4.2.1 Zementindustrie..34

    4.2.2 Beton- und Baustoffindustrie 41

        4.2.2.1 Betonindustrie...41

        4.2.2.2 Baustoffindustrie 44

4.2.3 Gipsindustrie 48

4.2.4 Straßen- und Wegebau 51

4.2.5 Bergbau 54

4.2.6 Reststoffeinsatz in Großfeuerungsanlagen 56

4.2.7 Düngemittel, Bodenhilfsstoff, Deponiebau und -betrieb 57

4.3 Prinzipiell mögliche technische Entsorgungswege 59

4.3.1 Technische Entsorgungswege für Rostfeuerungsflugaschen 60

4.3.2 Technische Entsorgungswege für Wirbelschichtaschen 63

4.3.3 Technische Entsorgungswege für Sprühabsorptionsreststoffe
       und Calciumsulfit-/Calciumsulfatschlämme 65

5 STOFFBILANZEN UND AGGREGATE ZUR AUFBEREITUNG   68

5.1 Einleitung 68

5.2 Stoffliche Grundlagen der Aufbereitung 69

5.3 Technische Optionen zur Durchführung der Aufbereitungen 71

5.3.1 Analyse und Auswahl der Aufbereitungsaggregate 72

5.3.2 Analyse und Auswahl der Lager- und Fördersysteme 88

5.4 Stoffbilanzierung der Aufbereitung als Grundlage einer
     ökologisch - ökonomischen Bewertung 93

5.4.1 Voraussetzungen für die Stoffbilanzierung 94

5.4.2 Stoffbilanzen der Aufbereitungen für Rostfeuerungsflugaschen ...96

5.4.3 Stoffbilanzen der Aufbereitungen für Wirbelschichtaschen 104

5.4.4 Stoffbilanzen der Aufbereitungen für Sprühabsorptions-
       reststoffe und Calciumsulfit-/Calciumsulfatschlämme 110

**6 BEWERTUNG UND AUSWAHL TECHNISCHER
ENTSORGUNGSWEGE   120**

6.1 Auswahl der Bewertungskriterien 120

6.2 Regionale Potentiale der relevanten Verwertungsmöglichkeiten 124

6.2.1 Regionale Verteilung der Rohstoffeinsatzmengen.......... 124

6.2.2 Jahresverlauf der Produktion und wirtschaftliche Entwicklung.. 128

6.2.3 Regionale Verteilung der Reststoffeinsatzpotentiale in
Baden-Württemberg.. 131

6.2.3.1 Abschätzung der minimal notwendigen Potentiale 131

6.2.3.2 Abschätzung der realen Potentiale........................ 133

6.2.3.3 Regionale Verteilung der realen Potentiale.............. 136

6.3 Umweltfaktor der technischen Entsorgungswege........................ 152

6.3.1 Definition des Umweltfaktors.............................. 153

6.3.2 Umweltfaktoren der technischen Entsorgungswege.............. 158

6.4 Kosten der technischen Entsorgungswege 159

6.4.1 Vorgehensweise zur Kostenermittlung........................ 160

6.4.1.1 Investitionen.. 160

6.4.1.2 Kosten 161

6.4.2 Investitionen und Kosten der technischen Entsorgungswege 165

6.4.2.1 Durchführung der Investitionsschätzung.................. 165

6.4.2.2 Durchführung der Kostenschätzung...................... 169

6.5 Auswahl der technischen Entsorgungswege für Baden-
Württemberg 174

**7 EINBINDUNG DER AUSGEWÄHLTEN TECHNISCHEN
ENTSORGUNGSWEGE IN EIN VERWERTUNGSKONZEPT UNTER
KOSTENASPEKTEN**   **181**

7.1 Einfluß der Deponierungspreise auf die Verwertung.................... 181

7.2 Zusammenlegung von Aufbereitungen der technischen
Entsorgungswege 183

7.3 Durchführung der Zusammenlegung von Aufbereitungen und
Konzeption eines Anlagenverbundes........................ 185

7.3.1 Anlagenverbund für Rostfeuerungsflugaschen und
Wirbelschichtaschen.. 186

7.3.2 Anlagenverbund für Sprühabsorptionsreststoffe und
        Calciumsulfit-/Calciumsulfatschlämme 190

7.4 Auswirkungen der Zusammenlegung von Aufbereitungen auf deren
      Kosten 193

**8 DURCHFÜHRUNG DER AUFBEREITUNG UND VERWERTUNG
SOWIE MÖGLICHE STANDORTE DER AUFBEREITUNGEN IN
BADEN-WÜRTTEMBERG   200**

8.1 Träger der Aufbereitung und Verwertung sowie Durchführung von
      deren Planung 200

8.2 Gesetzliche Vorgaben und Anforderungen in bezug
      auf die Errichtung und den Betrieb von Aufbereitungen 204

     8.2.1 Bundes-Immissionsschutzgesetz (BImSchG) und Abfallgesetz
             (AbfG) 204

     8.2.2 Wasserhaushaltsgesetz (WHG) 205

     8.2.3 Bodenschutzkonzeption (BSK) 206

     8.2.4 Umweltverträglichkeitsprüfung (UVPG) 206

8.3 Standortfaktoren und mögliche Standorte für Aufbereitungen
      in Baden-Württemberg 208

     8.3.1 Relevante Standortfaktoren 208

     8.3.2 Mögliche Standorte für Baden-Württemberg 210

9 SCHLUSSFOLGERUNGEN UND AUSBLICK   216

10 LITERATURVERZEICHNIS   219

11 ABKÜRZUNGSVERZEICHNIS UND ANHANG   235

1 ZUSAMMENFASSUNG

Zentraler Teil der seit Jahren stärker werdenden Bemühungen um eine Verringerung von Umweltbelastungen ist das Problem der Luftverschmutzung durch Emissionen (SO_2, NO_x, Staub) bei der Nutzung fossiler Energieträger wie Kohle und Erdöl zur Energieerzeugung. Daher wurden im Zuge der Umsetzung des Umweltprogramms der Bundesregierung diese Emissionen durch Grenzwerte stufenweise drastisch eingeschränkt.

Die u. a. daraus resultierende Verpflichtung der Betreiber von Feuerungsanlagen zur Minderung von Emissionen durch Maßnahmen der Rauchgasreinigung ist, speziell in den Bereichen öffentliche Energieversorgung und Industrie, in der Regel mit dem Anfall von Reststoffen (Flugasche und Entschwefelungsprodukte) sowie Abwasser verbunden.

Um einer medialen Problemverlagerung von der Luft in den Boden und ins Wasser vorzubeugen, werden vom Gesetzgeber neben der Forderung minimaler Massenemissionen zugleich auch Forderungen nach einer maximalen Reststoffverwertung gestellt. Speziell die Verwertung ist für einen Teil der relevanten Reststoffe in Baden-Württemberg bisher nicht oder nur zu einem geringen Teil möglich. Aus dieser Ausgangslage ergibt sich folgende **Problemstellung**:

Entwicklung eines Konzeptes zur möglichst quantitativen Verwertung von Reststoffen aus der Rauchgasreinigung von Feuerungsanlagen für Baden-Württemberg. Dieses Konzept muß auf einer ökologischen, technischen und ökonomischen Bewertung und Auswahl von Entsorgungswegen der Reststoffe beruhen.

Methodisch wurde wurde dabei folgendermaßen vorgegangen:

Da die Reststoffe aufgrund der geringen Anfallmengen und schlechten Anfallqualitäten in traditionellen Verwertungsbereichen, wie z. B. in der Zement-, Beton- und Gipsindustrie, direkt nicht einsetzbar sein werden, wurde in einem ersten Schritt für alle betrachteten Reststoffe eine vollständige Neuentwicklung prinzipiell möglicher technischer Entsorgungswege (insgesamt 15) durchgeführt. Diese enthalten als zentralen Teil verwertungsorientierte Aufbereitungen. Da weiter unter Kostenaspekten Aufbereitungen mit großen Kapazitäten sinnvoll sind, wurden in die Konzeption auch derzeit nicht verwertbare Reststoffe aus dem Geltungsbereich der Großfeuerungsanlagenverordnung einbezogen.

Aufbauend auf Prozeßanalysen und entsorgungswegspezifischen Stoffbilanzen wurden anschließend sämtliche Entsorgungswege mit Hilfe technischer und ökologischer Kriterien sowie Investitionen und Kosten bewertet. Charakteristika dieser Bewertung sind:

- Erstmalig wurde das Gesamtverwertungspotential für alle relevanten Industriebereiche in Baden-Württemberg regionalisiert bestimmt.

- In der Betriebswirtschaftslehre werden bekanntlich industrielle Produktionsprozesse (entsprechen den hier definierten technischen Entsorgungswegen; vgl. dazu Abb. 2) nur unzureichend hinsichtlich ihrer Umweltrelevanz bewertet und ausgewählt. Daher wurde ein "Umweltfaktor" für technische Entsorgungswege unter Zugrundelegung der möglichen Umweltbelastung durch die Aufbereitung und Verwertung der Reststoffe entwickelt.

Die nachfolgend durchgeführte Auswahl von technischen Entsorgungswegen führte für jeden Reststoff zu dem Weg, der am besten geeignet ist, in Baden-Württemberg die Reststoffverwertung langfristig zu sichern.

Als wesentliche **Ergebnisse** sind festzuhalten:

- Die entwickelte Verwertungsstruktur ermöglicht in Baden-Württemberg eine fast quantitative (etwa 95 Gew.-%) Verwertung der Reststoffe. Nur Restmengen (rund 5 Gew.-%) werden aus der Aufbereitung in Form von Abwasser mit geringen Anteilen an gelösten Stoffen freigesetzt. Dieses entspricht einem jährlichen Gesamtemissionsmassenstrom in Höhe von 3.200 - 5.400 t.

- Das Gesamtverwertungspotential für alle Verwertungsoptionen in Baden-Württemberg in den Bereichen Zement-, Beton- und Baustoff- sowie Gipsindustrie wird von aufbereiteten Reststoffen nur zu rund 15 % ausgeschöpft.

- Bisherige Abschätzungen gingen von hohen Aufbereitungs- und niedrigen Deponierungskosten aus. Es zeigt sich jedoch, daß unter Beachtung zukünftiger Möglichkeiten der Deponiepreisentwicklung die geschätzten Aufbereitungskosten gleich hoch oder sogar niedriger sein werden. Die spezifischen Gesamtkosten für die Aufbereitung schwanken je nach Reststoff und Entsorgungsweg zwischen etwa 40 und 210 DM/t. Damit wäre neben rechtlichen Forderungen auch ein wirtschaftlicher Anreiz zur Reststoffverwertung gegeben.

- Durch eine Zusammenlegung von Entsorgungswegen bzw. Aufbereitungen an einem Standort sind im Vergleich zur getrennten Behandlung der Reststoffe Kostenreduktionen bis zu 50 % möglich.

- Das Verwertungskonzept ist weiterhin dadurch charakterisiert, daß zwei Aufbereitungsstandorte mit großen Anlagenkapazitäten und Einzugsbereichen für Baden-Württemberg genügen.

Die vorliegende Arbeit soll durch eine übergreifende Verknüpfung stofflicher, technischer sowie wirtschaftlicher Faktoren des Problembereichs der Reststoffentsorgung einen Beitrag zur Konkretisierung, Umsetzung und Weiterführung umweltpolitischer Zielvorstellungen und Maßnahmen liefern. Beispielhaft sei die Fortschreibung von Grenzwerten genannt, die der Dynamisierungsklausel der TA Luft unterliegen. Dadurch könnte die Belastung der Umwelt bedeutend reduziert werden.

2 GEGENSTAND UND AUFBAU DER UNTERSUCHUNGEN

2.1 EINLEITUNG

In den letzten zwei Dekaden hat die Problematik des Umweltschutzes in der öffentlichen und politischen Diskussion an Aktualität und Bedeutung gewonnen. Es setzte sich allgemein die Erkenntnis durch, daß eine Weiterentwicklung heutiger Gesellschafts- und Wirtschaftssysteme nur möglich ist, sofern der allgemein steigende Trend in bezug auf möglicherweise irreversible Eingriffe in den Naturhaushalt gestoppt oder zumindest drastisch reduziert wird.

Dazu hat neben spektakulären, aber überwiegend lokal oder regional begrenzten Fällen von Umweltverschmutzung, vor allem in den letzten zehn Jahren, auch der Wissenszuwachs über die kausalen Zusammenhänge zwischen Luftbelastung durch freigesetzte feste und gasförmige Stoffe und progressiver Waldschädigung (Halbwachs & Bednar, 1984; Prinz, 1985; FBWL, 1986) sowie von Gesundheitsschäden (Haider, 1984; von Nieding, 1985; Wicke, 1987) beigetragen.

Umfangreiche Untersuchungen ergaben, daß zur Belastung der Luft und zu problematischen Immissionssituationen primär Schwefeldioxid und Stickstoffoxide bzw. deren atmosphärische Reaktionsprodukte beitragen (SMBW, 1983; Halbwachs & Bednar, 1984; SMBW, 1984; Puxbaum & Ober, 1988), daneben aber auch Staub und Aerosole[1] sowie Chlor-, Fluor- und Kohlenwasserstoffe (SMBW, 1983; SMBW, 1984; Mason & Moore, 1985; DBT, 1989). Zusehends wird aber auch deutlich, daß Kohlenmonoxid, Kohlendioxid und flüchtige organische Kohlenwasserstoffe (VOC) von Bedeutung sind[2].

---

[1] Staub- und Aerosolemissionen sind deshalb von Bedeutung, da an den Partikeln Schwermetalle wie Blei, Cadmium, Zink und Quecksilber adsorptiv gebunden sind (Scheuer, 1984) und nach Eintrag in Böden und Wasser relativ leicht freigesetzt werden können.

[2] Kohlendioxid vor allem unter dem Gesichtspunkt globaler Wirkungen im Hinblick auf eine zunehmende Erwärmung der Erdatmosphäre. Auf meßbare klimatologische und ökologische Wirkungen aufgrund gestiegener CO_2-Emissionen wurde schon zu Beginn der 70er Jahre in Meadows et al. (1972) hingewiesen. Gerade diese Veröffentlichung hat als Auslöser der gegenwärtigen Umweltdiskussion eine wesentliche Rolle gespielt (Möller et al. 1981).

Unter diesem Problemdruck wurden daher im Rahmen einer stärker werdenden Luftreinhaltepolitik und einer auf dem Vorsorgeprinzip aufbauenden
Luftreinhaltung die Emissionsgrenzwerte u. a. für SO_2, NO_x und Staub drastisch
gesenkt[3].

Die Grundlage dazu bildet das *Bundes-Immissionsschutzgesetz (BImSchG,
1974)*. Danach sind zur Vorsorge gegen schädliche Umwelteinwirkungen insbesondere dem Stand der Technik entsprechende Maßnahmen zur Emissionsminderung zu treffen (David & Lange, 1986). Dazu wurden unter anderem die
13. BImschV (GFAVO, 1983)[4] sowie die auf der Grundlage des § 48 des
BImSchG erlassene und 1986 novellierte *Technische Anleitung zur Reinerhaltung
der Luft (TA Luft, 1985)*[5] als Verwaltungsvorschriften verabschiedet. Entsprechend der GFAVO sind auch in der TA Luft für bestimmte Anlagenarten
Emissionsgrenzwerte als Mindestanforderungen festgelegt und mit einer
Dynamisierungsklausel ergänzt, durch die eine weitergehende Emissionsminderung entsprechend dem Stand der Technik verlangt wird (David & Lange,
1986). Darüber hinaus existieren weitere Reglementierungen, so z. B. die
Verordnung über Kleinfeuerungsanlagen (1. BImschV, 1985) und *länderspezifische
Vereinbarungen zwischen Anlagenbetreibern und der Administration (SMBW,
1983; SMBW, 1984; SMBW, 1986)*.

Zur Unterschreitung der Grenzwerte sind in der Regel sekundäre Maßnahmen
zur Emissionsminderung einzusetzen, d. h. Rauchgasreinigungsanlagen zu
installieren. Deren Betrieb kann zu einer *medialen, lokalen und temporalen
Problemverlagerung von der Luft hin zu Böden und Gewässern führen*, indem rel-
vante Stoffströme sowohl umgelenkt/aufgespalten werden als auch eine qualitative und quantitative Veränderung in Form fester Produkte erfahren. Entsprechend diesen Veränderungen ergibt sich das in der Abbildung 1 dargestellte
System, welches innerhalb gewisser Grenzen und unter Berücksichtigung vorge-
gebener Beschränkungen variierbar ist.

Basierend auf dem physikalischen Prinzip, nach dem Materie und damit Emissionen nicht vernichtet, sondern nur in andere Aggregatzustände mit unterschiedlichen Wirkungen überführt werden können, ergibt sich die Notwendigkeit, Stoffströme unter *Beachtung ihrer Umweltrelevanz* durch das in Abbildung 1
dargestellte System zu leiten. Das stützt sich auf die umweltpolitische Zielsetzung, die Entstehung umweltbelastender Stoffe zu minimieren und anfallende
Reststoffe einer maximalen Verwertung zuzuführen. Diese Maxime ist im Abfallgesetz (AbfG, 1986) enthalten.

---

[3]Gleiches erfolgte z. T. auch für Schwermetall-, Chlorid- und Fluoridemissionen.
[4]Gilt für Feuerungen mit einer Leistung von > 50 MW_{th} bei festen Brennstoffen und > 100 MW_{th}
bei gasförmigen Brennstoffen.
[5]Gilt für Feuerungen mit einer Leistung von 1 - 50 MW_{th} bei festen Brennstoffen und 10 - 100
MW_{th} bei gasförmigen Brennstoffen.

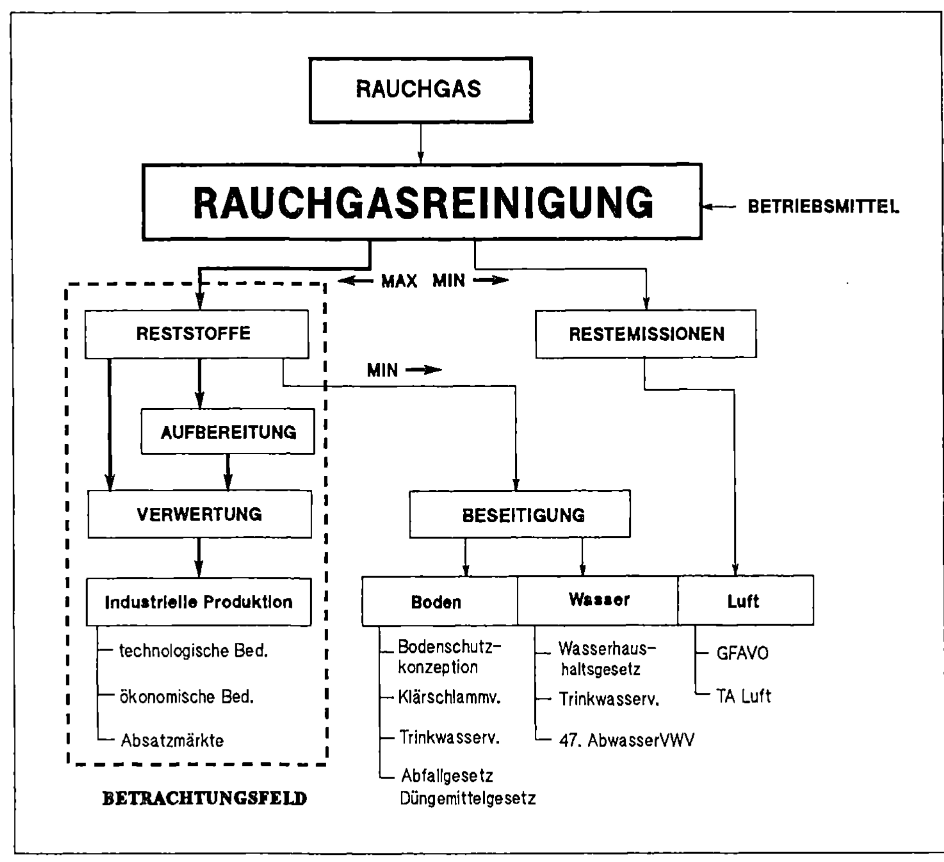

Abbildung 1: Darstellung der relevanten Stoffströme unter Berücksichtigung von Rahmenbedingungen (nach UMBW, 1988)

Eine Quantifizierung des Teilstromes *"Reststoffe"* der Abbildung 1 bedeutet für die Bundesrepublik Deutschland (vor dem 3. Oktober 1990), daß im Jahr 1990 und für den Geltungsbereich der GFAVO mit einem Anfall von ca. 3 Mio. t Steinkohlenflugasche aus der Staubabscheidung zu rechnen ist, der bis zum Jahr 1995 auf etwa 3,5 Mio. t steigen soll (VDEW/VGB, 1988). Von diesen Mengen werden z. Zt. etwa 80 Gew.-% verwertet. Darüber hinaus resultieren aus der Rauchgasentschwefelung[6] bundesweit ab 1990 ca. 2,5 Mio. t REA-Gips (VDEW/VGB, 1986)[7], von denen ebenfalls der größte Teil verwertet wird[8].

---

[6]Je nach verwendetem Verfahren und in Abhängigkeit vom Typ der Feuerung fallen auch Gemische von Flugasche und Entschwefelungsprodukten an, die aufgrund ihrer Zusammensetzung mit Ausnahmen z. Zt. noch deponiert werden müssen.

[7]Ohne REA-Gips aus der Verfeuerung von Braunkohle.

[8]Die NO_x-Reduktion geschieht fast ausschließlich mit Hilfe von SCR-Anlagen (Selective Catalytic Reduction), aus welchen kein Reststoffanfall resultiert.

Die Situation in Baden-Württemberg ist gekennzeichnet durch eine ca. 90 %ige Verwertung der im Jahr 1990 anfallenden Steinkohlenflugaschemenge von etwa 210.000 t. Demgegenüber wird die im gleichen Jahr anstehende REA-Gipsmenge von 190.000 t vollständig verwertet (UMBW, 1988)[9]. Bestehende Verträge zwischen den Kraftwerksbetreibern und überregional tätigen Entsorgungsunternehmen stellen sicher, daß auch die zukünftigen Reststoffmengen dem Wirtschaftskreislauf zugeführt werden. Das kann im Jahr 1995 nach Abschätzungen 280.000 t Steinkohlenflugasche und rund 240.000 t REA-Gips betreffen (UMBW, 1988).

Völlig anders dagegen stellt sich die Situation im Geltungsbereich der TA Luft dar, weil aufgrund derzeit bestehender relativ geringer Anforderungen eine Rauchgasreinigung nur in wenigen Fällen notwendig und der Reststoffanfall daher mengenmäßig unbedeutend ist. Im Falle der erwähnten Dynamisierung kann jedoch eine Reihe von Maßnahmen dahingehend Wirkung zeigen, daß auch dort verstärkt Rauchgasreinigungsverfahren implementiert werden müßten[10]. Im Unterschied zum Geltungsbereich der GFAVO würden dann aufgrund teilweise anderer Verfahrenstechniken überwiegend andere Reststoffe resultieren, welche im Anfallzustand wegen ihrer Zusammensetzung nicht direkt verwertbar und daher nach dem derzeitigen Stand der Technik quantitativ zu deponieren wären.

Eine Simulation der Dynamisierung anhand verschiedener Szenarien kommt zu dem Ergebnis, daß bei einer realistischen Senkung der Grenzwerte der TA Luft in Baden-Württemberg mit ca. **100.000 - 350.000 t/a** an Reststoffen gerechnet werden müßte (UMBW, 1990)[11]. Zu entsorgen wären primär Rostfeuerungsflugaschen, Sprühabsorptions- und Trockensorptionsreststoffe sowie REA-Gips, Calciumsulfit-/Calciumsulfatschlämme, Alkali- Trockenadditivreststoffe und Herdofenkoks (UMBW, 1990). Ausführlich wird diese Thematik von Gruber (1991) behandelt, der dazu ein entscheidungsunterstützendes EDV-Modell u. a. zur methodischen und betreiberspezifischen Wahl von Emissionsminderungsmaßnahmen entwickelt hat.

---

[9]Weiterhin fallen in Baden-Württemberg folgende Reststoffe an: Wirbelschichtaschen, Calcium-Trockenadditiv- sowie Sprühabsorptionsreststoffe und Ammoniumsulfat. Mit Ausnahme von letzterem ist die Entsorgung für die anderen Reststoffe auf Dauer nicht sicher, da eine Verwertung oder Deponierung in Baden-Württemberg z. Zt. nicht möglich ist (UMBW, 1988).

[10]Eine Dynamisierung hängt nicht zuletzt auch davon ab, ob resultierende Reststoffe verwertbar sind oder deponiert werden müssen.

[11]Zusätzlich werden bei den Simulationen noch Faktoren wie z. B. Änderung von Brennstoffpreisen bei Steinkohle, Gas sowie schwerem und leichtem Heizöl und als mögliche Folge davon auch Brennstoffumstellungen berücksichtigt.

2.2 PROBLEMSTELLUNG

Zukünftige verschärfte Luftreinhaltemaßnahmen für Feuerungen, u. a. im industriellen Sektor, werden mit einem nicht unbedeutenden Anfall von neuartigen Reststoffen aus der Rauchgasreinigung verbunden sein, deren Verbleib (Verwertung und/oder Deponierung) zum jetzigen Zeitpunkt nicht geklärt ist. Dieses zukünftige Entsorgungsproblem ist aus *wirtschaftlichen und ökologischen Gründen* für stark industrialisierte Regionen von besonderer und weitreichender Bedeutung, zumal eine stetig steigende Verknappung von Ressourcen und auch Deponieraum sowie steigende Rohstoffpreise eine Rückführung von Reststoffen in den Rohstoffkreislauf[12] unumgänglich macht und es außerdem zusehens schwieriger wird, in der Öffentlichkeit die Deponierung durchzusetzen. Zudem zeigen sich nach Auffassung des ISW (1989) vermehrt Tendenzen, nach denen *nicht verwertbare Reststoffe zu einem limitierenden Faktor für die Produktion und Konsumption* werden.

Diesbezügliche Entwicklungen werden nicht zuletzt auch von einer unternehmerischen Maxime beeinflußt, nach der die Reststoffentsorgung kostenminimal und langfristig gesichert sein soll. Die kostenminimale Entsorgung kann sich dabei sowohl auf die Deponierung als auch auf eine Verwertung beziehen, wobei letztere jedoch primär davon abhängt, ob sie technisch möglich ist, die Stoffe am Markt unterzubringen und die hierbei entstehenden Kosten im Vergleich zur Deponierung geringer sind. Im Abfallgesetz (AbfG, 1986) wird eine kostenminimale Entsorgung von Industriebetrieben aber dahingehend eingeengt, daß die Verwertung auch dann Vorrang vor einer sonstigen Beseitigung hat, *wenn die anfallenden Mehrkosten im Falle der Verwertung zumutbar* sind (vgl. dazu Kap. 3.2.2).

Dieser Forderung steht jedoch entgegen, daß eine Verwertung der Reststoffe aus der Rauchgasreinigung von TA Luft-Feuerungsanlagen, sofern diese Reststoffe anfallen, nur über eine *kostenintensive Aufbereitung* möglich sein wird und aufgrund verschiedener Verwertungsoptionen zusätzlich immer mehrere technisch unterschiedliche Aufbereitungsvarianten prinzipiell möglich sind[13]. Neben stofflichen Anforderungen an die Aufbereitung unterscheiden sich Verwertungs- und Aufbereitungsmöglichkeiten, neben den Kosten, vor allem hinsichtlich der Emission umweltrelevanter Inhaltsstoffe der Reststoffe.

---

[12]Bereits im Jahre 1985 vertrat die Landesregierung von Baden-Württemberg die Auffassung, daß natürliche Gipsvorkommen geschont werden sollen und empfahl den für die Abbaugenehmigung zuständigen Gestattungsbehörden, verstärkt auf die Verwertungsmöglichkeiten von REA-Gips hinzuweisen. Zusätzlich wurde ausdrücklich betont, daß der Nachweis des Bedarfes von Naturgips allein keine Vorraussetzung für die Genehmigung seines Abbaues sei (MWMT, 1985).

[13]Dies gilt auch z. B. für Wirbelschichtaschen und Sprühabsorptionsreststoffe aus dem Geltungsbereich der GFAVO.

Zusätzlich dazu sind folgende Rahmenbedingungen zu beachten:

- Die überwiegend geringen Anfallmengen pro Feuerungsanlage erfordern ein landesweites und regionalisiertes Entsorgungskonzept, welches bis jetzt nicht vorliegt. Für eine industrielle Verwertung sind aus technisch-wirtschaftlichen Gründen gewisse Mindestmengen notwendig, so daß Einzelfallösungen nicht sinnvoll sind.

- Aufgrund unterschiedlicher anlagenspezifischer Gegebenheiten und der Betriebsweise von TA Luft-Feuerungen sind größere Schwankungen in der Zusammensetzung eines Reststofftyps aus einer Anlage nicht zu vermeiden. Zudem variiert die Reststoffqualität in Bereichen, die eine direkte Verwertung aufgrund stofflicher Diskrepanzen zu den Anforderungsprofilen der Verwertungsmöglichkeiten nicht erlauben. Daher ist die schon erwähnte Aufbereitung unumgänglich.

- Eine Aufbereitung kann u. a. aus Kostengründen nur dann sinnvoll erfolgen, wenn sie gemeinsam mit den entsprechenden und derzeit nicht verwertbaren Reststoffen aus dem Geltungsbereich der GFAVO durchgeführt wird.

Die in dieser Arbeit behandelte Problematik der Konzeption und Bewertung einer möglichst umweltverträglichen Verwertung von Reststoffen aus industriellen Prozessen ist gekennzeichnet durch eine intensive Vernetzung stofflicher, technischer, ökonomischer und ökologischer Faktoren, so daß eine *isolierte Lösung auf der Basis einzelner Teilbereiche* nachfolgende Entscheidungen[14] nur unzureichend vorbereiten/unterstützen oder sogar in eine falsche Richtung lenken kann.

Diese in großen Teilen sehr allgemeinen Teilaspekte der Problemstellung lassen sich konkretisieren, indem die technischen Entsorgungswege[15] der Reststoffe als *industrielle Produktionsprozesse*[16] aufgefaßt werden, welche in der Betriebswirtschaftslehre bzw. in der Produktions- und Kostentheorie als *Kombination von Produktionsfaktoren und deren Transformation zu Fertigungserzeugnissen* definiert sind (Steffen, 1972; Gutenberg, 1979; Fandel, 1987). Abbildung 2 verdeutlicht, daß die Reststoffe sowie notwendige Zusatzstoffe und Energie (zur Aufbereitung) Produktionsfaktoren entsprechen. Aufbereitete Reststoffe und resultierende Emissionen sind Fertigungserzeugnissen gleichzusetzen; die Aufbereitung entspricht der Transformation.

---

[14]z. B. über die Dynamisierung der TA Luft.
[15]Zur Definition der technischen Entsorgungswege siehe Kapitel 5.
[16]Genauer chemische Produktionsprozesse.

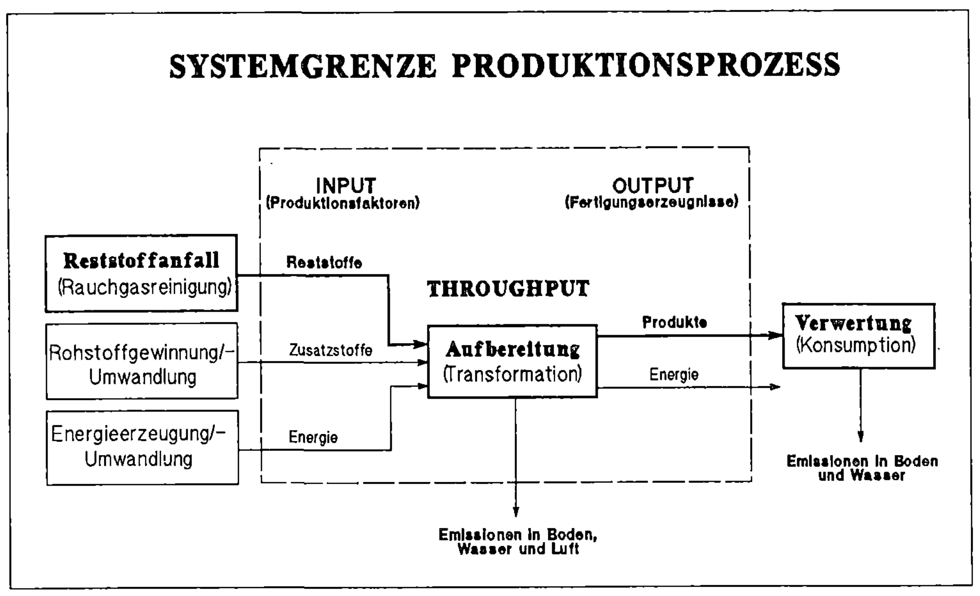

Abbildung 2: Reststoffaufbereitungen als Produktionsprozeß

Wesentliches Entscheidungskriterium zur Auswahl der technischen Ausstattung eines Transformationsprozesses - bei feststehender Produktqualität - sind dabei oft die geschätzten **Gesamtkosten** der Erzeugnisse bei den betreffenden Alternativen (Gutenberg, 1979; Fandel, 1987; Pohmer & Bea, 1988). Darüber hinaus wird bei der Betrachtung von Produktionsfunktionen (z. B. Gutenberg, 1979) von dem Ansatz ausgegangen, daß sich Produktionsprozesse durch die Kombination der technischen Eigenschaften (z. B. Druck, Temperatur, Drehzahl) ihrer Einzelaggregate genügend gut charakterisieren lassen, und zwar in Form einer s. g. **z-Situation** [$(z_1, \ldots, z_v)$, wobei z_i die i-te technische Eigenschaft kennzeichnet]. Durch diese Eigenschaften werden Faktoreinsatzmengen oder Verbrauchsmengen, das Leistungsvermögen der Aggregate/Anlage sowie die Qualität der erzeugten Produkte maßgeblich bestimmt. Im Hinblick auf die Zielsetzung dieser Arbeit ist diese Eingrenzung der Auswirkungen von technischen Eigenschaften jedoch nicht ausreichend. Vielmehr ist zu bedenken, daß auch Qualität und Quantität fester, flüssiger und gasförmiger Emissionen - neben stofflichen Inputs - von den technischen Eigenschaften einer Anlage abhängen.

Abbildung 2 macht zudem deutlich, daß in der Betriebswirtschaftslehre

- die Systemgrenzen für die Betrachtung und Planung von Produktionsprozessen sehr eng gezogen sind;

- Outputströme nur insofern von Bedeutung sind, wenn davon Entwicklungen auf dem Absatzmarkt tangiert werden. Analysen und Maßmahmen in bezug auf mögliche umweltrelevante Auswirkungen der Produktion (z. B. Emissionen) sowie der Produkte bei der Konsumption sind dagegen nicht entscheidend (externe Effekte der Produktion);

- Produktionsprozesse auf aggregiertem Niveau betrachtet werden.

Aber auch mit disaggregierenden systemtechnischen Ansätzen oder Input-Output-Modellen lassen sich stoffliche Aspekte und deren Einflüsse auf die Produktion meist nur unzureichend abbilden[17].

Vor allem die outputorientierten negativen Einflußfaktoren (Hoitsch, 1985; RSU, 1987; Horlitz, 1989; Homeyer, 1989) in Form von Emissionen werden notwendigerweise immer mehr an Relevanz gewinnen und daher ist es in Zukunft von Bedeutung, daß Konzeption und Auswahl von chemischen Produktionsprozessen um die stofflichen Aspekte erweitert werden. Dazu sind erste Ansätze auf noch globalem und aggregiertem Niveau entwickelt worden, die von der Transformation von Umweltbeeinflussungen/-Belastungen in mönetäre Größen[18] ausgehen. Diese können dann in eine Kostenrechnung einfließen, und zwar als Schadensvermeidungs- (z. B. Kosten für eine Rauchgasreinigung) und Schadenskosten (RSU, 1985; Schulz, 1989). Erste grobe Abschätzungen über Schadenskosten als Folge der Umweltverschmutzung sind in Euler (1984), Grupp (1986), Marburger (1986), Heinz (1986) sowie Homeyer (1989) enthalten.

Außerdem ergibt sich die Notwendigkeit einer detaillierten Vorausberechnung durch Simulation stofflicher Vorgänge bei der Aufbereitung und damit der Abschätzung möglicher Emissionen zukünftiger Produktionen. Das resultiert aus entsprechenden Forderungen und Vorgaben im Rahmen durchzuführender Genehmigungsverfahren in bezug auf die Errichtung und den Betrieb dieser Aufbereitungen[19].

---

[17]Obgleich mit Modellen der Systemtechnik und Aufteilung eines Produktionsprozesses in Subsysteme eine Disaggregation und strukturbezogene Betrachtung bis auf die Ebene einzelner Systemelemente erfolgt, werden letztere jedoch überwiegend als "Black Box" gehandhabt mit verbindenden Stoffströmen als Graphen oder reinen Strömungsgrößen (Klook, 1969; Ropohl, 1975; Daenzer, 1986/87).

[18]Damit ist die Internalisierung externer Effekte gemeint.

[19]Auf die Relevanz von Stoffstromberechnungen wird zusätzlich in Kapitel 5.4.1 eingegangen.

Im einzelnen befaßt sich diese Arbeit mit folgenden Materialien aus dem Geltungsbereich der TA Luft und der GFAVO:

- Rostfeuerungsflugaschen (TA Luft),

- Wirbelschichtaschen (nur GFAVO),

- Sprühabsorptionsreststoffe (nur GFAVO) und

- Calciumsulfit-/Calciumsulfatschlämme (nur TA Luft).

Aus rechtlichen, administrativen und verwertungsrelevanten Gründen wird das Betrachtungsfeld geographisch auf die Größe des Bundeslandes Baden-Württemberg begrenzt[20].

2.3 ZIELSETZUNG UND VORGEHENSWEISE

Ziel dieser Arbeit ist es, für Reststoffe aus der Rauchgasreinigung von Feuerungsanlagen langfristig sicherbare Entsorgungsmöglichkeiten zu entwickeln, und zwar mit der Maßgabe, *Umweltbeeinträchtigungen unter geringstmöglichen Kosten auf ein nicht vermeidbares Maß zu begrenzen.* Voraussetzung dafür ist eine Konzeption, Bewertung und Auswahl von Entsorgungswegen unter Beachtung technisch-wirtschaftlicher Rahmenbedingungen in der Art, daß nur ein *Minimum der Reststoffe deponiert sowie bei der Aufbereitung und Verwertung als sonstige Emissionen freigesetzt wird, hingegen eine maximale Reststoffmenge der Verwertung zugeführt werden kann.*

Resultierend aus dieser Zielsetzung ergibt sich eine Reihe offener Fragen, die z. T. simultan zu beantworten sind und folgendermaßen formuliert werden können:

- Welche prinzipiellen Verwertungsmöglichkeiten ergeben sich für die Reststoffe aufgrund ihrer Anfallzusammensetzung?

- Welche Regionen in Baden-Württemberg kommen für eine Verwertung in Betracht und welche Reststoffmengen können sie aufnehmen?

---

[20]Eine regionalisierte Betrachtung wird auch im Abfallgesetz (AbfG, 1986) betont, und zwar im Hinblick auf einen kontrollierbaren und besseren Umweltschutz und effektiveren Einsatz von Mitteln.

- Wie unterscheiden sich die qualitativen und quantitativen Anfallzusammensetzungen der Reststoffe von den Anforderungsprofilen der Verwertungsoptionen?

- Welche Auswirkungen ergeben sich daraus für eine Reststoffaufbereitung und welche technischen Maßnahmen sind zu ihrer Durchführung notwendig?

- Wie hoch sind die Investitionen und Kosten der Aufbereitung, welche Möglichkeiten zur Reduktion der Kosten existieren und welche Standorte kommen für die Aufbereitungen in Betracht?

- Welche Stoffströme (qualitativ und quantitativ) und Umweltbelastungen sind mit der Reststoffaufbereitung und -verwertung verbunden?

Als Lösungsweg wird eine technisch-funktionelle Strukturanalyse und -planung mit stark stoffbetonten Schwerpunkten gewählt[21]. Ein Vorteil dieser Vorgehensweise ist, daß eine optimale Konzeption und Bewertung von technischen Entsorgungswegen nicht durch eine Aneinanderreihung optimaler Teilergebnisse ermittelt wird, sondern auch nicht optimale Kettenglieder enthalten sein können[22]. Vielmehr muß im Rahmen dieser Arbeit in erster Linie eine Gesamtbetrachtung und -beurteilung der technischen Entsorgungswege erfolgen.

Die Vorgehensweise und korrespondierend dazu der Aufbau dieser Arbeit gliedern sich in sieben Teile bzw. Kapitel:

Im ersten Teil dieser Arbeit, **Kapitel 3**, werden die für eine Reststoffverwertung maßgebenden Grundlagen und Einflußfaktoren dargestellt, wobei der Schwerpunkt auf gesetzlichen Vorgaben liegt.

In **Kapitel 4**, welches die stofflichen Grundlagen der Arbeit enthält, erfolgt die Konzeption prinzipiell möglicher technischer Entsorgungswege. Dazu werden in einem ersten Abschnitt die mineralogische Zusammensetzung der relevanten Reststoffe und die daraus resultierenden verwertungsrelevanten physikalischen Eigenschaften analysiert. Aus den Ergebnissen leiten sich prinzipiell mögliche Verwertungen und Verwertungsfunktionen ab und werden auf in Frage kommende Industriesektoren übertragen. Von maßgebender Bedeutung für die Verwertung und Aufbereitung sind chemisch-physikalische bzw. stoffliche Restriktionen und Anforderungen der verschiedenen Verwertungsoptionen. In die-

---

[21] Bei der Planung technischer Anlagen wird eine ähnliche Vorgehensweise im Rahmen einer Vorstudie oder Feasibility-Study vorgeschlagen (Aggteleky, 1973; Daenzer, 1986/87), jedoch mit Schwerpunkten in den Bereichen Kosten, Layout und Organisation.
[22]Hiermit ist vor allem die Bewertung und Auswahl von Einzelaggregaten der Aufbereitung gemeint (vgl. dazu Kapitel 5.3.1).

sem Kapitel ist es daher notwendig zu ermitteln, inwieweit sie qualitativ und quantitativ differieren. Dieser Vergleich ist die Basis für den letzten Abschnitt des Kapitels, welcher die Transformation der stofflichen Diskrepanzen in prinzipielle Aufbereitungsfunktionen und die Bildung technischer Entsorgungswege enthält.

Diese allgemein gültigen Aussagen in bezug auf die technischen Entsorgungswege werden in **Kapitel 5** dahingehend präzisiert, daß den Aufbereitungsfunktionen die notwendigen technischen Einrichtungen zur Durchführung der Aufbereitungen zugeordnet werden und darüber hinaus nach der Konzeption ihrer Grundfließbilder eine Simulation der Aufbereitungsprozesse stattfindet. Anhand fiktiver aber realistischer Reststoffzusammensetzungen wird beispielhaft aufgezeigt, welche qualitativen und quantitativen Stoffströme (Endprodukte, Abfall, Abwasser) aus den unterschiedlichen Verwertungsoptionen/Anforderungen und damit aus den Aufbereitungen resultieren.

Diese Stoffströme dienen dann in **Kapitel 6** als maßgebende Kenngröße im Hinblick auf eine ökologische und wirtschaftliche Bewertung und Auswahl von technischen Entsorgungswegen. Dabei wird vor allem der Frage der Umweltbeeinflussung große Bedeutung zugemessen, und zwar in Form eines neu definierten **Umweltfaktors für Entsorgungswege**.

Eine Weiterentwicklung ausgewählter Entsorgungswege ist unter dem Blickwinkel einer notwendigen Kostenreduktion unumgänglich und ist durch die Zusammenlegung von Aufbereitungen verschiedener Reststoffe erzielbar. Diese Möglichkeiten werden in **Kapitel 7** entwickelt.

Thema von **Kapitel 8** sind praktische Gesichtspunkte im Hinblick auf die Planung und Durchführung der Verwertung sowie der konzipierten Aufbereitungen. Das betrifft Genehmigungsverfahren für den Bau und Betrieb von Aufbereitungen auf der Grundlage von Vorgaben und Anforderungen. Zusätzlich wird die Standortfrage behandelt.

Abschließend enthält **Kapitel 9** allgemeine Erkenntnisse und Erfahrungen aus der Konzeptentwicklung sowie Ansatzpunkte für Verfeinerungen und Weiterentwicklungen[23].

---

[23]Diese Arbeit stützt sich auf Erkenntnisse und Erfahrungen aus einem umfangreichen Forschungsprojekt, welches in den Jahren 1987 - 1990 im Auftrag des Umweltministeriums Baden-Württemberg am Institut für Industriebetriebslehre und Industrielle Produktion der Universität Karlsruhe (TH) durchgeführt wurde (UMBW 1988 & 1990). Parallel dazu wurde eine Expertenkommission eingesetzt, die die Projektarbeit begleitete und vielfältige Anregungen lieferte.

3 GRUNDLAGEN DER RESTSTOFFENTSORGUNG

Ziel dieses Kapitels ist es aufzuzeigen, welchen Bedingungen und Einflüssen die Reststoffentsorgung (Verwertung und Beseitigung) unterliegt und welche ordnungsrechtlichen Instrumente (Gebote, Verbote) zu ihrer Steuerung in der Bundesrepublik bestehen. Dazu werden in Kapitel 3.1 kurz die allgemeinen Rahmenbedingungen angesprochen und in den Kapiteln 3.2 und 3.3 die für die Verwertung maßgebenden Vorgaben und Rechtsgrundlagen erläutert.

3.1 RAHMENBEDINGUNGEN

Die Entsorgung der aus Emissionsminderungstechniken anfallenden Reststoffe umfaßt sowohl den Bereich Verwertung als auch den der Beseitigung (Deponierung). Die in der Bundesrepublik dafür gültigen Regelwerke sind:

- **Bundes-Immissionsschutzgesetz (BImschG, 1985)**
  - Entsorgungspflicht des Anlagenbetreibers.
  - Gebot der Vermeidung und Verwertung von Reststoffen.
  - Beseitigung der nicht verwertbaren Reststoffe als Abfälle.

- **Abfallgesetz (AbfG, 1986)**
  - Gebot der Abfallvermeidung und der -verwertung.

- **Wasserhaushaltsgesetz (WHG, 1986)**
  - Einleitbedingungen.
  - Rationelle Wasserverwendung.
  - Schonung der Grundwasservorräte.

- **Bodenschutzkonzeption der Bundesregierung (BSK, 1985)**
  - Deponieanforderungen.
  - Landverbrauch (Deponiefläche, Rohstoffabbau).

- **Landesabfallgesetze der Bundesländer**
  - regeln u. a. die Zuständigkeit für die Entsorgung.

- **TA Abfall (1990)**
  - Behandlung besonders überwachungsbedürftiger Abfälle.

Durch die in diesen Regelwerken festgelegten Grundsätze wird der Handlungs-
spielraum für die Reststoffentsorgung erheblich eingeschränkt. Bei der Planung
der Entsorgung ist folgende Strategie einzuhalten:

1. *Reststoffe/Abfälle vermeiden,*

2. *nicht vermeidbare Reststoffe/Abfälle verwerten,*

3. *nicht verwertbare Reststoffe/Abfälle beseitigen,*

4. *geringstmögliche Belastung der Gewässer bei Aufbereitung, Verwertung oder
   Beseitigung,*

5. *Beseitigung auf Deponien, die keine zusätzlichen Freiflächen in Anspruch
   nehmen,*

6. *Kosten verursachungsgerecht zuordnen.*

Dabei beinhaltet die Abfallvermeidung zwei wesentliche Zielsetzungen:

1. *Verringerung der Abfallmenge und*

2. *Verringerung der Schadstoffkonzentration.*

Hinter den aufgeführten Gesetzen steht folgender zentraler Gedanke:

Recycling von Stoffen

Die durch den Anfall von Abfällen/Reststoffen aus industriellen Prozessen her-
vorgerufenen negativen Auswirkungen auf die Biosphäre beruhen zu einem
großen Teil auf der Nichtbeachtung natürlicher Stoffflüsse oder der Unter-
schätzung ihrer Wichtigkeit. Natürliche Stoffflüsse haben den Charakter geschlossener Kreisläufe, die durch geochemische Prozesse der Stoffumwand-
lung/-differenzierung/-modifizierung in Nebenkreisläufe (z. B. CO_2-, Stickstoff
und Schwefelkreislauf, Kreislauf der Gesteine) aufgespalten und gegeneinander
im Gleichgewicht gehalten werden.

Gegenüber geschlossenen Kreisläufen der Natur verlaufen die Materialströme
aus industriellen Tätigkeiten in nahezu allen Fällen offen, und zwar vom Rohstoff und dessen Gewinnung über ein Produkt und dessen Nutzung zu dessen
Beseitigung in Form der Deponierung. Auf der einen Seite werden Stoffe aus

einer Quelle entnommen und auf der anderen Seite in veränderter Form in eine Senke zurückgegeben. Diese Stoffe sind mit den Kreislaufstoffen aufgrund ihrer Zusammensetzung nur in Einzelfällen kompatibel, so daß in der Regel auch keine natürlichen Mechanismen entwickelt sind, um diese Fremdstoffe zu kreislaufeigenen Stoffen zu transformieren.

Aus dieser Tatsache heraus resultiert zwangsläufig die Forderung, Kontaktstellen zwischen natürlichen Stoffkreisläufen und industriellen Stoffflüssen zu entkoppeln und gleichermaßen künstliche Stoffkreisläufe parallel zu natürlichen zu bilden.

3.2 GESETZLICHE VORGABEN UND RECHTSGRUNDLAGEN ZUR VERWERTUNG VON STOFFEN

Aufgabe politischer Entscheidungsträger hinsichtlich des Umweltschutzes ist nicht nur die Formulierung von Umweltzielen, sondern auch deren Konkretisierung und Umsetzung durch die verfügbaren umweltpolitischen Instrumente. In der Bundesrepublik nehmen darunter die ordnungsrechtlichen Instrumente (Gebote, Verbote) eine dominierende Stellung ein.

3.2.1 Bundes-Immissionsschutzgesetz (BImSchG, 1985)

Der oberste Zweck ist das in § 1 BImSchG ausgedrückte Vorsorgeprinzip, dessen Umsetzung in konkrete Handlungen jedoch dem Verhältnismäßigkeitsprinzip entsprechen muß.

Durch die Novellierung des BImSchG im Oktober 1985 ist das in diesem Gesetz bereits vorhandene Verwertungsgebot um ein Vermeidungsgebot (§ 5 Abs. 1 Nr. 3) ergänzt worden:

> *Genehmigungsbedürftige Anlagen sind so zu errichten und zu betreiben, daß Reststoffe vermieden werden, es sei denn, sie werden ordnungsgemäß und schadlos verwertet oder, soweit Vermeidung und Verwertung technisch nicht möglich oder unzumutbar sind, als Abfälle ohne Beeinträchtigung des Wohls der Allgemeinheit beseitigt.*

Nach dieser Vorschrift hat der Anlagenbetreiber die Wahl zwischen Reststoffvermeidung und -verwertung. Das Vermeidungsgebot hat nur in den Fällen Bedeutung, in denen die Verwertung nicht in Beracht kommt. Reststoffvermeidung und -verwertung haben jedoch Vorrang vor der Beseitigung. Nur wenn Vermeidung und Verwertung technisch nicht möglich oder unzumutbar sind, können die Reststoffe als Abfälle ordnungsgemäß beseitigt werden. Dabei ist der Begriff "unzumutbar" an die Stelle der früheren Formulierung "wirtschaftlich nicht vertretbar" getreten. Das bedeutet nicht, daß wirtschaftliche Gesichtspunkte keine Rolle spielen.

Im Rahmen von Genehmigungsverfahren sind Unterlagen vorzulegen, die u. a. Angaben zu Art und Menge der Einsatzstoffe sowie zu den anfallenden Reststoffen enthalten. Die vorgesehenen Maßnahmen zur Rückstandsverwertung sind in diesen Unterlagen ebenfalls zu erläutern.

Welche Auswirkungen das BImSchG auf die Errichtung und den Betrieb von Aufbereitungsstationen für die Reststoffe aus der Rauchgasreinigung hat, ist Thema von Kapitel 8.2.1.

Der Begriff der Reststoffe

Was unter dem Begriff *"Reststoff"* im Sinne des § 5 Nr. 3 BImSchG zu verstehen ist, ist gesetzlich nicht definiert.

Folgende Umschreibungen sind nach Breuer (1985) und Sutter (1990) gängig, die sich zwar in der Wortwahl unterscheiden, sachlich jedoch im wesentlichen gleichbedeutend sind:

a) Reststoffe sind Stoffe, deren Entstehung nicht Betriebszweck ist und für die der Anlagenbetreiber keine Verwendung hat.

b) Reststoffe sind Stoffe, die bei der Herstellung, Be- oder Verarbeitung anfallen, ohne daß dies vom Betreiber angestrebt wird.

c) Reststoffe sind Stoffe, die nicht durch die Anlage hergestellt, verarbeitet oder bearbeitet werden, sondern bei deren Betrieb übrig bleiben.

Nach Breuer (1985) bilden diese Definitionen eine hinreichend klare, für die Gesetzesanwendung taugliche und dem Gesetzeszweck entsprechende Subsumptionsgrundlage, die die potentiellen Gegenstände der Wiederverwertung wie auch der Abfallbeseitigung umfaßt.

Die technische Möglichkeit der Reststoffverwertung

Gemäß § 3 Nr. 6 BImSchG kann die Reststoffverwertung nur dann als technisch möglich angesehen werden, wenn ein Verfahren hierzu den Stand der Technik erreicht hat. Stand der Technik ist hiernach nur, was dem *Entwicklungsstand fortschrittlicher Verfahren, Einrichtungen oder Betriebsweisen entspricht, welche die praktische Realisierbarkeit der Verwertung gesichert erscheinen lassen.* Zur Bestimmung des Standes der Technik sind insbesondere vergleichbare Verfahren, Einrichtungen oder Betriebsweisen heranzuziehen, die mit Erfolg im Betrieb erprobt worden sind.

3.2.2 Abfallgesetz (AbfG, 1986)

Das Abfallbeseitigungsgesetz des Bundes regelte bisher in erster Linie die Abfallbeseitigung im engeren Sinne, die eine möglichst umweltschonende Behandlung und Ablagerung von Abfällen gewährleisten sollte (Sutter, 1988). Gesichtspunkte der Abfallvermeidung und -verwertung wurden dagegen im Gesetz bisher wenig berücksichtigt. Daher wurden in der vierten Novelle des AbfG[24] vor allem Regelungen über die Vermeidung und Verwertung von Abfällen aufgenommmen.

Fällt die Entsorgung der Reststoffe in den Geltungsbereich des Abfallgesetzes, so hat dieses weitreichende Konsequenzen. Grundlage dafür ist der zentrale Begriff des Abfalls gemäß § 1 Abs. 1 AbfG:

> *Abfälle im Sinne des Gesetzes sind bewegliche Sachen, denen sich der Besitzer entledigen will oder deren geordnete Entsorgung zur Wahrung des Wohls der Allgemeinheit, insbesondere des Schutzes der Umwelt, geboten ist. Bewegliche Sachen, die der Besitzer der entsorgungspflichtigen Körperschaft oder dem von dieser beauftragten Dritten überläßt, sind auch im Falle der Verwertung Abfälle, bis sie oder die aus ihnen gewonnenen Stoffe oder erzeugte Energie dem Wirtschaftskreislauf zugeführt werden[25].*

---

[24]Nach § 1 Nr. 2 AbfG umfaßt die Abfallentsorgung sowohl die Abfallverwertung als auch die Abfallbeseitigung, wobei die Verwertung als das Gewinnen von Stoffen oder Energie aus Abfällen definiert wird.

[25]Ausnahmen davon sind in § 1 Abs. 3 angeführt. Demnach ist u. a. das Abfallgesetz nicht anzuwenden auf Stoffe, die dem Recycling zugeleitet werden, wie z. B. Altglas, Altpapier oder Metallschrott.

Entsprechend dieser Definition ist zu unterscheiden nach dem **subjektiven Willen** derjenigen, die sich einer Sache entledigen wollen und der **objektiven Notwendigkeit**, bewegliche Sachen zum Wohl der Allgemeinheit und des Umweltschutzes zu entsorgen.

Da auch ein Verleiher, Vermieter, Verkäufer oder Schenker die Sachschaft aufgeben will, bedarf es noch einer weiteren Komponente zum Vorliegen des Entledigungswillens im Sinne des Abfallrechtes. Dieses Element ist in dem Willen zu sehen, weder sich noch einem Dritten einen **wirtschaftlichen Vorteil** einzuräumen, der über die bloße Entledigung hinausgeht (Klett, 1988).

An der Einstufung als Wirtschaftsgut muß sich auch dann nichts ändern, wenn derjenige, der sich der Sache entledigen will, dem Verwerter der Sachen ein Entgelt für die Abnahme der Sachen bezahlt. Für die Einordnung als Abfall ist auch hier allein maßgebend, ob neben dem Willen zur Aufgabe der Sachen auch der Wille vorliegt, dem anderen über die Zahlung hinaus einen zusäzlichen wirtschaftlichen Vorteil einzuräumen. Davon hat man immer dann auszugehen, wenn dem Entlediger bewußt ist, daß der andere die Sache weiter wirtschaftlich nutzen will.

Wird jedoch die Sache einer entsorgungspflichtigen Körperschaft oder einem von dieser Beauftragten überlassen, liegt nach § 1 Abs. 1 Satz 2 auch dann Abfall vor, wenn der sich Entledigende will, daß diese die Sache zu ihrem wirtschaftlichen Vorteil nutzen.

Da bei Reststoffen aus der Rauchgasreinigung grundsätzlich von einer Aufbereitung mit einer anschließenden Verwertung als Wirtschaftsgut ausgegangen wird, können diese Reststoffe nicht generell als Abfall bzw. Wirtschaftsgut bezeichnet werden. Diese Unsicherheit wird auch nicht durch die Aufführung der relevanten Stoffe im Abfallartenkatalog unter den *Abfallschlüsseln 313 "Aschen, Schlacken und Stäube aus der Verbrennung", 314 "sonstige feste mineralische Abfälle" und 316 " mineralische Schlämme"* beseitigt, da aus der Aufführung im Abfallkatalog allein noch keine Aussage hinsichtlich der Abfalleigenschaft(en) erfolgt (Schmitt-Gleser, 1988). Ob die Reststoffe als Abfall im objektiven Sinne zu beurteilen sind, kann letztlich nur aufgrund der im Einzelfall zu treffenden Gesamtabwägung zwischen den durch die Nichtbeseitigung der Reststoffe als Abfall drohenden Gefahren für die Allgemeinheit einerseits und den Verwertungsaussichten einer sinnvollen wirtschaftlichen Verwertung durch den Besitzer andererseits festgestellt werden (Rupp, 1988)[26].

Abbildung 3 zeigt wesentliche Begriffe in der Abfallwirtschaft sowie deren Zusammenhänge.

---

[26]In Klett (1988) wird für die abfallrechtliche Einordnung von REA-Gips eine detaillierte Analyse denkbarer möglicher Fallgruppen durchgeführt.

Die **Abfallverwertung** stellt eine Grundforderung des AbfG dar, wobei die Vorschriften des BImSchG gemäß § 1a Abs. 1 Satz 2 AbfG unberührt bleiben; damit greift das AbfG nicht in den Bereich der Vermeidung von Produktionsrückständen ein. Der Vorrang der Abfallverwertung von der sonstigen Entsorgung (§ 3 Abs. 2) ist geboten, wenn sie

- technisch möglich ist,

- die dabei entstehenden Mehrkosten im Vergleich zu anderen Entsorgungsverfahren zumutbar sind und

- für die gewonnenen Stoffe oder Energie ein Markt vorhanden ist oder durch Beauftragung Dritter geschaffen werden kann.

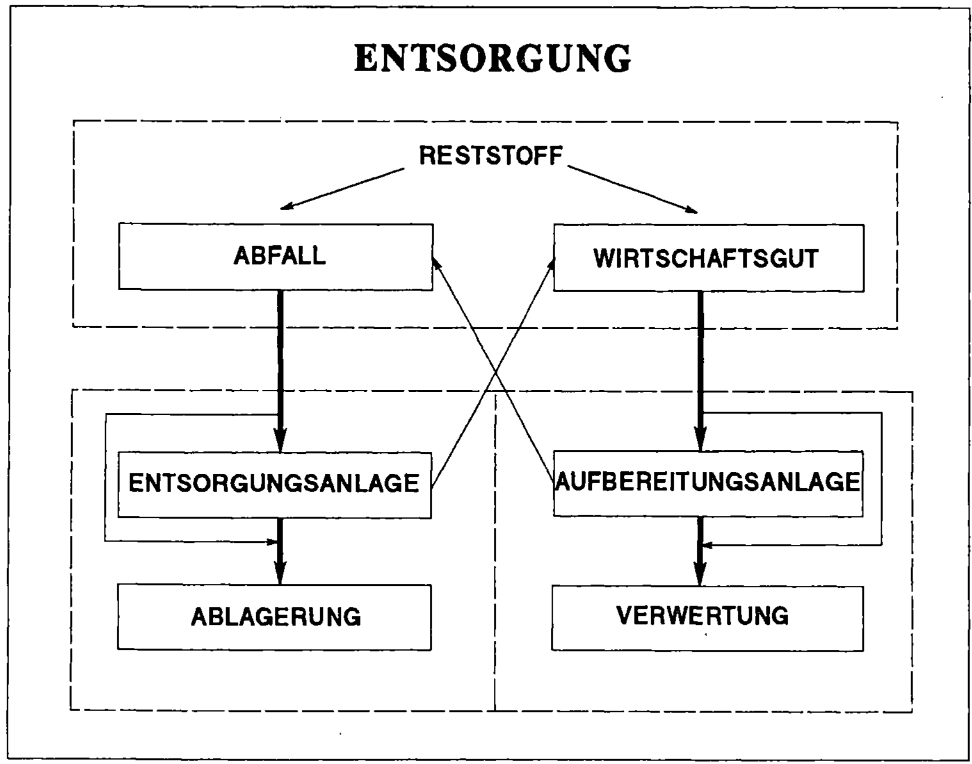

Abbildung 3: Wesentliche Begriffe in der Abfallwirtschaft

Um diese Forderung zu erfüllen, sind Abfälle so einzusammeln, zu befördern, zu behandeln und zu lagern, daß die Möglichkeiten zur Abfallverwertung genutzt werden können.

Darüber hinaus enthält das neue AbfG in § 4 Abs. 5 eine Ermächtigung der Bundesregierung[27], Verwaltungsvorschriften über Anforderungen an die Entsorgung von Abfällen nach dem Stand der Technik, vor allem solcher im Sinne von § 2 Abs. 2 *(besonders überwachungsbedürftige Abfälle; früher "Sonderabfälle")* zu erlassen. Die Verwaltungsvorschrift wird als **"Technische Anleitung Abfall"**, (TA Abfall, 1990) bezeichnet und enthält in Teil 1 Anforderungen an die Lagerung, chemisch/physikalische und biologische Behandlung und Verbrennung von besonders überwachungsbedürftigen Abfällen. Teil II soll die Deponierung regeln.

In der TA Abfall ist auch die Behandlung einiger Reststoffe aus der Rauchgasreinigung geregelt, welche im Abfallartenkatalog unter den Abfallschlüssel 313 14 fallen. Das sind im wesentlichen Wirbelschichtaschen und Sprühabsorptionsreststoffe. Sie werden als *"feste Reaktionsprodukte aus der Rauchgasreinigung von Feuerungsanlagen ohne REA-Gips"* bezeichnet.

Welche Aussagen des AbfG hinsichtlich der Errichtung und des Betriebes von Aufbereitungsstationen für die Reststoffe von Bedeutung sind, ist Thema von Kapitel 8.2.1.

---

[27]Auch nach Artikel 84 Abs. 2 des Grundgesetzes.

4 KONZEPTION TECHNISCHER ENTSORGUNGSWEGE FÜR RESTSTOFFE AUS DER RAUCHGASREINIGUNG

Grundlegend und bestimmend für die Verwertung der Reststoffe sind auf der einen Seite die Stoffart bzw. die chemische/mineralogische Zusammensetzung und resultierende physikalische Eigenschaften (Kapitel 4.1) sowie auf der anderen Seite die stofflich-physikalischen Anforderungen der verschiedenen Verwertungsoptionen (Kapitel 4.2). Eine Gegenüberstellung und ein qualitativer und quantitativer Vergleich dieser Parameter gemäß Abbildung 4 verdeutlichen, daß sich Anfallcharakteristik der Reststoffe sowie Anforderungscharakteristik der Verwertungen unterscheiden und Aufbereitungsschritte/-funktionen zur Überwindung diesbezüglicher Differenzen prinzipiell notwendig sind.

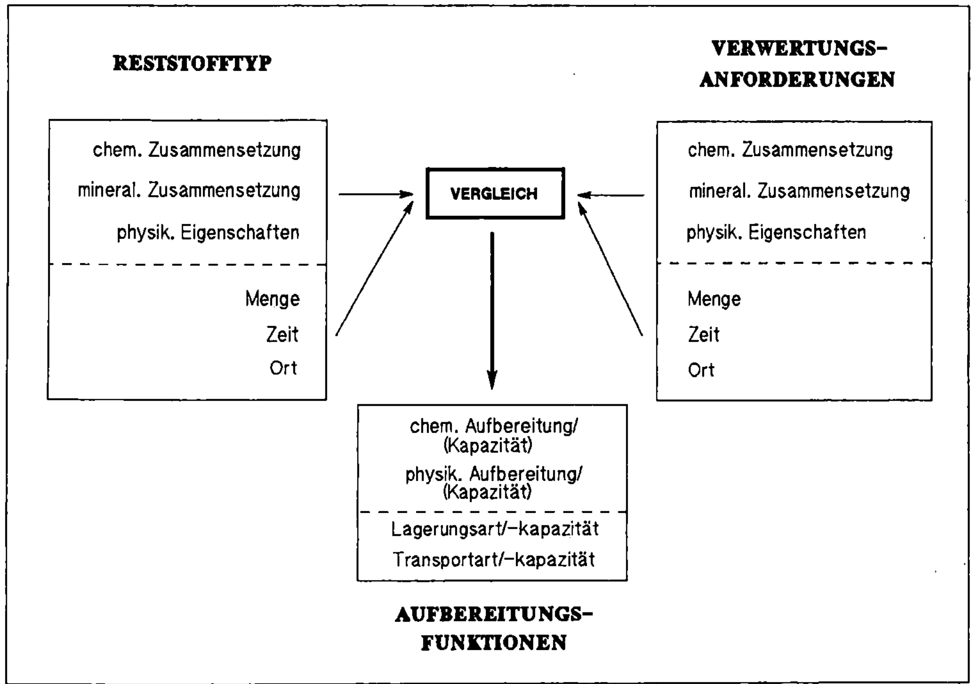

Abbildung 4: Abhängigkeit der Aufbereitung vom Reststofftyp und den Verwertungsanforderungen

Gemäß Abbildung 4 sind technische Entsorgungswege von Reststoffen als Kombination aus

- Reststofftyp,

- Aufbereitungstechnik und

- Verwertungsoption(en)

definierbar und darstellbar (Kapitel 4.3).

4.1 CHARAKTERISIERUNG DER RESTSTOFFE UND ANALYSE IHRER EIGENSCHAFTEN

Innerhalb dieses Unterkapitels wird nach einer kurzen Erläuterung der Abhängigkeit der Reststoffzusammensetzung von der Rauchgasreinigungstechnik der Schwerpunkt auf den mineralogischen Aufbau der jeweiligen Reststoffe gelegt. Nur dieser verdeutlicht, in welcher Bindungsform (Minerale) relevante Elemente (Silizium, Aluminium, Eisen, Calcium, Schwefel, Magnesium, Natrium, Kalium, Chlor, Fluor) im Reststoff vorliegen und gibt Aufschluß über daraus resultierende verwertungs- und aufbereitungsrelevante sowie baustofftechnische und physikalische Eigenschaften.

4.1.1 Anlagenspezifische Reststoffanfallcharakteristik

Neben feuerungsspezifischen Parametern wird die Reststoffanfallcharakteristik in der Hauptsache von der Art und Konzeption der implementierten Rauchgasreinigung determiniert.

Die **Reststoffart** einer Rauchgasreinigung wird durch den Verfahrenstyp weitgehend festgelegt. Darüber hinaus entscheidet bei einigen Verfahren die zur Emissionsminderung notwendige Art des Absorbens bzw. des Adsorbens.

In welcher **Qualität** diese Reststoffe anfallen, hängt in hohem Maße von der Rauchgaszusammensetzung sowie von der Detailkonzeption der Rauchgasreinigung ab. Aufgrund der im kleineren und mittleren Anlagenbereich charakteristischen diskontinuierlichen Betriebsweise der Feuerungen[28] variiert die Qualität der Reststoffe im Zeitablauf sogar innerhalb einer einzigen Rauchgasreinigung. Noch deutlicher fallen die Unterschiede zwischen gleichen Reststoffarten aus verschiedenen Rauchgasreinigungen aus.

Neben der Rauchgaszusammensetzung und der Verfahrenstechnik der Rauchgasreinigung wird die **Reststoffanfallmenge** maßgebend vom geforderten und erreichbaren Emissionsminderungsgrad bzw. der dafür erforderlichen Menge an Ab- und Adsorbentien beeinflußt.

Saisonale Schwankungen des Reststoffanfalls werden vor allem von der Jahresganglinie des betreffenden Kessels vorgegeben. In der Regel ist der Betrieb der Feuerung gleichbedeutend mit dem Betrieb der Rauchgasreinigung. Ausnahmen bilden Störfälle der Rauchgasreinigung, die nach der bestehenden Rechtslage zeitlich nach oben begrenzt sind.

4.1.2 Rostfeuerungsflugaschen (RFA)[29]

Mineralogischer Aufbau

Flugaschen aus der Staubabscheidung von Rostfeuerungen stellen ein mikroskopisch inhomogenes Gemenge mit organischen (20 - 50 Gew.-%, vorwiegend unter 35 Gew.-%) und anorganischen (50 - 80 Gew.-%, vorwiegend über 65 Gew.-%) Gemengteilen dar, wobei die organische Komponente aus unverbranntem Kohlenstoff besteht und die anorganische Komponente den unverbrennlichen/nicht volatilen Anteil der Kohle repräsentiert. Das ist der wesentliche Teil der Kohleminerale[30]. Stofflich vervollständigt wird der anorganische Anteil durch H_2SO_4[31] (1 - 15 Gew.-%, vorzugsweise unter 10 Gew.-%), welche adsorptiv an Rußpartikel gebunden ist.

Die Verbrennungsbedingungen in einer Rostfeuerung haben zur Folge, daß ein Teil der Kohleminerale (im wesentlichen die Tone) aufschmelzen, nach Abkühlung *glasartig erstarren* und eine *amorphe (ungerichtete) Molekularstruktur* annehmen. Ein geringer Teil weist thermisch bedingte Gitterstörungen auf (bis zu röntgenamorphen Phasen). Demgegenüber liegen ca. 60 - 80 Gew.-% des Mine-

---

[28]Dabei sind verschiedene Brennstoffarten und -qualitäten in einem Kessel ebenso üblich wie hohe Lastschwankungen.

[29]In Baden-Württemberg wird Steinkohle vorwiegend in Rostfeuerungen verbrannt.

[30]Dies sind vor allem Tone (Kaolinit, Illit, Montmorillonit), $CaCO_3$ (Calcit) und FeS_2 (Pyrit). Weitere Vertreter sind SiO_2 (als Quarz), $MgCO_3$ (Magnesit), $FeCO_3$ (Siderit) und Fe_2O_3 (Hämatit) (Gumz et al., 1958; Kirsch et al., 1980).

[31]Entsteht aus der Reaktion von H_2O mit SO_2/SO_3 des Rauchgases.

ralgehaltes der Flugaschen kristallin vor. Das sind verschiedene Alumosilikate, Quarz, Hämatit sowie Alkali-Erdalkaliminerale.

Eine detaillierte Charakterisierung ist nicht möglich, jedoch wird aufgrund der Betriebsweise von Rostfeuerungen eine Zusammensetzung vermutet, die derjenigen von Wirbelschichtaschen ohne Entschwefelungsanteil (vgl. dazu Kap. 4.1.3) ähnlich ist.

Das Kornspektrum der Flugasche liegt zwischen 0,1 μm und 500 μm und ist im wesentlichen vom Rußanteil abhängig. Hohe Rußanteile verschieben die Kornverteilung zu kleineren Werten hin.

Dementsprechend kann die spezifische Oberfläche der Flugasche in den Grenzen von 2.000 - >6.000 cm^2/g variieren. Die Korndichte liegt zwischen 1 und 2,7 g/cm^3 und die Schüttdichte zwischen <0,5 und 1,2 g/cm^3.

Verwertungs- und aufbereitungsrelevante Eigenschaften

Aussagen über diesbezügliche Eigenschaften der Rostfeuerungsflugaschen, insbesondere über die *puzzolanische Reaktivität*[32] *(Kalkbindevermögen)*, sind ausschließlich abhängig vom Anteil an *glasigen und z. T. auch amorphen und gittergestörten Mineralen*, da diese Eigenschaft nur aktivierte Phasen alumosilikatischer Zusammensetzung besitzen. Kristalline alumosilikatische Bestandteile reagieren aufgrund ihrer Stabilität gegenüber dem Angriff von basischen, kalkgesättigten Lösungen nicht mit. Andere kristalline Inhaltsstoffe verhalten sich aufgrund ihrer chemischen Zusammensetzung inert. Versuche haben jedoch ergeben, daß kieselsäurereiche aber nicht puzzolanische Stoffe, damit auch Rostfeuerungsflugaschen, durch Aufmahlen aktivierbar sind (Keil, 1971). Sofern zusätzlich die Oberflächenbelegung durch Ruß bei der Reststoffaufbereitung verringert werden kann und gleichzeitig die Partikel eine große innere Oberfläche aufweisen, sind Eigenschaften zu erwarten, die mit denjenigen von Steinkohlenflugasche aus Großfeuerungen vergleichbar sind[33].

Im Hinblick auf umweltrelevante Einflüsse durch die Aufbereitung und Verwertung ist vor allem das Laugungsverhalten der RFA von Bedeutung. Dieses wird bestimmt durch die Konzentration an enthaltener H$_2$SO$_4$. Hohe Konzentratio-

---

[32]Unter puzzolanischer Reaktivität versteht man die Eigenschaft von Stoffen, nach Zugabe von CaO als Anreger und Wasser zu erhärten. Dabei reagieren die amorphen oder gittergestörten Alumosilikate mit CaO und Wasser zu kristallinen Calciumsilikat- und -aluminathydraten. Dieses Verhalten ist mit der Zementreaktion vergleichbar und hängt vorwiegend vom Gehalt an amorphen/gittergestörten Alumosilikaten der Kornfraktion <0,01 mm ab (Schießl & Syberts, 1988).
[33]Deren verwertungsrelevanten Eigenschaften und Reaktionen sind u. a. in UMBW (1988) ausführlich analysiert worden.

nen haben *niedrige pH-Werte im Reststoffeluat* zur Folge und erhöhen damit die Mobilisation von Schwermetallen. Verbunden ist damit ebenfalls eine gute Leitfähigkeit des Eluates durch hohe Konzentrationen an Sulfat-Ionen.

4.1.3 Wirbelschichtaschen (WA)[34]

Mineralogischer Aufbau

Bei Wirbelschichtfeuerungen erfolgt die Entschwefelung durch Zugabe von gemahlenem Kalkstein in das Wirbelbett. Daraus resultiert eine gemeinsame Ausschleusung von Asche und Entschwefelungsprodukten/Restkalk und gemäß der Verfahrensführung eine zusätzliche Aufspaltung der Stoffströme in Flug- und Bettaschen. Beide enthalten in der Regel 5 - 15 bzw. 0,1 - 1 Gew.-% unverbrannten Kohlenstoff.

Bedingt durch Schwankungen in der Kohlezusammensetzung ist das Verhältnis von Asche zu Entschwefelungsprodukten nicht konstant, sondern variiert bei Flugaschen zwischen <5 und 45 und bei Bettaschen zwischen 5 und 45 Gew.-%.

Aufgrund der niedrigen Verbrennungstemperatur erfährt die alumosilikatische Mineralsubstanz der Kohle, wie z. T. auch bei Rostfeuerungsflugasche, nur Umwandlungen durch Festkörperreaktionen und daher bleibt die *kristalline, unregelmäßige und blättchenartige Struktur* der Kohleminerale weitgehend erhalten. Tonminerale, vorwiegend Kaolinit und Illit mit Gehalten von 40 - 70 Gew.-% in Flugaschen und 40 - 85 Gew.-% in Bettaschen, werden unter Wirbelschichtbedingungen dehydratisiert und in Phasen mit *aufgelockertem und reaktionsfähigem Raumgerüst* umgewandelt.

Weitere Aschebestandteile, sekundäre Bildungen durch den Entschwefelungsprozeß und thermische Reaktionen, setzen sich gemäß Tabelle 1 aus kristallinem Anhydrit ($CaSO_4$) und Calcit ($CaCO_3$) sowie teilweise amorphem Freikalk (CaO)[35], geringen Anteilen an Hydrophilit ($CaCl_2$) und Akzessorien (überwiegend Feldspäte) zusammen, wobei Unterschiede in der Zusammensetzung von Flug- und Bettaschen im wesentlichen Calcit betreffen.

Die Angabe einer allgemein gültigen Bandbreite der Korngrößenverteilung von Flug- und Bettaschen ist aufgrund des geringen Untersuchungsumfanges und des noch nicht abgeschlossenen Optimierungsprozesses der Wirbelschichttech-

---

[34]In Baden-Württemberg sind im Leistungsbereich der GFAVO nur zirkulierende atmosphärische Wirbelschichten installiert.
[35]$CaCO_3$ und CaO sind unreagierte Sorbensanteile, wobei CaO durch die Calcinierung von $CaCO_3$ entsteht.

nik[36] unmöglich, jedoch besteht systembedingt ein markanter Unterschied in der Korngröße zwischen Flug- und Bettaschen. Nach Angaben von Jahn & Weis (1989) sind Flugaschepartikel sehr feinteilig (>90 Gew.-% <100 μm) und Bettaschen sehr grobkörnig (bis zu 10 mm).

Tabelle 1: Mineralogische Phasenzusammensetzung von Aschen aus der zirkulierenden atmosphärischen Wirbelschichtfeuerung (kohlenstofffrei) (UMBW, 1990)

Aschephasen		Flugasche (Gew.-%)	Bettasche (Gew.-%)
kristalline	Tone und Glimmer	40 - 70	40 - 85
	Quarz	2 - >7	2 - >7
	Hamätit	2 - >7	2 - >7
	Anhydrit	7 - 32	3 - 25
	Calcit	<1 - 3	2 - 17
	CaO	< 2- <10(20)	< 1- < 5(9)
	Hydrophilit	< 3	vernachl.
	Akzessorien (z.B. Anorthit)	> 4	< 4
amorphe	röntgenamorphe (Kaolinit, CaO)	20 - 30	20 - 30

In Abhängigkeit von den Gehalten der einzelnen Fraktionen liegt die spezifische Oberfläche der Flugaschen zwischen 6.000 und 17.000 cm^2/g. Bettaschen haben wegen ihrer Grobkörnigkeit nur spezifische Oberflächen zwischen 400 und 600 cm^2/g.

Verwertungs- und aufbereitungsrelevante Eigenschaften

Wichtig für die Verwertung von Wirbelschichtaschen ist deren Verfestigungsneigung aufgrund ihrer puzzolanischen und carbonatischen Eigenschaft. Diese beruht auf der Reaktion des Ascheanteils[37] mit dem Freikalkanteil bei Wasserzugabe. Im Dreistoffsystem SiO$_2$ - Al$_2$O$_3$ - CaO liegen daher Wirbelschicht-

---

[36]Momentan zeigt sich eine Entwicklung von getrennter Ascheausschleusung hin zu gemeinsamer Behandlung. Nach entsprechender Aufmahlung soll die Bettasche in das Wirbelbett rückgeführt werden, was vor allem zu einer erhöhten Kalkausnutzung führt (Steinrück, 1988). Diese neue Flugasche wird im Vergleich zur Summe aus Flug- und Bettaschen vor der Rückführung weniger unreagiertes CaO und CaCO$_3$ beinhalten.

[37]Bei dieser Reaktion handelt es sich jedoch um Oberflächenreaktionen gittergestörter und somit aktivierter Tonminerale (VGB, 1988) und nicht um die Löslichkeit der amorphen Matrix, wie bei sonstigen puzzolanen Stoffen.

aschen den Zementen nahe. Die Verfestigungsreaktion kann zusätzlich durch die Hydratation des enthaltenen Anhydrits zu Gips verstärkt werden.

Darüber hinaus sind wegen der schwankenden Zusammensetzung der Reststoffe eindeutige Aussagen über baustofftechnisch bedeutsame Eigenschaften nur für den Einzelfall möglich. Vor allem die hohen Freikalk-, $CaSO_4$- und Chloridgehalte, aber auch der Kohlenstoffanteil der Flugaschen sowie die Grobkörnigkeit der Bettaschen, haben noch nicht genau bekannte Auswirkungen auf die Qualität von Baustoffen. Negative Einflüsse können folgende baustofftechnisch wichtige Parameter betreffen (Kautz, 1986):

- Steigender Anmachwasserbedarf bei Zementmörtel oder

- schlechte Verarbeitbarkeit je nach w/z-Wert (Wasser/Zement- Wert);

- niedrige Festigkeiten und Raumbeständigkeiten sowie

- erhöhte Ausblühneigung von Baustoffen sowie

- verstärkte Wärmeentwicklung und Carbonatisierung.

Demgegenüber können jedoch die Abbindefähigkeit und Kornfeinheit für die Verwertung von Vorteil sein und die genannten ungünstigen Effekte z. T. ausgleichen.

Das Laugungsverhalten wird, im Gegensatz zu Rostfeuerungsflugaschen, primär durch den Anteil an leicht löslichem Freikalk sowie durch Calcit bestimmt. Freikalk führt beim Kontakt mit Wasser zu einem *basisch reagierenden Eluat*, was für die meisten Schwermetalle eine Bildung schwerlöslicher Hydroxidverbindungen bedeutet. Dadurch wird eine Herabsetzung der Mobilisation sowie die Konzentrationsabnahme der Schwermetalle im Eluat bewirkt.

4.1.4 Sprühabsorptionsreststoffe (SAR) und Calciumsulfit-/Calciumsulfatschlämme (KWR)[38]

Aufgrund der stofflichen Ähnlichkeit werden beide Reststoffe gemeinsam in einem Kapitel zusammengefaßt.

---

[38]Aus Kalkstein- und Kondensationswäschen ohne Oxidationsstufe.

Mineralogischer Aufbau

Im Gegensatz zu Wirbelschichtfeuerungen erfolgt die Rauchgasreinigung mittels Sprühabsorption und Kalksteinwäsche durch Reaktion von SO_2/SO_3 mit einer $Ca(OH)_2$- oder Kalksuspension bzw. Kalkstein im Rauchgas. Aufgrund einer fehlenden vorhergehenden Staubabscheidung (Gilt nur für diese Art von Rauchgasreinigungen im kleinen und mittleren Anlagenbereich.) enthält der Sprühabsorptionsreststoff ca. 2 - 10 Gew.-% an Flugasche und Kohlenstoff. Im Schlamm sind diese Anteile weitaus geringer, wohingegen dieser zu rund 40 - 60 Gew.-% aus Wasser besteht.

Die Entschwefelungsanteile beider Reststoffe werden durch $CaSO_3 \cdot \frac{1}{2}H_2O$ (Calciumsulfit-Halbhydrat)[39] dominiert, und zwar aufgrund des relativ niedrigen O_2-Partialdruckes im Absorber (bei SAR) bzw. Wäscher (bei KWR) und beim Kalkwaschverfahren zusätzlich aufgrund einer fehlenden nachgeschalteten Oxidationsstufe. Wie Tabelle 2 zeigt, sind daher die Mengen an enthaltenem $CaSO_4 \cdot 2H_2O$ (Gips) deutlich niedriger. Zusätzlich sind Portlandit $(Ca(OH)_2)$, Fluorit (CaF_2) sowie Hydrophilit $(CaCl_2)$ von Bedeutung. Darüber hinaus ist im Schlamm noch unreagierter Kalkstein $(CaCO_3)$ enthalten.

Tabelle 2: Mineralogische Phasenzusammensetzung von SAR (Flugasche-, kohlenstoff- und wasserfrei) und KWR (wasserfrei) (UMBW, 1990)

Phase	SAR	KWR
	Anteil in Gew.-%	
Flugasche	2 - 10	2,5 - 8
Calciumsulfit-HH	(20)35 - 70	40 - 75
Gips	(3) 6 - 20(30)	10 - 25
Portlandit	5 - 20	< 1
Calcit	< 1 - 10(30)	-
Fluorit	0,3- 0,6	< 0,6
Hydrophilit	1 - 7	< 1,1

1) wasserfrei

Die Korngrößenverteilung des Sprühabsorptionsreststoffes variiert mit der Höhe der Flugaschemenge. Da die Korngrößen der Entschwefelungsprodukte kleiner sind als die der Flugasche, steigt bei Abnahme der Flugaschemenge der Anteil der kleineren Fraktionen ($<20 \mu m$). Entsprechend schwanken auch die Werte für die spezifischen Oberflächen zwischen 1.500 und 7.500 cm^2/g (GFR, 1989).

---

[39]Das ist die unter den speziellen Betriebsbedingungen beider Verfahren einzige stabile Phase im Dreistoffsystem SO_2 - CaO - H_2O.

Verwertungs- und aufbereitungsrelevante Eigenschaften

Im Hinblick auf diese Aspekte sind bei beiden Reststoffen primär die thermischen Eigenschaften sowie die Reaktion mit Wasser und Sauerstoff wichtig.

Bei einer thermischen Behandlung gibt das Sulfit zwischen ca. 300 und 400 °C die Hauptmenge an Hydratwasser ab (Odler & Bloss, 1986); bei weiterer Erhitzung kommt es zur Instabilität des Schwefelanteils, und SO_2 wird abgespalten:

$$CaSO_3 \cdot \tfrac{1}{2}H_2O \longrightarrow CaO + SO_2 + \tfrac{1}{2}H_2O$$

Bei hohem Sauerstoffpartialdruck im Temperaturbereich oberhalb von 750 °C geht Ca-Sulfit in die höchste Oxidationsstufe (des Schwefels) über und oxidiert irreversibel unter Wasserabgabe vereinfacht nach der Gleichung

$$CaSO_3 \cdot \tfrac{1}{2}H_2O + \tfrac{1}{2}O_2 \longrightarrow CaSO_4 + \tfrac{1}{2}H_2O$$

zu technischem Anhydrit. In geringem Maße kommt es während beider Reaktionen zu einer Disproportionierung[40] und zur Bildung von Calciumsulfit (CaS).

$$2CaSO_3 \cdot \tfrac{1}{2}H_2O \longrightarrow CaSO_4 + CaS + \tfrac{1}{2}H_2O + O_2$$

Der optimale Temperaturbereich für die Lage des Gleichgewichtes dieser Reaktion auf der rechten Seite liegt zwischen 400 und 600 °C.

Die Oxidation zu $CaSO_4 \cdot 2H_2O$ erfolgt in einer wäßrigen Lösung mit einem pH-Wert von ca. 3 - 4 und höherem Sauerstoffpartialdruck gemäß der Gleichung

$$CaSO_3 \cdot \tfrac{1}{2}H_2O + 1\tfrac{1}{2}H_2O + \tfrac{1}{2}O_2 \longrightarrow CaSO_4 \cdot 2H_2O$$

Die Eluate des Sprühabsorptionsreststoffes sind gekennzeichnet durch hohe pH-Werte und Leitfähigkeiten (EPRI, 1988). Erstere sind auf Anteile an gelöstem $Ca(OH)_2$ zurückzuführen, letztere auf Sulfat und Chlorid. Trotz niedriger Konzentration ist Sulfit insoweit von Bedeutung, als daß es durch Oxidation zu erhöhtem Sauerstoffverbrauch in Eluaten (und natürlich auch in Gewässern) kommt. Der hohe pH-Wert hat positive Auswirkungen auf das Mobilisationsverhalten von Schwermetallen, da deren Löslichkeit herabgesetzt wird.

---

[40]Umwandlung des im Ca-Sulfit 4-wertig vorliegenden Schwefel in eine Verbindung mit höherer Oxidationsstufe (+6 im Sulfat) und in eine mit niedrigerer Oxidationsstufe (-2 im CaS).

4.2 VERWERTUNGSBEREICHE UND BAUSTOFFTECHNISCHE ANFORDERUNGEN

Dieses Kapitel baut auf den in Kapitel 4.1 angegebenen und analysierten Reststoffzusammensetzungen auf, da die *Verwertungsmöglichkeiten von der Stoffart und den daraus resultierenden baustofftechnisch relevanten Eigenschaften vorgegeben werden.*

Für die Reststoffe eröffnet sich, wie Tabelle 3 verdeutlicht, ein Spektrum von insgesamt *9 prinzipiell möglichen Verwertungsbereichen,* wobei der Sektor Steine und Erden eine dominierende Stellung einnimmt.

Die Analyse der Verwertungsbereiche erfolgt bereichsbezogen, so daß für die unterschiedlichen Verwertungsoptionen alle in Frage kommenden Reststoffe gemeinsam angesprochen werden.

Ausgehend von der Produktionsstruktur, die insbesondere einen Überblick über die einzelnen Verwertungsmöglichkeiten in einem Industriebereich vermitteln soll, wird darauf aufbauend eine *Analyse der relevanten Optionen hinsichtlich Stoffunktion und Anforderungskriterien* durchgeführt. Darüber hinaus zeigen die Produktionsstrukturen Konkurrenzbeziehungen zu Naturrohstoffen auf.

Einen maßgebenden Einfluß auf die Verwertung und Aufbereitung haben *spezifische Qualitätsanforderungen und Produktnormen* der unterschiedlichen Optionen in Form von chemisch/physikalisch/technischen Parametern, welche sich fast ausschließlich an den entsprechenden Eigenschaften von Naturrohstoffen orientieren. Zusätzlich spielen auch subjektive Kriterien eine große Rolle. Diese sind zwar nicht baustofftechnisch relevant, können jedoch aus Akzeptanzgründen die Verwertung negativ beeinflussen und sind darüber hinaus auch durch eine Aufbereitung nicht vermeidbar.

Ein weiterer Problempunkt ist, daß ein Teil der in dieser Arbeit behandelten Reststoffe im Vergleich zu z. B. Flugasche und REA-Gips aus der Rauchgasreinigung von Großfeuerungen relativ neuartige Materialien sind. Demzufolge ist der *Untersuchungsumfang sehr unterentwickelt und Anforderungen/Richtlinien existieren nicht.* Deutlich wird diese Problematik bei s. g. Mischreststoffen wie Wirbelschichtaschen und Sprühabsorptionsreststoffen. Da keine vergleichbaren Naturrohstoffe existieren, werden Anforderungskriterien für asche- oder entschwefelungsanteil-ähnliche Reststoffe (Flugasche und REA-Gips) angewendet, die natürlich entweder den Asche- oder den Entschwefelungsanteil der neuen Reststoffe restriktiv behandeln. Daher ist es notwendig, unter Beachtung der charakteristischen Reststoffzusammensetzung entsprechende Produktnormen zu formulieren oder bestehende dahingehend zu erweitern.

Tabelle 3: Prinzipiell denkbare Verwertungsmöglichkeiten von Reststoffen nach entsprechender Aufbereitung

RESTSTOFF VERWERTUNGS- BEREICHE	STEINKOHLE ROSTFEUERUNGS- FLUGASCHE	WIRBELSCHICHT- ASCHE	HOCHCALCIUM- SULFITHALTIGE RESTSTOFFE[2]
Zementindustrie ·	Korrekturst. U Zumahlstoff K Sekundär- brennstoff K	Korrektur- stoff U Zumahlstoff K	Zumahlstoff E
Beton- und Bau- stoffindustrie	Zusatzstoff K Zuschlag U Verfüllmat. U Rohstoff U	Zusatzstoff K Zuschlag E Verfüllmat. E Rohstoff K (Ziegel)	Zuschlag K Verfüllmat. E
Gipsindustrie			Rohstoff für Baugipse K Gipsplatten u. Gipsspanpl. K Anhydrithst. K Gipssteine U
Straßen- und Wegebau	Füller K Zusatzstoff K Zuschlag U Boden K	Füller K Zuschlag E Boden K	
Landschaftsbau	Verfüllmat., Bodenersatz K	Verfüllmat., Bodenersatz U	Verfüllmat., Bodenersatz U
Bergbau	Zusatzstoff (Mörtel) K Zumischstoff K Verfüllmat. U	Zusatzstoff/ (Mörtel) U Zumischstoff U Verfüllmat. E	Zusatzstoff U (Mörtel) Rohstoff U (Mörtel) Zumischstoff U
Großfeuerungs- anlagen mit REA	Zusatz- brennstoff K		Einschleusen in Kalkstein- wäsche U
Düngemittelind.		Bodenhilfs- stoff E	Düngemittel K
Deponiebau und Deponiebetrieb	Verfestigungs- mittel K Abdichtmittel K	Verfestigungs- mittel K Abdichtmittel K	-

V...verbreitete Anwendung
E...Eignung nachgewiesen, Einzelanwendung
U...Untersuchung bzw. Entwicklung
K...keine Aktivitäten
[1] nach Umfällung zu Gips: Verwertungsoptionen wie für REA - Gips.
[2] Sprühabsorptionsreststoff, Calciumsulfit-/Calciumsulfatschlamm aus
   Kalkstein- und Kondensations-Waschverfahren; nach Oxidation zu Gips oder
   zu Anhydrit Verwertungs-optionen wie für REA-Gips.

4.2.1 Zementindustrie

Produktionsstruktur

Zemente sind Bindemittel, die sowohl an der Luft als auch unter Wasser durch Reaktion mit Wasser erhärten. Hauptbestandteile sind CaO, SiO_2, Al_2O_3 und Fe_2O_3, die in Form der Rohstoffe[41] bis zur Sinterung erhitzt werden und dadurch zu dem als Zwischenprodukt für jede Zementart notwendigen Portlandzementklinker reagieren. Durch alternative Zumahlung weiterer Stoffe (Quarzsand, Eisenerz oder Reststoffe), in jedem Fall aber Gips/Anhydrit zur Erstarrungsregelung, erfolgt die letztendliche Herstellung der in der Bundesrepublik üblichen Zementarten (Abbildung 5). Sie enthalten zwischen 15 und 100 Gew.-% Portlandzementklinker.

In der verfeinerten Darstellung der Abbildung 6 sind die detaillierten Einsatzoptionen der Reststoffe zuzüglich ihrer Verwertungsfunktion in den Bereichen Zement, Beton und Mörtel angegeben. Anhand dieser Funktionen werden in den folgenden Abschnitten die Reststoffverwertung und die damit verbundenen Probleme detaillierter dargestellt.

Da die eigentliche Zementproduktion nur als Zwischenfertigungsstufe zur Herstellung der Endprodukte für die Beton- und Mörtelindustrie dient, ist zusätzlich ersichtlich, welche Zementarten für welche Verwendung zugelassen sind und welche Verwertungs- und Einsatzoptionen für diese Bereiche von Bedeutung sind.

---

[41]Ton, Kalkstein oder Kalkmergel. Das Rohmehl eines normalen Portlandzementes besitzt etwa die folgende Zusammensetzung: Glühverlust 35 Gew.-%, SiO_2 15 Gew.-%, Al_2O_3 4 Gew.-%, Fe_2O_3 2,5 Gew.-, CaO 43 Gew.-% (Keil, 1971; Gundlach, 1973).

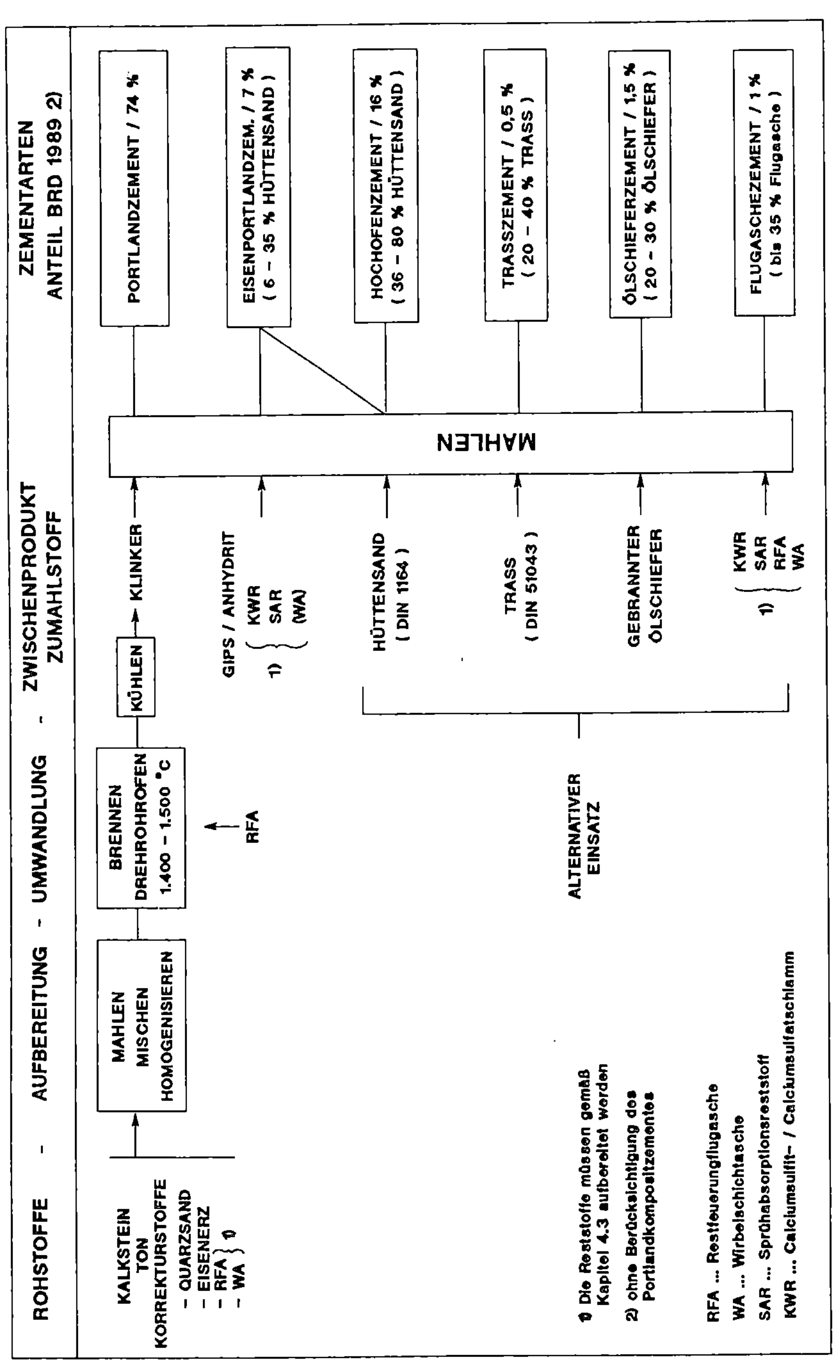

Abbildung 5: Produktionsstruktur der Zementindustrie mit Angabe der Einsatzmöglichkeiten aufbereiteter Reststoffe

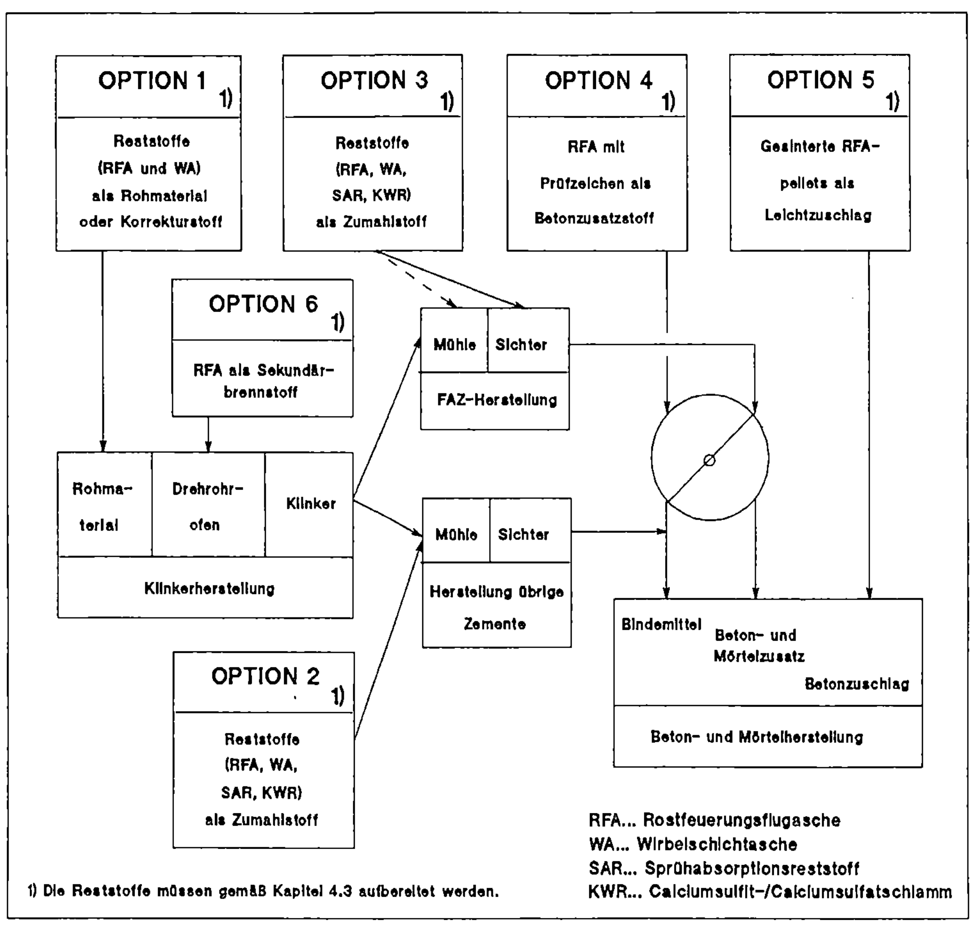

Abbildung 6: Verwertungsoptionen für aufbereitete Reststoffe bei der Zement, Beton- und Mörtelherstellung

Korrekturstoff bei der Zementklinkerherstellung

Wichtig für die Herstellung optimal reaktionsfähiger Zemente sind Rohstoffe von genau definierter Zusammensetzung in bezug auf CaO, SiO_2, Al_2O_3 und Fe_2O_3, so daß nur noch geringe Korrekturen durch Zugabe anderer Stoffe erforderlich sind. Wenn dazu aufgrund der Rohstoffsituation die Notwendigkeit besteht, ist es ohne Bedeutung, ob Naturrohstoffe oder aber sonstige Materialien wie z. B. Reststoffe mit entsprechender Zusammensetzung eingesetzt werden. Letztendlich ist nur das Mengenverhältniss der benötigten Oxide entscheidend.

Die Verwertung von **RFA** kann prinzipiell bei *hohem Tonmineralmangel* erfolgen, während der Einsatz von **WA** nur bei *mäßigem bis geringem Tonmangel* sinnvoll ist. Im Falle sehr hoher CaO-Gehalte dieses Reststoffes ist sein Einsatz auch bei tonreicheren aber Al_2O_3- armen Rohstofen möglich (Aufkalkung). Desweitern kommen sie als *Sulfatträger* in Betracht, und mit der Kohle eingeblasen dient der *Kohlenstoffanteil der RFA als Zusatzbrennstoff*.

Einsatzbegrenzende Faktoren bei der Verwertung auf der Rohstoffseite sind die Einflüsse von SO_2/SO_3[42] sowie von Chloriden und Schwermetallen auf

- den Ofenbetrieb (u. a. Kondensation von Alkalichloriden an den Wärmetauschern) (Sprung, 1984),

- die Zementklinkerqualität durch Einbindung von Alkalichloriden und Schwermetallverbindungen (Kreft, 1982; Maury & Pavenstedt, 1989) sowie

- die Emission von SO_2/SO_3 und Schwermetallen (Rodenhäuser & Herchenbach, 1986; Johansen et al., 1986).

Eine letztendliche Bewertung des Reststoffeinsatzes ist jedoch nicht pauschal zu formulieren, da Abhängigkeiten von der Roh- und Brennstoffbasis eines jeden Zementwerkes groß sind und daher Entscheidungen nur von Werk zu Werk erfolgen können.

Zumahlstoff zur Zementherstellung als Klinkerersatz

RFA und **WA** sind aufgrund ihrer Zusammensetzung in der Lage, *Portlandzementklinker und damit Bindemittel* zu ersetzen. Darüber hinaus kann der Sulfatanteil der WA auch noch als *Erstarrungsreglerersatz* fungieren (Optionen 2 und 3 der Abbildung 6).

Zur Herstellung von Flugaschezement und Flugaschehüttenzement dürfen jedoch nur Flugaschen zugemahlen werden, die ein Prüfzeichen nach der Richtlinie des Instituts für Bautechnik, Berlin (IfBt, 1979) haben und die in der Tabelle 4 aufgelisteten Anforderungen erfüllen[43].

---

[42]In bezug auf die Tolerierung auch höherer Schwefelanteile ist zu beachten, daß in der Zementindustrie traditionell Ersatzbrennstoffe mit hohem S-Gehalt verfeuert werden.
[43]Diese Anforderungen werden im wesentlichen nur von Steinkohlenflugaschen aus Trockenfeuerungen erfüllt.

Tabelle 4: Anforderungen an Steinkohlenflugaschen als Zumahlstoff zur Zementherstellung (IfBt, 1979)

Eigenschaften	Anforderungen	
	Grenzwerte	Gleichmäßigkeit
Glühverlust	$\leq$ 5,0 Gew.-%	
SO_3-Gehalt	$\leq$ 4,0 Gew.-%	
Cl-Gehalt	$\leq$ 0,10 Gew.-%	
$CaO_{ges.}$	$\leq$ 8,0 Gew.-%	
CaO_{frei}	$\leq$ 1,5 Gew.-%	
spezifische Oberfläche	$\geq$ 2.000 cm^2/g	x ± 500 cm^2/g
Kornanteil < 0,04 mm	$\geq$ 50 Gew.-%	x ± 10 Gew.-%
Kornanteil < 0,02 mm	$\geq$ 30 Gew.-%	
Erstarrungszeit	1h $\leq$ t $\leq$ 12h	
Raumbeständigkeit	Versuch best.	
rel β_D[1] von Mörtel und Beton im Alter von 7, 28 und 90 d	$\geq$ 70 %	
Karbonatisierungsverhalten	unschädlich[2]	
chemische Zusammensetzung	unschädlich[2]	

[1] Ausbreitmaß rel $\beta_D = \beta_{Df}/\beta_{Dz}$; f/z = 0,25; w/(z+f) = 0,50
[2] Entscheidung durch das Institut für Bautechnik

Darüber hinaus dürfen bei der Herstellung von Zementen Reststoffe bis zu 5 Gew.-% zugemahlen werden, sofern diese im betreffenden Zementwerk bereits als Grundstoff zur Klinkerproduktion verwendet werden (DIN 1164, 1978).

Einflüsse auf die Qualität von Zement durch die Zugabe von **RFA** sind z. Zt. nicht bekannt. Erst nach Aufbereitung und Kohlenstoffabtrennung[44] sind Aussagen über Früh- und Spätfestigkeiten von flugaschehaltigen Zementen möglich, die dann in etwa denjenigen aus Trockenfeuerungen entsprechen dürften. Deren Frühfestigkeit ist niedriger, während die Spätfestigkeit im allgemeinen gleich oder höher ist als die reiner Zemente (UMBW, 1988). Darüber hinaus hat Flugasche positive Auswirkungen auf die Verarbeitbarkeit und den Wasseranspruch von Zementen.

Da die Reaktion der kristallinen **WA** zu deutlichen Verfestigungen führt, ist es wahrscheinlich, daß ähnliche bzw. die gleichen festigkeitsbestimmenden Phasen gebildet werden wie bei der Reaktion des Glasanteils von Steinkohlenflugaschen aus Trockenfeuerungen. Versuche mit WA/Zementmischungen führten zu hohen Frühfestigkeiten, jedoch ist die Entwicklung der Festigkeit bei höheren Probenaltern nicht bekannt (BMFT, 1987).

---

[44]Oberflächenpassivierung der Flugaschepartikel durch Ruß.

Im Hinblick auf die gemäß Tabelle 4 einzuhaltenden Werte sind bei RFA und WA der H_2SO_4- bzw. $CaSO_4$-Anteil[45], der Gehalt an Kohlenstoff sowie der Chlorid- und Freikalkgehalt der WA sensible Parameter. Folgende negative Auswirkungen auf Zemente sind möglich (UMBW, 1988):

- Erhöhung des Wasseranspruchs durch Kohlenstoff,

- Erhöhung der Ausblühneigung durch Sulfate und Chloride (letztere können auch das Erstarren beschleunigen),

- Erhöhung der Reaktionswärme durch Ablöschen des Freikalkes sowie

- Beeinträchtigung des Carbonatisierungsverhaltens durch $Ca(OH)_2$ und $CaCO_3$.

Zumahlstoff zur Zementherstellung als Erstarrungsreglerersatz

Wie die Abbildungen 5 und 6 zeigen, können die aufbereiteten Reststoffe WA, SAR und KWR in Zementen die Funktion von *Erstarrungsreglern* übernehmen, und zwar je nach Art der Aufbereitung, sowohl die des Gipses (WA[46], SAR und KWR) als auch die des Anhydrits (SAR und KWR).

Im Hinblick auf die gewünschte Qualität von Erstarrungsreglern bzw. Reststoffen kann sich die Zementindustrie, neben der Beachtung von DIN 1164 (1978), an den Anforderungen der Gipsindustrie an REA-Gips orientieren (vgl. dazu Tab. 7). Unter Beachtung der Rohstoffzusammensetzung von Zementen sowie den geringen Anteilen an Erstarrungsreglern sind die dort angegebenen Werte jedoch variabler handhabbar. So können die geringeren Anforderungen der Tabelle 5 als Anhaltswerte dienen.

---

[45]Inwieweit die Sulfatkomponente der WA die Verwertung als Zumahlstoff hemmt, ist davon abhängig, ob dieser Reststoff als "Mischreststoff" gelten kann und die Prüfzeichenrichtlinie in diese Richtung erweiterbar ist oder eine eigene Richtlinie erstellt werden kann. Gleichzeitig ist aber auch sicherzustellen, daß bei der Zementherstellung durch Optimierung der Rezepturen und Anpassung der $CaSO_4$-Anteil von WA auf den Sulfatanteil der Erstarrungsregler angerechnet werden kann. Diese beiden Voraussetzungen müssen deshalb erfüllt werden, weil $CaSO_4$ durch eine Aufbereitung nicht abtrennbar ist.

[46]Bei der entsprechenden Aufbereitung hydratisiert der Anhydritanteil von WA zu Gips und das Verhältnis Asche : Gips beträgt ca. 2,5 : 1. Demgegenüber wird Portlandzementklinker in der Regel 5 Gew.-% Sulfat zugemahlen, wobei Gips und Anhydrit in etwa den gleichen Anteil haben. Das bedeutet, daß beispielsweise mit einer Reststoffzumahlung entsprechend 2 Gew.-% Gips zugleich rund 5 Gew.-% Asche zugesetzt werden, was gemäß DIN EN 197 (1987) der zugelassenen Menge an Nebenbestandteilen in genormten Zementen entspricht.

Tabelle 5: Anforderungen der Zementindustrie an die Qualität von Gips und Anhydrit[47]: Quelle Heidelberger Zement AG

Parameter	Anforderungen (Gew.-%)[1]
Feuchtigkeit	< 10
Reinheitsgrad ($CaSO_4 \cdot 2H_2O/CaSO_4$)	> 85
pH-Wert	5 - 9
MgO wasserlöslich	< 1
K_2O wasserlöslich	< 0,5
Cl wasserlöslich	< 0,25
SO_2	< 5

[1] außer pH-Wert

Trotz dieser verminderten Anforderungen können Inhaltsstoffe der unaufbereiteten Reststoffe in Zementen bzw. Beton zu folgenden baustofftechnisch negativen Reaktionen führen (VDZ, 1984):

- Spannungsrißkorrosion durch Umsetzung von Chloriden mit Sulfaten, Aluminaten und Silikaten des Zementes,

- verstärktes Kalktreiben durch $Ca(OH)_2$ und $CaCO_3$ und

- erhöhte Ausblühneigung durch Chloride und Beschleunigung der Zementerstarrung.

Sekundärbrennstoff in der Zementindustrie

Diese Verwertungsoption gilt nur für **C-reiche RFA** und ermöglicht entweder die *Substitution eines Teils normaler Brennstoffe*, in der Regel Kohle, oder die *Substitution traditioneller Sekundärbrennstoffe*, wie z. B. Petrolkoks, Säureharz oder Altreifen.

Die prinzipielle Einsatzmöglichkeit hängt aufgrund des hohen H_2SO_4-Gehaltes C-reicher RFA in erster Linie vom S-Gehalt der eingesetzten Brennstoffe oder Sekundärbrennstoffe ab. Nach Davids & Lange (1986) können letztere bis zu 15 Gew.-% Schwefel enthalten.

---

[47]In VGB (1989) sind diese Werte präzisiert, und zwar soll die Feuchtigkeit zwischen 4 und 10 Gew.-% liegen, der Reinheitsgrad >90 Gew.-% und der Chloridgahalt <0,1 Gew.-% betragen.

4.2.2 Beton- und Baustoffindustrie

4.2.2.1 Betonindustrie

Produktionsstruktur der Betonindustrie

Beton ist ein Baustoff, der aus Bindemittel (Zement), Betonzuschlag und Wasser besteht, gegebenenfalls Betonzusatzmittel und -zusatzstoffe enthalten kann und durch Erhärten des Zementes entsteht.

Aus Abbildung 7 ist ersichtlich, daß die Einschleusung der Reststoffe in den Produktionsprozeß begrenzt ist und sich auf die direkte Betonherstellung beschränkt[48]. Aufgrund der notwendigen stofflichen Zusammensetzung der unterschiedlichen Betonerzeugnisse ergibt sich eine qualitativ eingeschränkte Verwertung, die nur die aschereichen Reststoffe **RFA** und **WA** betrifft, wobei der Einsatz von WA auf den des Zusatzes zu Betonwaren und des Zuschlages zu Beton begrenzt ist.

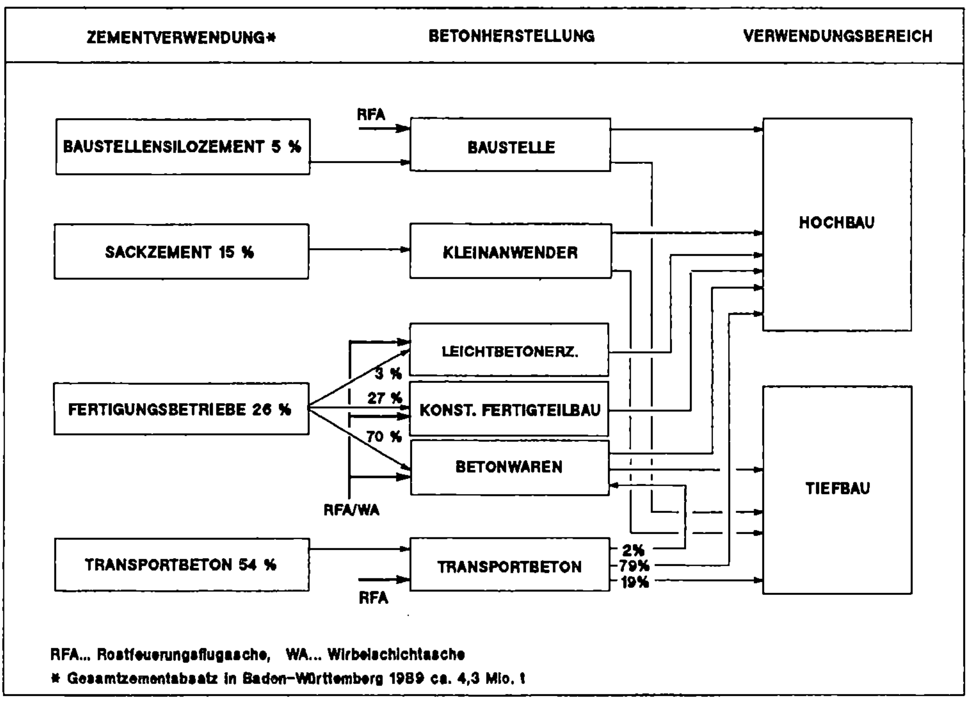

Abbildung 7: Produktionsstruktur der Betonindustrie mit Angabe des möglichen Reststoffeinsatzes nach der Aufbereitung

---

[48]Nicht beachtet ist der Reststoffeinsatz über den Zement.

Zusatzstoff zu Beton[49]

Diese Option umfaßt nur **RFA**, da der nach einer entsprechenden Aufbereitung noch enthaltene Sulfatanteil in WA bei der Herstellung von Beton nicht korrigierbar ist.

Zusatzstoffe zu Beton müssen DIN 4226 (1983) oder DIN 51043 entsprechen oder eine *bauaufsichtliche Zulassung bzw. ein Prüfzeichen* besitzen (Gilt z. Zt. nur für Steinkohlenflugaschen aus Trockenfeuerungen.). Zusätze, die den Anforderungen genügen, können einen *Teil des Zementes in Beton ersetzen.* Die derzeitige Verwendung von Flugasche aus Trockenfeuerungen betrifft nicht alle Betonarten, sondern ist gemäß DIN 1045 (1978) auf bestimmte Betonarten beschränkt. Darüber hinaus dürfen Flugaschen einem Beton nicht zugegeben werden, der Flugaschezement als Bindemittel enthält (IfBt, 1979).

Sofern RFA hinsichtlich ihrer Anteile an amorphen und kristallinen Phasen mit Steinkohlenflugaschen aus Trockenfeuerungen vergleichbar ist und puzzolanisch reagiert, hat sie qualitätsverbessernde Wirkungen auf Beton. Diese sind sowohl chemischer als auch physikalischer Natur und betreffen die Festigkeit, Dauerhaftigkeit und Handhabbarkeit von Beton (UMBW, 1988)[50].

Die Verwertung von RFA wird in erster Linie durch die Höhe des Kohlenstoff- und H_2SO_4-Gehaltes beeinträchtigt. Folgende negative Auswirkungen sind im Vergleich zu flugaschefreien Betonen möglich:

- schlechte Raumbeständigkeit durch Sulfatisierung,

- höherer Anmachwasserbedarf und

- Veränderung des Erstarrungsverhaltens.

Zusatzstoff zu Betonwaren

Der Einsatz von **RFA** und **WA** zur Herstellung von Betonwaren (Pflastersteine, Rohre etc.) ist ähnlich zu werten wie derjenige in Normalbeton, da ebenfalls *Teile des Zementes ersetzbar* sind. In Abhängigkeit von der geforderten bzw. notwendigen Festigkeit, den jeweiligen Normvorschriften und optischen Notwendigkeiten (Färbung) können die Forderungen der Prüfzeichenrichtlinie in wesentlichen Punkten vermindert werden (z. B. Glühverlust bis zu 10 Gew.-%).

---

[49]Diese Option umfaßt gleichzeitig Zusatzstoffe für Betontragschichten im Straßenbau.
[50]Diese Thematik ist in UMBW (1988 & 1990) ausführlich dargestellt.

Zusätzlich ist aber notwendig, daß im Rahmen einer Eignungsprüfung zusätzlich verminderte Anforderungen für Chlorid, Freikalk und Sulfat geltend gemacht werden können.

Zuschlag zu Beton (Normal- und Leichtzuschlag)[51]

Normalzuschläge sind aus aufbereiteter **RFA** und **WA**, Leichtzuschläge dagegen nur aus **RFA** herstellbar und können bei Eignung *gebrochene und ungebrochene natürliche oder künstliche Materialien ersetzen.*

Gemäß DIN 4226 (1983) dürfen Zuschläge unter Einwirkung von Wasser nicht erweichen, sich nicht zersetzen und mit Zement keine schädlichen Verbindungen eingehen. Darüber hinaus dürfen die Eigenschaften von Beton nicht beeinträchtigt werden. Zuschlag, der bestimmte Regelanforderungen der Tabelle 6 nicht erfüllt, darf für gewisse Anwendungen des Betons trotzdem verwendet werden, wenn der Betonhersteller unter Berücksichtigung der Forderung des Betonverarbeiters die Eignung des mit solchem Zuschlag hergestellten Betons durch Eigungsprüfung nachweist.

Tabelle 6: Anforderungen an künstliche Zuschläge für Beton (DIN 4226, 1983)

Eigenschaften	Anforderungen
abschlämmbare Bestandteile	2 - 5
quellfähige Bestandteile	0,1 - 0,5
SO_3-Gehalt	< 1
Cl-Gehalt	0,02- 0,04
Glühverlust	< 5

In der Bundesrepublick ist diese Eigungsprüfung für Normalzuschlag aus aufbereiteter WA für Beton der Klassen B 15 und B 25 erteilt worden (ETH, 1988).

Leichtzuschläge werden demgegenüber schon seit längerer Zeit aus Steinkohlenflugaschen (Trockenfeuerungen) produziert (Kunze, 1974), und zwar in den Niederlanden, Großbritannien und der Bundesrepublik. Die Produktionsstätte der BRD im Ruhrgebiet ist aber nur zeitweilig in Betrieb (VEBA, 1989).

Aufgrund der geringen Produktanforderungen bei Normalzuschlägen ist nur bei RFA der Kohlenstoff ein kritischer Parameter, obgleich bis zu 20 Gew.-% tolerierbar sind (ETH, 1988). Dieser Parameter unterliegt auch bei der Herstellung

---

[51]Diese Option umfaßt gleichzeitig Zuschläge für bituminöse Straßenschichten und Betontragschichten.

von Leichtzuschlägen aus RFA Beschränkungen, jedoch nicht aus baustofftechnischen, sondern aus produktionstechnischen Gründen.

4.2.2.2 Baustoffindustrie

Unter diesem Begriff sind die Bereiche

- Mauer-, Putz- und Estrichmörtel einerseits sowie

- Kalksand-, Gasbeton- und Mauersteine andererseits

zusammengefaßt.

Produktionsstruktur der Mörtelindustrie

Mörtel bestehen aus einem oder mehreren Bindemitteln, jedoch ist die Korngröße des Zuschlags im Vergleich zu der des Betones wesentlich geringer. Aufgrund der Art der Anwendungsgebiete gelten für Mörtel mit Ausnahmen die Grundsätze der Betontechnologie.

In Abbildung 8 sind die Produktionsstruktur der Mörtelindustrie und der mögliche Reststoffeinsatz angegeben[52]. Ersichtlich ist eine Überschneidung der Mörtelherstellung im Bereich Werkfrischmörtel mit Transportbetonwerken, was auf die traditionelle Produktionspraxis zurückzuführen ist[53].

---

[52]Nicht beachtet ist der Reststoffeinsatz über den Zement.

[53]Aufgrund der notwendigen Produkteigenschaften, der Zusammensetzung sowie der Konsistenz und den notwendigen Verarbeitungseigenschaften - sofortige Verarbeitbarkeit nach Anlieferung - werden Werkfrischmörtel traditionell in Transportbetonwerken produziert.

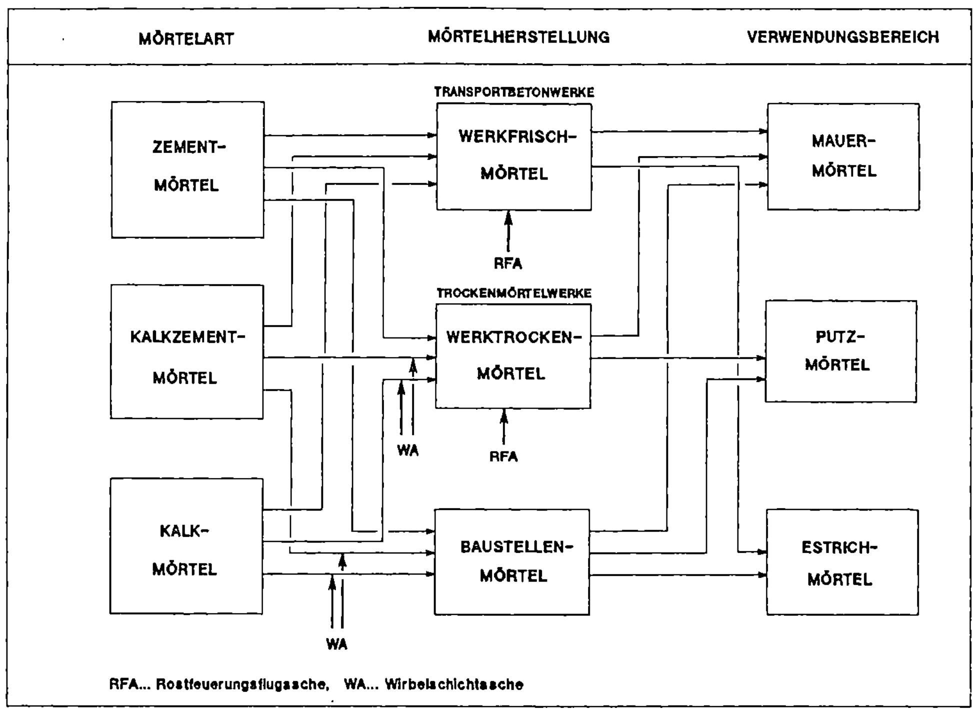

Abbildung 8: Produktionsstruktur der Mörtelindustrie mit Angabe des möglichen Reststoffeinsatzes nach der Aufbereitung

Zusatzstoff zu Mörtel

Gemäß Abbildung 8 ist der Bereich Mörtel nach der Art des Bindemittels (Mörtelart), dem Herstellort und/oder den Verwendungsbereichen strukturierbar. Da in bezug auf die Verwertung zwar eine Einteilung nach Art des Bindemittels vorteilhaft wäre, die Zusammensetzung von Mörteln sowie baustofftechnische Anforderungen jedoch im Rahmen der Verwendungsbereiche geregelt sind, wird der Reststoffeinsatz im folgenden anhand der dort traditionell gültigen Einteilungen analysiert.

Infolge sehr unterschiedlicher Anwendungsgebiete können Mauer- und Putzmörtel sowohl Zement als auch Kalkzement, hydraulischen Kalk oder Kalk als Bindemittel enthalten. Demgegenüber enthält Estrich als Bindemittel nur Zement.

Zusatzstoffe dürfen Mörteln zugebeben werden, sofern sie das Abbinden und Erhärten des Bindemittels, die Mörteleigenschaften sowie angrenzende Bauteile nicht unzulässig beeinflussen.

Zusätze zu **Mauermörtel**, die nicht genormt sind oder einer Norm entsprechen, müssen ein *Prüfzeichen bzw. Prüfzeichenqualität besitzten* (DIN 1053, 1987), wohingegen für Zusätze zu **Putz-** und **Estrichmörtel** nur ein *Nachweis der Unschädlichkeit notwendig ist* (DIN 18550, 1985; DIN 18650, 1981). Das ist einmal auf die unterschiedlichen Einsatzgebiete und andererseits auch darauf zurückzuführen, daß Mauermörtel überwiegend in Transportbetonwerken hergestellt wird. Diese unterliegen nach DIN 1045 einer bauaufsichtlichen Überwachung. Entsprechend den damit verbundenen restriktiven Bestimmungen gelten in bezug auf den Reststoffeinsatz in **Mauermörtel** die Angaben bei Zusatzstoff zu Beton.

Demgegenüber ist in **Putzmörtel** - mit Ausnahme von denen mit Zement als Bindemittel - auch die Verwertung von **WA** möglich, was bei kalkreichen Mörteln infolge einer zusätzlichen Reaktion der Aschebestandteile zur Erhöhung der Festigkeit führen kann.

Zementestriche müssen u. a. aus Gründen des Verschleißwiderstandes höhere Festigkeiten erreichen als z. B. Mauermörtel mit Zement. Der Einsatz von **WA** kann daher ausgeschlossen werden.

Da allgemein in diesem Verwertungsbereich kaum Erfahrungen vorliegen, sind negative Auswirkungen der unaufbereiteten Stoffe, vor allem der **WA**, nicht auszuschließen. Möglich sind daher primär

- Ausblühungen durch Chloride und Sulfate,

- Abplatzungen und Treiberscheinungen durch Reaktion von CaO, $Ca(OH)_2$ sowie Sulfaten,

- Färbungen durch höhere Kohlenstoffgehalte und

- Erhöhung des Wasseranspruchs.

Zusatzstoff zu zementgebundenen Steinen

Für den Reststoffeinsatz zur Herstellung von zementgebundenen Steinen und Leichtbetonsteinen gelten infolge der notwendigen Steinqualität die Angaben bei Zusatzstoff und Leichtzuschlag zu Beton.

Zuschlag zu Kalksand- und Gasbetonsteinen[54]

Zur Herstellung dieser Steine ist neben aufbereiteter **RFA** und **WA** auch der Einsatz aufbereiteter **SAR** und **KWR** möglich. Beim Einsatz ist durch sie ein *Teil der sandigen Rohstoffkomponente substituierbar, bei Kalksandsteinen auch Kalk* (BKS, 1988)[55]. Im Hinblick auf die stofflichen Reaktionen muß zwischen der Wirkung aschereicher und aschearmer bzw- -freier Reststoffe unterschieden werden.

Eine Zugabe von **RFA** und **WA** kann primär der Festigkeitserhöhung der Steine dienen, sofern das festigkeitsbestimmende CaO/SiO_2-Verhältnis durch Variation der Rohstoffzusammensetzung beibehalten wird. Darüber hinaus sind Auswirkungen durch veränderte Reaktionsbedingungen im Produktionsprozeß[56] und mögliche Umstellungen bzw. Änderungen nicht auzuschließen (Hebel, 1987; BWD, 1988). Abbinderegulatoren, wie z. B. Gips, können diesbezügliche Probleme aber abschwächen und werden insbesondere bei Gasbetonsteinen mit Mischungen auf Flugaschebasis traditionell benutzt (Gundlach, 1973).

Darüber hinaus kann sich auch eine Verwertung **sulfatreicher Reststoffe** neben den o. g. Vorteilen positiv auf das Festigkeitsverhalten der Steine auswirken und außerdem die Verarbeitbarkeit vor allem von Gasbetonsteinen verbessern (Hebel, 1987).

Zusätzlich sind auch mögliche negative Auswirkungen durch störende Anteile der Reststoffe primär in bezug auf optische Eigenschaften der Produkte nicht außer acht zu lassen. Das sind Färbungen durch höhere Kohlenstoffanteile sowie erhöhte Ausblühneigungen durch Chloride und Sulfate.

Diese genannten Auswirkungen der Reststoffe, und damit auch ihre Verwertungsmöglichkeiten, sind nicht als allgemeingültig anzusehen, sondern müssen wegen der oft sehr unterschiedlichen Rohstoffbasen von Werk zu Werk einzeln bewertet werden.

---

[54]Bei der Herstellung von Kalksand-und Gasbetonsteinen gelten im Unterschied zur Beton- und Mörtelindustrie alle nicht als Bindemittel zählenden mineralischen Stoffe als Zuschläge.

[55]In VGB (1989) sind erste Versuche zur Herstellung leichter Kalksandsteine unter Zugabe von Steinkohlenflugasche und Wirbelschichtasche veröffentlicht. Diese Steine wurden vollständig auf der Basis dieser Reststoffe hergestellt (unter gleichzeitiger Verwendung von Kalk, Wasser und Porosierungsmitteln) und weichen in ihren wesentlichen Eigenschaften kaum von normalen Kalksandsteinen ab.

[56]Dampfhärtung der Steine.

Rohstoff für Mauerziegel

Aschereiche Reststoffe wie **RFA** und **WA** vermögen bei der Mauerziegelherstellung in erster Linie *tonige Rohstoffe zu ersetzen*, d. h. SiO_2- und Al_2O_3- reiche
Tone zu magern. Zusätzlich dient der *Kohlenstoffanteil als Brennstoff und Poro-
sierungsmittelersatz*[57] (z. B. für Styropor, Holzschlamm) (Hauck et al.). Hingegen
können **SAR** und **KWR** die Funktion *hydraulischer Härter* (z. B. Zement, Naturgips, Kleber) übernehmen (Stern, 1984).

Da die Reststoffzusammensetzung sowohl physikalische als auch optische Eigenschaften beeinflußt, ist der mögliche Einsatz auf den Produktionsbereich
Hintermauer- und Leichtmauerziegel begrenzt (IZE, 1988). Vor allem ist wichtig, daß neben einer Festigkeitserhöhung durch Sulfate diese bei Wasserzutritt
zu Treiberscheinungen und Ausblühungen führen können. Letzteres gilt auch
für Chloride.

Eine Begrenzung der Verwertung ist immer dann prinzipiell möglich, sofern es
innerhalb der Produktion aufgrund des thermischen Verhaltens von H_2SO_4 aus
RFA sowie von Sulfaten, Chloriden und Schwermetallen zu Korrosionen, An-
backungen und Emissionen kommt.

4.2.3 Gipsindustrie

Produktionsstruktur der Gipsindustrie

Bei den industriellen Brennprozessen gemäß der Abbildung 9 ist zu unterscheiden zwischen einer Dehydratation des Rohstoffes Gips im Niedertemperaturbe-
reich (ca. 80 - 180 °C) und Hochtemperaturbereich (500 - 800 °C), woraus β-
Halbhydrat (Stuckgips), Mehrphasengips (Putzgips) und Anhydrit resultieren. α-
Halbhydrat wird unter Druck, aber auch drucklos hergestellt.

---

[57]Beim Brennvorgang wird CO_2 gebildet, welches entweicht und Porenraum zurückläßt. Zusätzlich wird durch die Einsparung von Porosierungsmitteln die Emission von Formaldehyd oder
Benzol verringert.

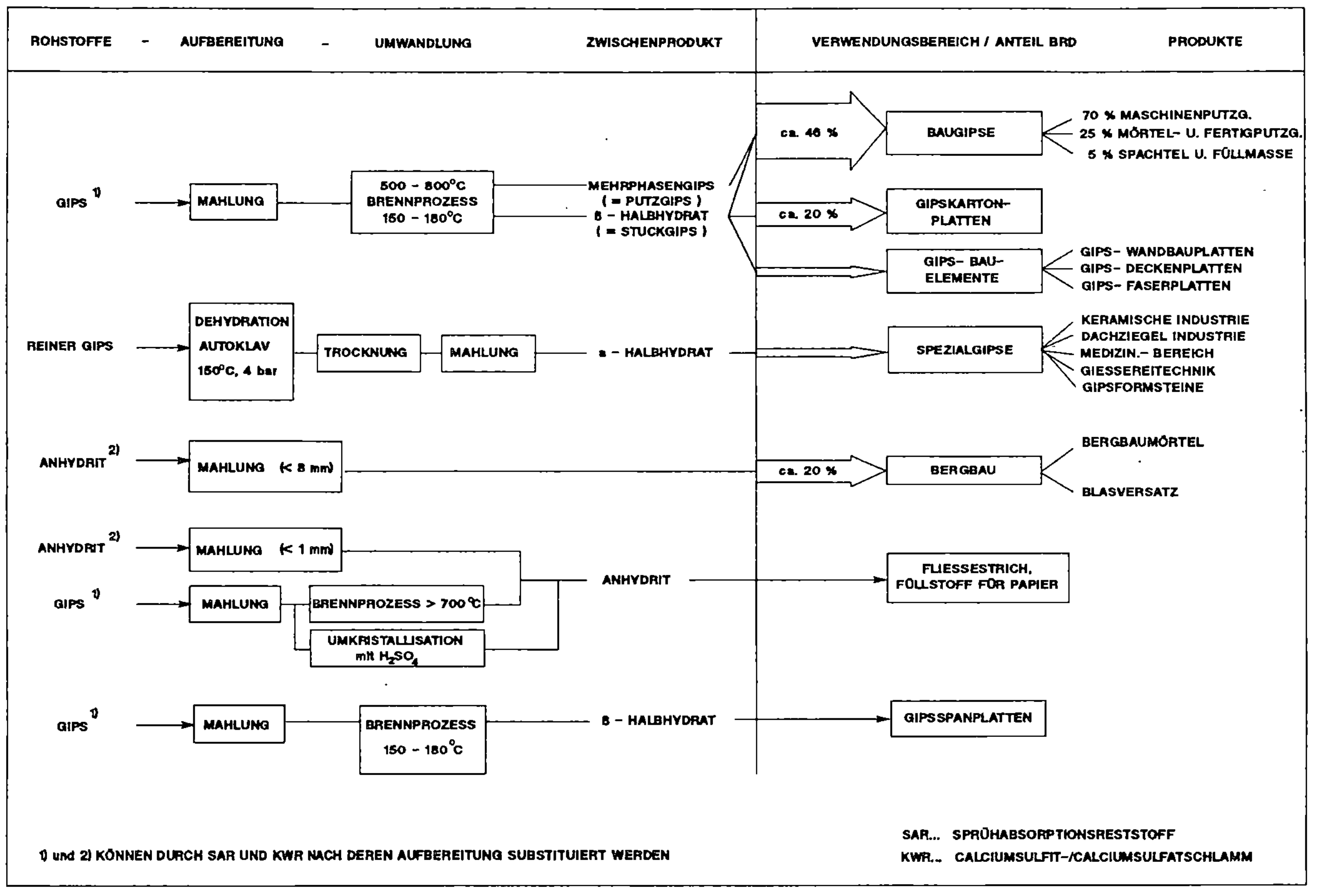

Abbildung 9: Produktionsstruktur der Gipsindustrie mit Angabe des möglichen Reststoffeinsatzes nach der Aufbereitung

Rohstoff für Baugipse, Gipsplatten, -spanplatten und Anhydritestrich

Nach entsprechender Aufbereitung sind **SAR** und **KWR** in der Lage, sowohl *Naturgips als auch Naturanhydrit zu substituieren*. Voraussetzung ist jedoch, daß sie die von der Gipsindustrie geforderte und in Tabelle 7 zusammengefaßte chemisch/mineralogische Zusammensetzung sowie die in DIN 1168 (1975/86) festgelegten notwendigen physikalischen Eigenschaften aufweisen[58].

Tabelle 7: Anforderung der Gipsindustrie an die Qualität von REA-Gips; Quelle: Wissenschaftlicher Beirat der Forschungsvereinigung der Gipsindustrie[59]

Parameter	Grenzwert[1]
Feuchtigkeit	< 10 %
Reinheitsgrad: $CaSO_4 \cdot 2H_2O$	> 95 %
pH-Wert	5 - 8
Farbe (Weißgrad)	> 80 %
Geruch	neutral
Mittl. Teilchengr.(Rückst. 32 μm)	> 60 %
Nebenbestandteile (Summe)	< 5%
MgO wasserlöslich	< 0,10 %
Na_2O wasserlöslich	< 0,06 %
K_2O wasserlöslich	< 0,06 %
Cl wasserlöslich	< 0,01 %
$CaSO_3 \cdot \frac{1}{2}H_2O$	< 0,50 %
Al_2O_3	< 0,30 %
Fe_2O_3	< 0,15 %
SiO_2	< 2,50 %
$CaCO_3 + MgCO_3$	< 1,50 %
$NH_3 + NO_3^-$	< 0,01 %
oxidierbare organ. Best.	< 0,10 %
Ruß, Flugkoks, (als C best.)	
Spurenelemente	toxisch und radioaktiv unbedenkliche Mengen

[1] Alle Prozentangaben, außer bei "Farbe (Weißgrad)", in Gew.-%

In Abhängigkeit der hergestellten Gipserzeugnisse und deren Anwendungsbereiche haben einige der in Tabelle 7 angegebenen Parameter den Charakter von Orientierungswerten. Insbesondere können der Reinheitsgrad und der Weißgrad in gewissen Grenzen variieren. Demgegenüber hat eine Überschreitung von Grenzwerten anderer Parameter folgende negative Auswirkungen auf

---

[58]Sofern die Forderungen erfüllt werden, unterscheidet die Norm nicht zwischen Produkten aus Naturgips und Reststoffen.

[59]Allgemein muß nach Auffassung des Beirates die Qualität von REA-Gips so beschaffen sein, daß daraus die Herstellung von Produkten sichergestellt ist, die Erzeugnissen aus Naturgips entsprechen.

die in DIN 1168 geregelten notwendigen physikalischen Eigenschaften, die bei allen relevanten Gipsprodukten in etwa gleich einzuschätzen sind (BMFT, 1982; Knauf, 1983):

- Herabsetzung der Druck- und Biegezugfestigkeit sowie Erhöhung der Wasseraufnahme durch Chloride,

- Ausblühung durch Chloride in Verbindung mit Erdalkalien,

- Treiberscheinungen durch Wasseraufnahme von CaO und in Verbindung mit Flugasche unkontrollierbare Abbindereaktionen sowie

- Färbungen durch Flugasche und eisenreiche Minerale.

Feinteiliger Gips mit einer von Naturgips abweichenden nadeligen Kornform kann zudem in bestehenden Produktionsanlagen schlecht verarbeitet werden. Als Folge davon sind produktionstechnische Umstellungen und anwendungsspezifische Produktoptimierungen nicht auszuschließen (Knauf, 1983; Hamm & Hüller, 1987). Demgegenüber ist die nadelige Kornform bei der Herstellung von Gipsplatten nach dem "Halbtrockenverfahren" nicht von Bedeutung (KH, 1988).

Rohstoff für Spezialgipse

Bei der Herstellung von **Gipsformsteinen**[60] sind höhere Gehalte an Freikalk und ein höherer Wasseranteil in den Reststoffen nicht störend. Dabei wird die bei der Produktion notwendige Wasserzugabe verringert bzw. unnötig. Das Material bindet rasch ab und erreicht ein Härte, die höher ist als die herkömmlicher Kalksandsteine (EP, 1985).

Auswirkungen von Nebenbestandteilen auf die Produktqualität anderer Spezialgipse (z. B. Dentalgipse, Formengipse, medizinische Gipse) sind nicht bekannt.

4.2.4 Straßen- und Wegebau

Der Aufbau einer Straße wird unterteilt in Oberbau, Unterbau und Untergrund. Diese drei Bereiche können sich sowohl stofflich als auch in funktioneller Hinsicht unterscheiden. Abbildung 10 verdeutlicht schematisch den prinzipiellen

---

[60]Deren Herstellung erfolgt wie jene von Kalksandsteinen.

Aufbau einer Straße anhand eines Querprofils und zeigt, welche Reststoffe
nach einer Aufbereitung in welchen Bereichen zum Einsatz kommen können.

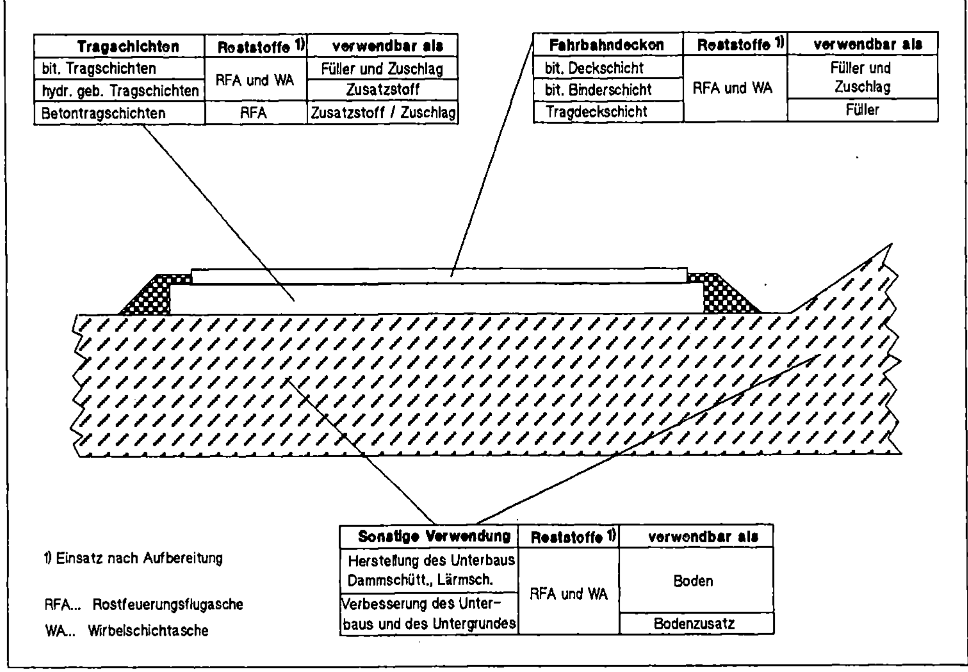

Abbildung 10: Schematischer Straßenquerschnitt mit Angabe des möglichen
Reststoffeinsatzes nach Aufbereitung

Füller in bituminösen Straßenschichten und Zusatzstoff in Betontragschichten

Für den Einsatz der Reststoffe in Betontragschichten gelten die Anforderungen
des Kapitels 4.2.2.1.

Sofern Reststoffe **(RFA)** die im folgenden angegebenen Anforderungen erfüllen, dürfen sie als *Fremdfüller* verwendet werden und können *natürliche Ge-
steinsmehle und/oder andere feinkörnige Mineralstoffe substituieren* (FSV, 1986a
& 1986b)[61]:

- Glühverlust maximal 15 Gew.-%,

- Anteil der Kornfraktion 0 - 0,09 mm, minimal 80 Gew.-%,

---

[61]Merkblatt und technische Lieferbedingungen gelten nur für Steinkohlenflugasche.

- Substanzen, die mit Wasser reagieren, dürfen nur in nicht schädlichen Mengen enthalten sein; wasserlösliche Stoffe dürfen 2 Gew.-% nicht überschreiten.

Der Einsatz von **RFA** kann aufgrund seiner großen Kornfeinheit auf die Ergänzung von Kornlinien anderer Füller begrenzt sein. Zudem führen hohe C-Gehalte zu einer Erhöhung des Bitumenanspruches und H_2SO_4 kann zu einer Beeinträchtigung von Sicker- und Grundwässern beitragen.

Zuschlag zu bituminösen Straßen- und Betontragschichten

Die Verwertung von **RFA** und **WA** in diesem Bereich ist identisch mit derjenigen von Normalzuschlägen in Beton (vgl. dazu Kapitel 4.2.2.1).

Zusatzstoff in Bodenbefestigungen, Bodenersatz und -zusatz (im Untergrund und Unterbau) sowie in hydraulisch gebundenen Tragschichten

RFA und **WA** können in diesem Fall ganz oder teilweise an die Stelle des *Bodens oder natürlicher Mineralstoffe* treten, vor allem zur Verbesserung von deren Kornaufbau. Nach FSV (1987) gelten folgende Anforderungen:

- Glühverlust maximal 15 Gew.-%,

- bei SO_3-Gehalten von mehr als 2 Gew.-% ist die Raumbeständigkeit zu prüfen,

- Freikalk maximal 1,5 Gew.-%; bei einem Gesamtkalkgehalt > 4 Gew.-% ist der Nachweis des Gehaltes an Freikalk erforderlich.

Zusätzlich ist eine Beeinträchtigung von Sicker- und Grundwässern durch Sulfat und Chlorid nicht ausgeschlossen.

Die Verwertung von RFA und WA im Straßenuntergrund und -unterbau sowie in Dämmen und Lärmschutzwällen ist hingegen nur dann zulässig, wenn die *Umweltverträglichkeit nachgewiesen ist.* Von behördlicher Seite wurde eine geeignete Vorgehensweise und Messmethodik noch nicht festgelegt, jedoch sind von Wörner (1988) hierzu detaillierte Vorschläge hinsichtlich einer strukturierten Vorgehensweise und des notwendigen Untersuchungsumfanges gemacht worden.

4.2.5 Bergbau

Eingesetzt werden im Bergbau traditionell Baustoffe auf der Basis von Zement oder Anhydrit als Dammbaustoff, Hinterfüll-, Verfüll/Versatz- und Anspritz-material sowie Pumpversatz. An diese Materialien werden, neben baustofftech-nisch relevanten Anforderungen, weitergehende Ansprüche gestellt, wie z. B.

- nicht gesundheitsschädlich durch geringe Staubentwicklung (Silikose-gefahr durch lungengängige Stäube),

- Temperaturunabhängigkeit des Abbindevorgangs[62],

- vielseitige Anwendbarkeit und gute Verarbeitbarkeit,

- Blas- und Pumpfähigkeit sowie

- dichter Anschluß an das Nebengestein (Bassier, 1984; Schroer, 1987).

Rohstoff für Bergbaumörtel

In diesem Bereich ist eine Verwertung von **SAR** und **KWR** möglich. Sie können nach Aufbereitung zu α-Halbhydrat *Naturanhydrit als Anspritz- und Hinterfüll-material* aufgrund des besseren Abbindeverhaltens vor allem im nordwan-dernden Bergbau des Ruhrgebietes ersetzen[63].

Auswirkungen von Nebenbestandteilen der Reststoffe auf die Produktqualität sind nicht bekannt.

Zusatzstoff zu Bergbaumörtel

RFA und **WA** sind sowohl zur Produktion zementhaltiger Mörtel als auch zur Herstellung von Mörteln auf α-Halbhydrat-Basis einsetzbar. Zementhaltige Mörtel werden ebenfals wie α-Halbhydrat als Dammbaustoff, Anspritz- und

---

[62]Gewünschte Eigenschaften müssen im Temperaturbereich von 10 - 50 °C erreicht werden.
[63]Da in diesem Gebiet der Bergbau geologisch bedingt bereits in größere Teufen fortgeschritten ist, spielt vor allem der Temperatureinfluß auf den Abbindevorgang anhydritischer Baustoffe eine entscheidende Rolle. Sofern der Gradient der geothermischen Tiefenstufung in etwa 3 °C/100 m Teufe beträgt, kann ab ca. 1.000 m Teufe die Abbindefähigkeit anhydritischer Baustoffe negativ beeinflußt werden (GDS, 1988).

Verfüllmaterial eingesetzt. Die Reststoffe substituieren *Bindemittel (Zement) bzw. werden α-Halbhydrat zugemischt.*

Da der Bergbau bzw. die im Bergbau benötigten Baustoffe nicht DIN 1045 (Beton) oder 1053 (Mauermörtel) unterliegen, sind Qualitätsanforderungen für deren Verwendung in zementgebundenen Mörteln nicht so restriktiv wie bei einer Verwendung im Hochbau.

Grundvoraussetzung für die Verwertung, vor allem von WA, bzw. für die Tolerierung von hohen Sulfat-, Chlorid-, Freikalk und auch Kohlenstoffgehalten, ist der Eignungsnachweis für die mit Reststoffen hergestellten Mörtel. Folgende negative Auswirkungen sind möglich (ME, 1988):

- hoher Wasseranspruch erniedrigt den Füllfaktor von Mörteln[64] und

- hohe Kornfeinheiten beeinflussen das Wasserrückhaltevermögen, beeinträchtigen damit die Verarbeitbarkeit und erfordern daher angepaßte Verarbeitungsmethoden.

Als zweite Verwertungsmöglichkeit im Bereich Bergbaumörtel ergibt sich für **RFA** der Einsatz in Verbindung mit α-Halbhydrat. Dieser Baustoff weist im Vergleich zu reinem α–Halbhydrat höhere Früh- und Endfestigkeiten bei einer gleichzeitigen Verringerung der Erstarrungszeit auf (GDS, 1988). Höhere Kohlenstoffgehalte (> 10 Gew.-%) können den Wasseranspruch dieses Baustoffes erhöhen und damit das Versteifungs- und Abbindeverhalten negativ beeinflussen. Auswirkungen von Sulfat sind nicht bekannt.

Verfüllmaterial

Sofern im Untertagebau Hohlräume zu verfüllen sind, können **RFA, WA, SAR** und **KWR** Verwendung finden. Anforderungen an die Reststoffzusammensetzung bestehen nicht und daher ist auch die Vermischung der o. g. Reststoffe in jedem beliebigen Verhältnis möglich. Diese Option ist im allgemeinen zwar erst ab 800 m Teufe zugelassen, sofern der Bergbau jedoch wasserfrei ist oder gehalten wird, ist eine Verwertung auch oberhalb von 800 m Teufe durchführbar (BR, 1988).

---

[64]Der Füllfaktor ist ein Maß für das einzubringende Material pro Volumeneinheit Verfüllraum; dabei muß u. a. eine vorgegebene Mindestdruckfestigkeit erreicht werden. Bei sehr niedrigen Füllfaktoren wird diese Druckfestigkeit nicht immer erreicht.

Zumischstoff zu Bergematerial und Flotationstrüben

RFA und WA vermögen aufgrund ihrer Zusammensetzung durch Zumischung
die Lagereigenschaften von stückigem und aufgehaldetem Bergematerial zu
verbessern. Die feinteiligen Reststoffe sind darüber hinaus auch in der Lage,
die Wasserwegsamkeit dieser Halden zu verringern, desgleichen ist bei hohen
Freikalkanteilen der WA eine Neutralisation dieser mehrheitlich sauren Berge
möglich.

Feinteilige Flotationstrüben aus der Kohleaufbereitung, bisher entweder ent-
wässert oder in Teiche eingespült, können mit **RFA** und **WA** vermischt und nach
Untertage als Pumpversatz oder auch Verfüllmaterial verbracht werden.
Gleichzeitig wird die Belastung des Grubenbetriebes durch Überschußwasser[65]
vermindert bzw. verhindert. Für **SAR** und **KWR** ergibt sich nur die Option als
Pumpversatz (ME, 1988).

4.2.6 Reststoffeinsatz in Großfeuerungsanlagen

Neben einer direkten industriellen Verwertung der Reststoffe ergibt sich zusätzlich die Möglichkeit ihrer Einschleusung an entsprechender Stelle in Großfeuerungsanlagen. Aufgrund ihrer Zusammensetzung kommen für **RFA, SAR**
und **KWR** die in Abbildung 11 verdeutlichten Optionen in Betracht. Für SAR
und KWR hat diese Art der Entsorgung den *Effekt einer Aufbereitung*, da sie in
diesem Teil von Großfeuerungsanlagen (Kalksteinwäsche) in Gips umgewandelt werden.

In Abhängigkeit feuerungsspezifischer Anlagenparameter (Kesselkonzeption,
Staubabscheider, etc.) besteht die Möglichkeit, rund 5 - 10 Gew.-% der in einem Kessel verbrannten *Kohle durch RFA (mit mehr als 20 Gew.-% Kohlenstoff)*
zu ersetzen. Voraussetzung dafür ist, neben der rechtlichen Genehmigung zur
Verbrennung dieser "Zusatzbrennstoffe", daß die zusätzlichen Emissionen von
beispielsweise SO_2, SO_3, Halogenwasserstoff und/oder Schwermetallen durch
eine entsprechende Rauchgasreinigung unter die gesetzlich festgelegten
Grenzwerte gemindert werden können. Unter Umständen tritt eine Beeinträchtigung der Qualität der aus der Rauchgasreinigung des Kessels anfallenden
Reststoffe auf.

---

[65]Fällt bei alleiniger Verbringung von Flotationstrüben nach Untertage an.

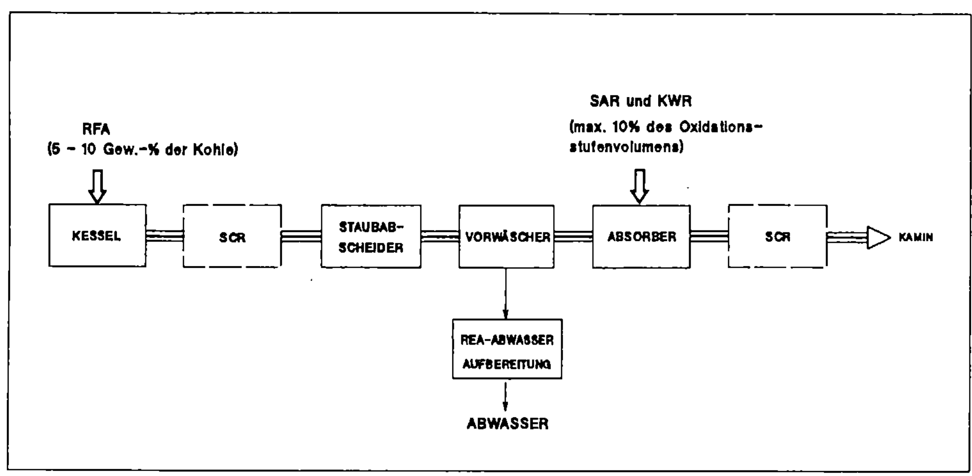

Abbildung 11: Reststoffeinsatzmöglichkeiten bei Großfeuerungsanlagen mit Kalksteinwäsche

Nach entsprechender vorhergehender Behandlung von **SAR** und **KWR** (Auflösen der Reststoffe und pH-Wert-Regulierung.) können diese Reststoffe in die Oxidationsstufe (Quencher, getrennte Oxidationsstufe, etc.) einer Kalksteinwäsche zugegeben werden. Dort erfolgt die Oxidation zu REA-Gips, gefolgt von einer Eindickung der Gipssuspension, Klassierung, Entwässerung, Reinigung und Trocknung. Über den zugeführten Reststoff gelangen gleichzeitig Verunreinigungen (Halogene, Schwermetalle, etc.) in das REA-System, die in der Folge die Qualität des REA-Gipses beeinträchtigen. Darüber hinaus fällt ein zusätzlicher Abwasservolumenstrom an. Beide Probleme, in Verbindung mit den bestehenden Entsorgungsverträgen für REA-Gips, schränken diese Verwertungsoption jedoch erheblich ein (UMBW, 1990).

4.2.7 Düngemittel, Bodenhilfsstoff, Deponiebau und -betrieb

Die in diesem Kapitel zusammengefaßten Optionen betreffen eine Verwertung der Reststoffe im Bereich Boden. Da die Reststoffe jedoch direkt mit Wasser in Kontakt kommen, ist diese Art der Verwertung nicht unumstritten.

Düngemittel und Bodenhilfsstoff

Nach entsprechender Aufbereitung sind **SAR** und **KWR** als **Düngemittel** und **WA** als **Düngemittelzusatz** prinzipiell einsetzbar.

Gipsreiche Reststoffe sind als Düngemittel in der Lage, folgende positive Wirkungen auf den Boden auszuüben (Amberger, 1983; Bannwarth et al., 1986/87):

- Regeneration von Böden und Förderung des Pflanzenwachstums unter bestimmten klimatischen Verhältnissen und

- Hebung des pH-Wertes von Böden und Verlängerung ihrer Pufferkapazität durch Freikalk und $CaCO_3$.

WA sind als Düngemittelzusatz zu Dolomit, Kompost und Phosphaten verwendbar, da positive Reaktionen möglich und teilweise nachgewiesen sind (N. N., 1989):

- Verbesserung der Struktur und des Wasserhaushaltes von Böden durch Zufuhr von Feinanteilen,

- Hebung des pH-Wertes von Böden durch Freikalk und $CaCO_3$,

- Verbesserung des Adsorptionsvermögens und der Austauschkapazität von Böden infolge der speziellen Kristallstruktur der Aschepartikel sowie

- Aufwachsflächen für Bodenbakterien.

Einsatzbeschränkungen können sich bei beiden Optionen durch die Löslichkeit von Chloriden und Schwermetallverbindungen ergeben, doch sei darauf hingewiesen, daß z. B. Zink, Nickel und Kupfer als Spurenelemente gelten und pflanzenphysiologisch wichtige Funktionen ausüben.

Deponiebau und -betrieb

Aufgrund der Abbinde- und Verfestigungsfähigkeit sind **RFA** und **WA** in der Lage, Abfallschlämme (Klärschlämme, Industrieschlämme, etc.) zu verfestigen und damit *Bindemittel zu ersetzen*. Der hohe Freikalkanteil von WA wirkt zusätzlich neutralisierend auf saure Abfallschlämme, so daß im Unterschied zu RFA nur eine geringe oder keine zusätzliche Zugabe von CaO erforderlich ist.

Zur Unterstützung der Deponiefähigkeit ist die Zumischung eines organischen Additivs zur Schwermetalleinbindung möglich (ETH, 1988).

Einsatzbeschränkungen bestehen hinsichtlich Schlämmen mit organischem Anteil, da es in anaerobem Milieu im Laufe der Reaktion mit den Reststoffen bzw. mit den Sulfatanteilen durch Bakterientätigkeit zur Freisetzung von H_2S kommt.

Die o. g. Fähigkeiten von RFA und WA ermöglichen aber auch den Einsatz als Abdichtmittel im Deponiebau und -betrieb. In diesem Fall *substituieren sie z. B. Tone oder Bentonite.* Zusätzlich hat die teilweise hohe Feinheit vor allem der WA eine Verbesserung der bodenmechanischen Eigenschaften sowie geringere Wasserdurchlässigkeiten zur Folge. Diese ist durch eine Zumischung geringer Anteile an Zement verbesserbar.

In diesem Bereich ist der leichtlösliche Anteil der Reststoffe durchaus von Bedeutung. Sulfate, Chloride und Schwermetelle können auch bei einer niedrigen Wasserdurchlässigkeit mobilisiert, in das Oberflächen- und Sickerwasser und, sofern eine Erfassung und Behandlung dieser Wässer nicht erfolgt, auch in das Grundwasser gelangen.

4.3 PRINZIPIELL MÖGLICHE TECHNISCHE ENTSORGUNGSWEGE

Wie in der Einleitung zu Kapitel 4 definiert wurde, beinhaltet ein technischer Entsorgungsweg (TEW) die Komponenten *Reststofftyp (Stoffart, Qualität), Aufbereitungstechniken (inkl. Lager- und Transportart) sowie Verwertungsoptionen (Stoffart, Qualität).*

In den Kapiteln 4.1 und 4.2 sind die Komponenten Reststofftyp und dazugehörige Verwertungsoptionen hinsichtlich qualitativer und stofflicher Beziehungen zueinander analysiert worden, so daß in diesem Kapitel die notwendige *Zuordnung der aus der Gegenüberstellung von Anfallprofilen der Reststoffe und Anforderungsprofilen der Verwertungsoptionen*[66] *resultierenden Diskrepanzen zu notwendigen Aufbereitungsfunktionen/-schritten* erfolgen kann. Diese werden durch funktionelle Einheiten *(unit-operations)* dargestellt. Die praktische Umsetzung der so konzipierten Aufbereitungsschritte durch relevante Verfahrenstechniken erfolgt anschließend in Kapitel 5.

---

[66] Auf Verwertungsfunktionen und stoffliche Reaktionen der Reststoffe wird nur noch insofern eingegangen, wie es für die Konzeption der technischen Entsorgungswege notwendig ist.

Um die Anzahl der prinzipiell möglichen TEW für jeden Reststoff und in Summe für alle Reststoffe in vernünftigen Grenzen zu halten, wurden diejenigen Verwertungsoptionen jeweils in s. g. *Verwertungsgruppen (VG)* innerhalb eines TEW zusammengefaßt, die hinsichtlich ihrer qualitativen Anforderungsprofile vergleichbar sind. Dementsprechend kann die Anzahl der TEW pro Reststoff auf maximal vier begrenzt werden, so daß sich eine Gesamtzahl von **15 technischen Entsorgungswegen** ergibt, welche das Spektrum der z. Zt. in der Bundesrepublik prinzipiell möglichen TEW für diese Reststoffe darstellen.

Innerhalb der VG können jedoch die quantitativen Anforderungen zwischen den einzelnen Verwertungsoptionen in gewissen Bandbreiten variieren. Darüber hinaus kann die Zusammensetzung der einzelnen Reststoffe von Anfallort zu Anfallort (Rauchgasreinigungsanlage), aber auch bezogen auf einen Anfallort, aufgrund der Betriebsbedingungen, starken Schwankungen unterworfen sein. Daher sind Anforderungen an die Aufbereitung nicht in jedem Fall quantifizierbar. Aus diesen Gründen wird bei den einzelnen unit-operations unterschieden in obligatorische Aufbereitungsschritte und in solche, die stoffabhängig sind und erst nach einem Vergleich eines konkreten Reststoffes mit einer konkreten Verwertungsoption festgestellt werden können.

Bereits in diesem Stadium der Planung ergibt ein grober Vergleich der Aufbereitungen unterschiedlicher Reststoffe, daß aufgrund identischer VG eine Reihe von unit-operations der gleichen Aufbereitungsfunktion mehrfach auftritt. Daraus resultieren Möglichkeiten der **Zusammenlegung von technischen Entsorgungswegen bzw. deren Aufbereitungen** an einem Ort und der Nutzung eines Aggregates durch mehrere Reststoffe. Dadurch ergeben sich **Möglichkeiten einer Kosteneinsparung** gegenüber einer getrennten Aufbereitung an verschiedenen Orten. Welche Kombinationen möglich bzw. sinnvoll und welche Kostenreduktionspotentiale realistisch zu erwarten sind, ist Thema von Kapitel 7.

4.3.1 Technische Entsorgungswege für Rostfeuerungsflugaschen (RFA)

Allgemein ist bei der Aufbereitung von RFA von Bedeutung, daß für alle VG der Anteil an *Kohlenstoff verringert (bzw. angereichert) oder so weit wie möglich abgetrennt* werden muß und daß eine vorhergehende Homogenisierung unterschiedlicher Qualitäten erforderlich sein kann. Eine allgemeine Übersicht über sämtliche für RFA prinzipiell denkbaren technische Entsorgungswege gibt Abbildung 12.

Technischer Entsorgungsweg RFA 1

Dieser erste Entsorgungsweg spaltet sich in zwei Wege auf, wobei die Verwertungsgruppe gemäß RFA 1A den Energiegehalt kohlenstoffreicher bzw. angereicherter RFA[67] nutzt, hingegen eine Verwertung gemäß RFA 1B aufgrund möglicher Füll-, Abbinde- und Verfestigungseigenschaften kohlenstoffärmerer Anteile erfolgt. Bei Verwendung in Bereichen wie Landschafts- und Straßenbau muß in jedem Fall mit Auslaugprozessen und einer Freisetzung von löslichen Salzen und Schwermetallen gerechnet werden[68]. Demgegenüber ist das mögliche Belastungspotential von RFA 1A weitaus geringer.

Entsprechend des Verwertungszieles ist eine *Klassierung* des Reststoffes anzustreben, da Kohlenstoffpartikel (im wesentlichen Ruß) in bestimmten Kornfraktionen angereichert sind[69]. Darüber hinaus kann die C-arme Fraktion zur Weiterbehandlung in die Aufbereitungen der übrigen Entsorgungswege eingeschleust werden.

Technischer Entsorgungsweg RFA 2

Eine weitergehende Aufbereitung gemäß RFA 2 hat die Herstellung von Reststoffpellets und/oder -splitt zum Ziel, wobei die vorhergehende *C-Abtrennung* aufgrund von Anforderungen (<20 Gew.-%) obligatorisch und die resultierende C-reiche Fraktion gemäß RFA 1A verwertbar ist. Für die anschließende Produktherstellung durch Kompaktierung ist eine Vermischung mit Zement und Wasser, gegebenenfalls auch CaO sowie eine anschließende Aushärtung unabdingbar. Produktabhängig (Pellets oder Splitt) sind abschließend Sieb-, Brech- und Mahleinrichtungen zu installieren.

---

[67]Gefordert wird ein Kohlenstoffgehalt von >25 Gew.-%.
[68]Eine letztendliche Eignung ist nur im Einzelfall und nach Durchführung einer Umweltverträglichkeitsprüfung nachzuweisen.
[69]Sofern jedoch Qualitäten mit entsprechend hohen C-Gehalten anfallen, ist eine Direktverwertung sinnvoller.

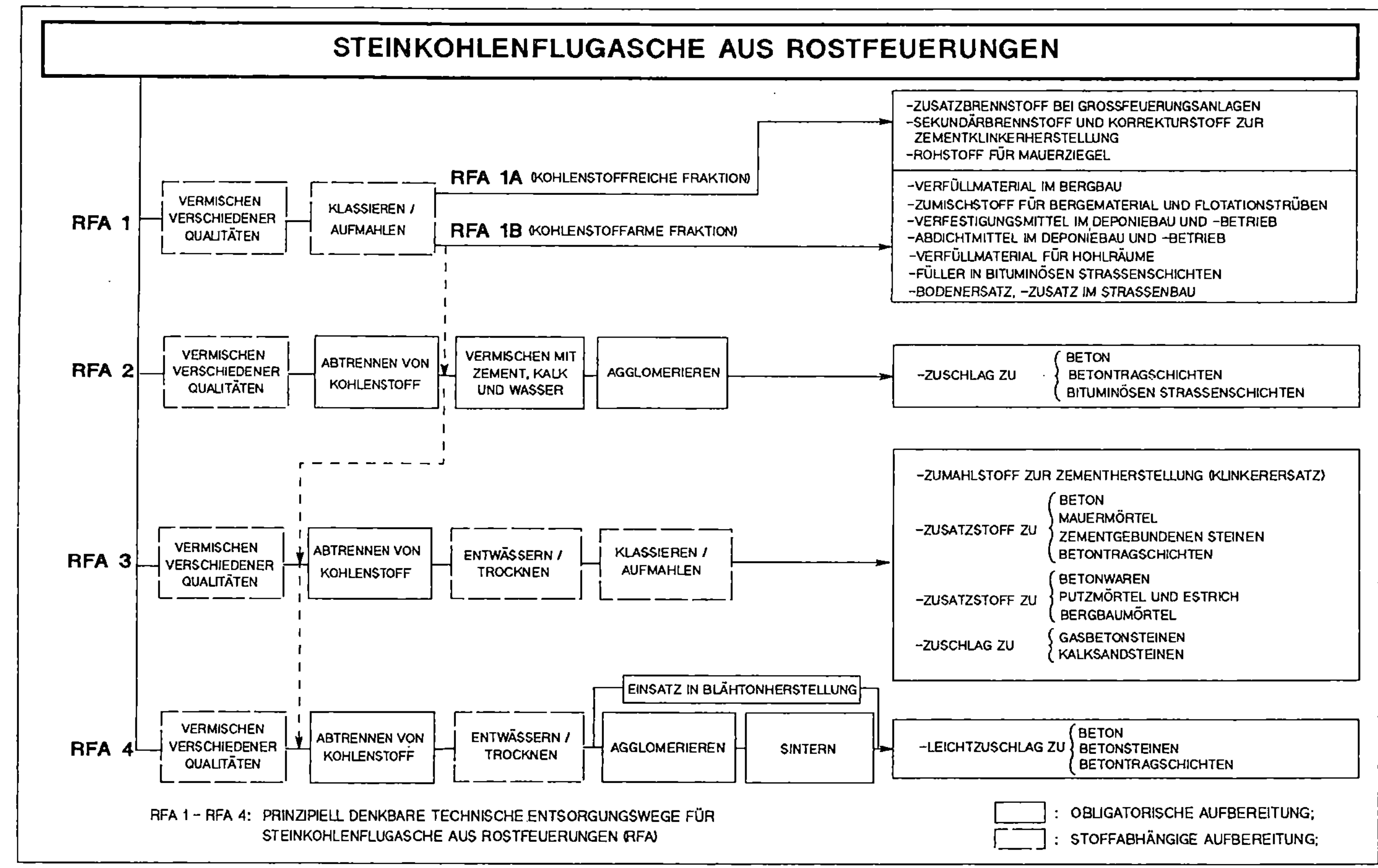

Abbildung 12: Prinzipiell denkbare technische Entsorgungswege für Rostfeuerungsflugasche

Technischer Entsorgungsweg RFA 3

Gemäß den meisten Verwertungsoptionen muß diese Aufbereitung die *weitest-gehende Kohlenstoffseparation* gewährleisten, und zwar auf <5 Gew.-%[70]. Gleichzeitig ist der H_2SO_4-Gehalt zu reduzieren. Beide Aufbereitungsziele sind nur mit Hilfe einer nassen Aufbereitung, d. h. *Flotation*, erreichbar, was zwangs-läufig die Installation nachfolgender Entwässerungs- und Trocknungsein-richtungen notwendig macht. Spezielle Anforderungen in bezug auf die Kornfeinheit können durch eine abschließende Klassierung und/oder Aufmah-lung gewährleistet werden. Da bei der Flotation sulfat- und schwermetallbela-stetes Abwasser anfällt, ist dieses abschließend zu reinigen.

Technischer Entsorgungsweg RFA 4

Hinsichtlich der ersten drei Aufbereitungsschritte ist RFA 4 mit RFA 3 iden-tisch, weil Anforderungen der DIN 4226 (vgl. dazu Tab. 6) erfüllt werden müs-sen. Abschließend wird der Reststoff unter Zugabe eines geeigneten Bindemit-tels pelletisiert und bei 1.200 - 1.500 °C gesintert.

4.3.2 Technische Entsorgungswege für Wirbelschichtaschen (WA)

Sofern WA in den in Abbildung 13 zusammengefaßten Bereichen verwertet werden soll, ist primär eine *Separation von Flugasche, Freikalk und Chlorid* not-wendig. Calciumsulfat ist aus stofflichen und technischen Gründen nicht se-parierbar. Zusätzlich ist vorher in allen Fällen die Aufmahlung der grobkörni-gen Bettasche erforderlich.

Technischer Entsorgungsweg WA 1

Der Entsorgungsweg WA 1 (WA 1A und 1B) umfaßt Verwertungsoptionen, de-ren stoffliche Anforderungen die Reststoffe in der Regel erfüllen und daher, neben einer wahlweisen Aufmahlung der Bettasche und Vermischung, einer *aufwendigen Aufbereitung nicht bedürfen*. Für beide Teilwege ist jedoch cha-rakteristisch, daß mit Emissionen von Chlorid, SO_2/SO_3 und Schwermetallen in Luft, Boden und Wasser gerechnet werden muß.

---

[70]Laut derzeit bestehender Restriktionen (IfBt, 1979) ist für die Verwertung von Flugaschen als Zumahlstoff zur Zementherstellung sowie Zusatzstoff zu Beton eine Reststoffvermischung nicht zulässig.

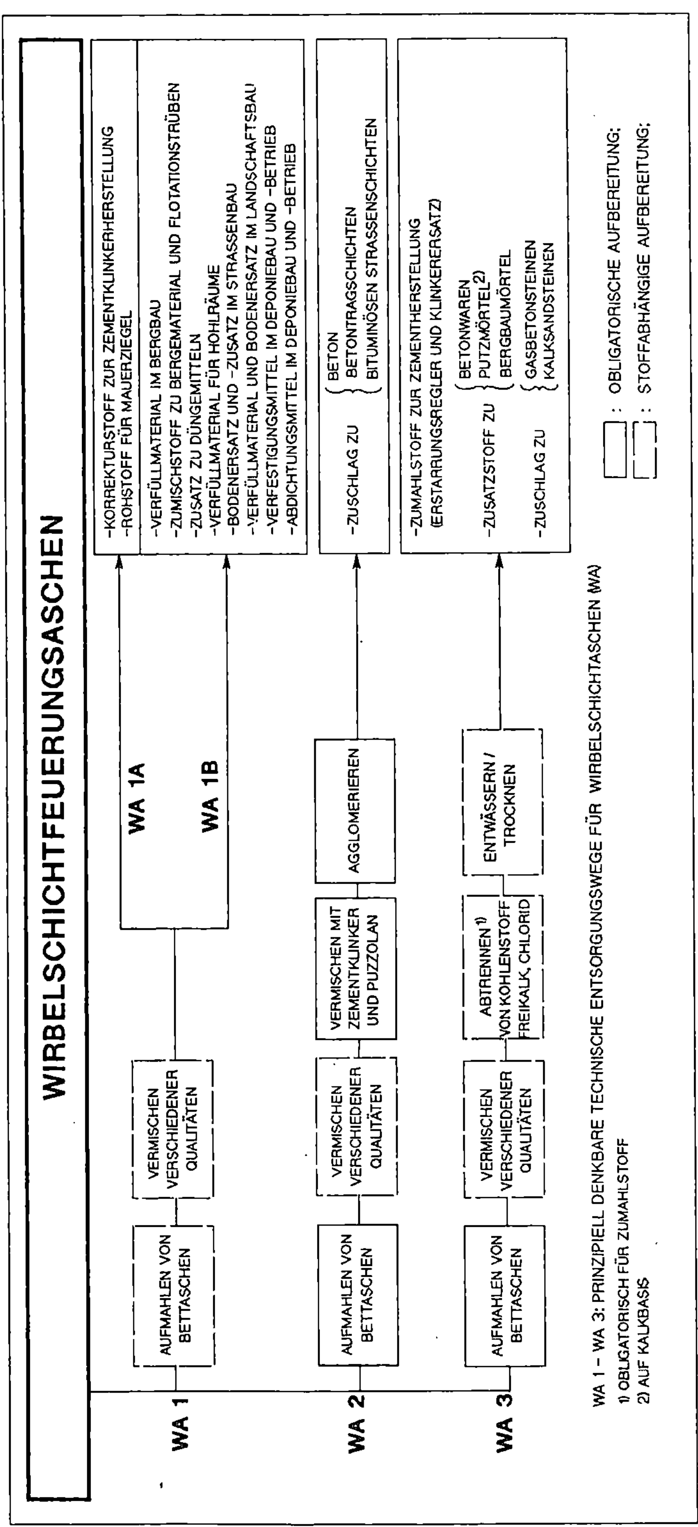

Abbildung 13: Prinzipiell denkbare technische Entsorgungswege für Wirbelschichtaschen

Technischer Entsorgungsweg WA 2

Dieser Weg ist analog zu RFA 2, jedoch *ohne Kohlenstoffabtrennung*. Zur Pellet-/Splittherstellung wird kein Zement, sondern Zementklinker verwendet, da im Reststoff der notwendige Erstarrungsregler in Form von Anhydrit bereits enthalten ist. Wahlweise kann auch ein Teil des Zementklinkers durch puzzolane Stoffe ersetzt werden.

Technischer Entsorgungsweg WA 3

Dieser Weg ist hinsichtlich des Aufbereitungszieles wiederum mit dem entsprechenden Weg von RFA identisch. Aufgrund der hohen Qualitätsanforderungen der Zement- und Betonindustrie (vgl. dazu Tab 4) sind nach der Aufmahlung von Bettasche neben *Kohlenstoff auch Freikalk und Chlorid abzutrennen*. Einzusetzen ist ebenfalls die Flotation, da Freikalk und Chlorid sehr gut wasserlöslich sind[71]. Unvermeidlich sind in diesem Fall ebenfalls die Entwässerung und Trocknung.

4.3.3 Technische Entsorgungswege für Sprühabsorptionsreststoffe (SAR) und Calciumsulfit-/Calciumsulfatschlämme (KWR)

Bei der Aufbereitung dieser Reststoffe steht gemäß Abbildung 14 die *Umwandlung in verschiedene Calciumsulfatphasen* im Vordergrund, verbunden mit einer vorhergehenden oder nachfolgenden *Abtrennung fester und/oder löslicher Inhaltsstoffe*. Die Umwandlung in REA-Gips kann aus technischer Sicht alternativ auch durch Einschleusung an geeigneter Stelle in eine Kalksteinwäsche von Großfeuerungsanlagen erfolgen.

Technischer Entsorgungsweg SAR 1/KWR 1

Im Falle der Verwertungen gemäß diesem Entsorgungswege, welcher ebenfalls in die Wege 1A und 1B teilbar ist, bestehen *keine stofflichen Anforderungen* in bezug auf die Zusammensetzung. Sofern erforderlich, ist nur eine Homogenisierung verschiedener Qualitäten durchzuführen. Der damit verbundene Verbleib löslicher Inhaltsstoffe vor allem in SAR kann jedoch Einfluß auf um-

---

[71] Bei der Flotation wird der Sulfatanteil (Anhydrit) nicht entfernt, sondern er hydratisiert zu Gips.

weltrelevante Parameter bei dessen Verwertung nach 1B ausüben. KWR ist hingegen, da er in der Anfallform ca. 40 - 60 Gew.-% Wasser beinhaltet, vor der Verwertung zu entwässern und zu trocknen.

Technischer Entsorgungsweg SAR 2/KWR 2

Sofern die Reststoffe durch die thermische Oxidation zu technischem Anhydrit umgewandelt werden sollen, ist für SAR eine vorhergehende Auflösung relevanter Ca-Verbindungen in Wasser zur *Chlorid- und CaO-Abtrennung* durchzuführen, ebenso die *Auswaschung verbliebener löslicher Anteile* und eine anschließende Entwässerung und Trocknung.[72]

Technischer Entsorgungsweg SAR 3/KWR 3

Dieser Entsorgungsweg ermöglicht die Verwertung als Gips durch *Oxidation des Sulfits und Umfällung der übrigen relevanten Ca-Minerale*. Aufgrund der Forderung (vgl. dazu Tab. 7) hinsichtlich Reinheitsgrad, Farbe und oxidierbarer Bestandteile ist bei der Verwertung in der Gipsindustrie eine nachfolgende *Separation von Chloriden, Flugasche und Kohlenstoff unumgänglich*.

Technischer Entsorgungsweg SAR 4/KWR 4

Die weitestgehende Aufbereitung erfordert die Verwertungsoptionen dieses Weges, da nach der Gipsbildung gemäß SAR 3/KWR 3 eine *Umkristallisation zu Calciumsulfat-α-Halbhydrat* notwendig ist. Vorhergehende Aufbereitungsschritte sind primär im Hinblick auf mögliche Probleme bei der Umkristallisation notwendig.

---

[72]Alternativ besteht aber auch für beide Reststoffe die Möglichkeit der direkten Oxidation ohne Vorbehandlung. In diesem Fall ist aber eine nachgeschaltete Rauchgasreinigung zu installieren, da bei der Oxidation und Temperaturen >750 °C Chlor freigesetzt wird. Das aus der Rauchgasreinigung resultierende $CaCl_2$/Anhydritgemisch ist zu deponieren. Eine derartige Aufbereitung ist bereits im süddeutschen Raum bei einem Heizkraftwerk großtechnisch und erfolgreich in Betrieb. Der anfallende technische Anhydrit hat jedoch einen sehr hohen Cl-Anteil und muß daher vor der Verwertung und zur Einhaltung der Produktspezifikationen mit Naturanhydrit verschnitten werden. Diese Möglichkeit ergibt sich aber nur dann, sofern die Rohstoffbasis (Rohstoffe mit sehr niedrigem Cl-Gehalt) eines Zementwerkes eine zusätzliche Cl-Zugabe durch Reststoffeinsatz toleriert. Diesbezügliche Entscheidungen sind standortspezifisch und lassen daher keine allgemeingültige und langfristig gesicherte Verwertung zu. Diese ist nur durch die o. g. Cl-Separation zu gewährleisten.

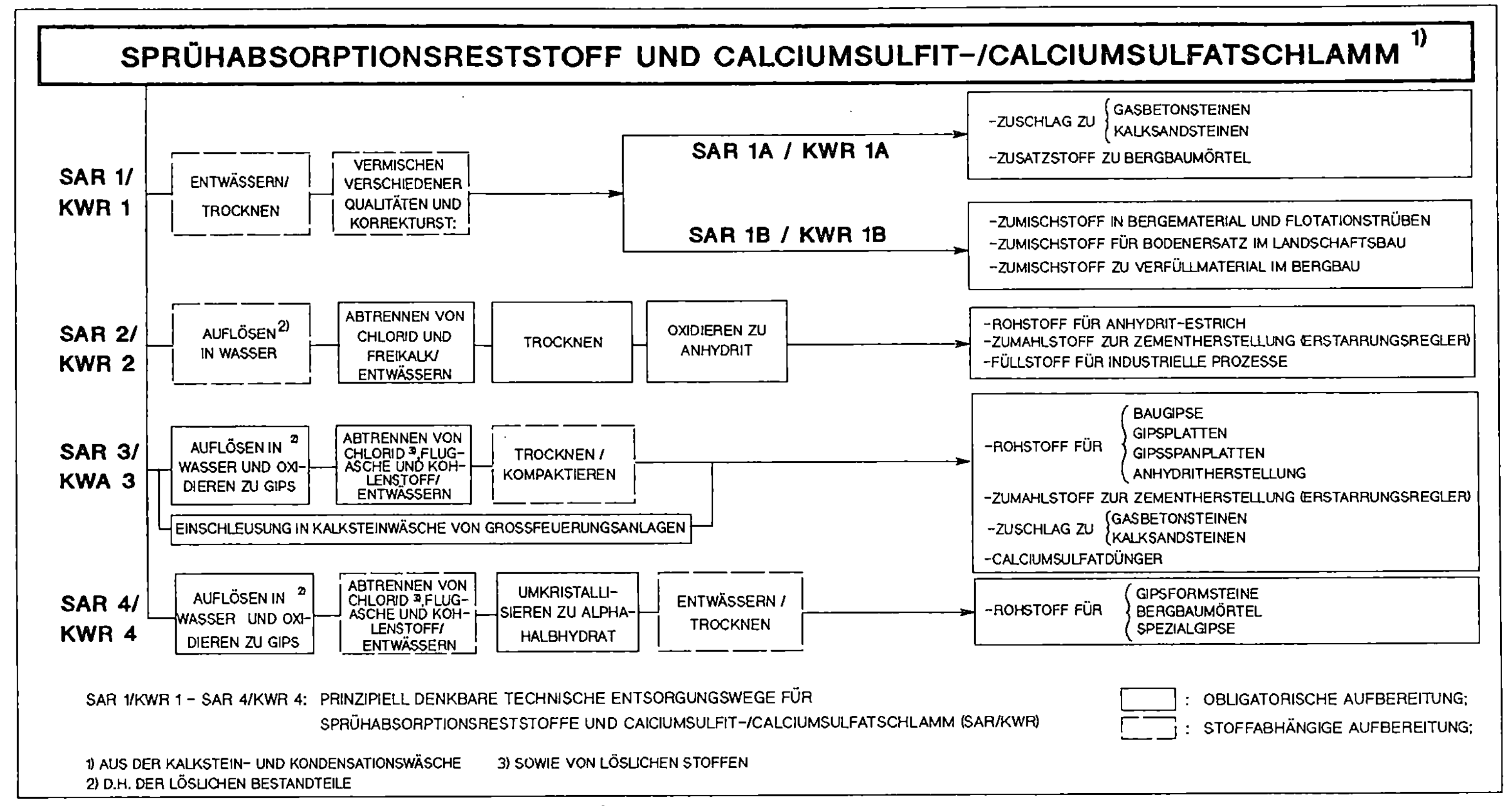

Abbildung 14: Prinzipiell denkbare technische Entsorgungswege für Sprühabsorptionsreststoffe und Calciumsulfit/Calciumsulfatschlämme

5 STOFFBILANZEN UND AGGREGATE ZUR AUFBEREITUNG

5.1 EINLEITUNG

Aufbereitungen für Reststoffe aus der Rauchgasreinigung können als *offene und dynamische Produktionssysteme* angesehen werden. Offen deshalb, da Stoff- und Energieflüsse ein- und austreten (vgl. dazu Abb. 2) und dynamisch, weil die einzelnen Systemelemente untereinander in Wechselwirkungen stehen.

Im allgemeinen werden derartige Systeme als Black Box betrachtet, d. h. ihre innere Struktur wird unberücksichtigt gelassen und nur die Nahtstelle zwischen System und Umwelt oder System und System in Form von Inputs und Outputs betrachtet (Daenzer, 1986/87). Auf einer derart aggregierten Ebene, auf der das System Aufbereitung nur aus einem Element besteht, sind dessen Konzeption und Bewertung im Sinne der Problemstellung und Zielsetzung dieser Arbeit nicht durchführbar. Dazu ist die Kenntnis der inneren Struktur der Aufbereitung zwingend erforderlich, bei der das Hauptaugenmerk auf der Unterteilung in einzelne Systemelemente bzw. Aufbereitungsschritte und deren Koppelung liegen muß.

Wie in Abbildung 15 verdeutlicht, lassen sich Wechselwirkungen oder Inputs und Outputs zwischen den einzelnen Systemelementen durch Strömungsgrößen oder gerichtete Graphen darstellen (Schulze & Hassan, 1981; Daenzer, 1986/87), welche sowohl materieller/stofflicher, informeller oder auch energetischer Natur sein können.

Grundlegend für den hier behandelten Problembereich ist die *Quantifizierung der stofflichen Inputs und Outputs* sowohl in bezug auf das System Aufbereitung als auch in bezug auf die einzelnen Systemelemente, da In- und Outputs zur Bestimmung der Umweltbeeinflussung sowie zur Abschätzung der Investitionen/ Kosten der Aufbereitungen dienen.

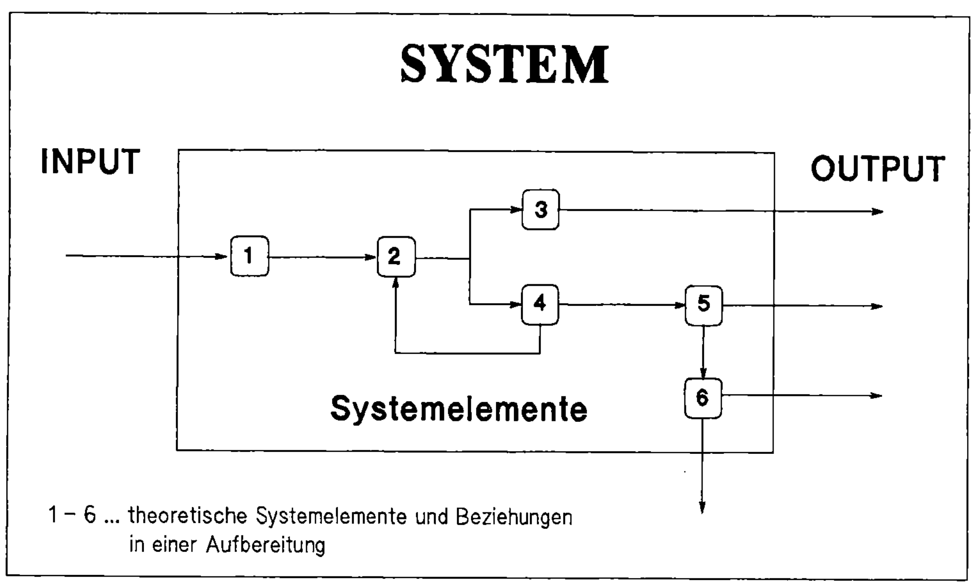

Abbildung 15: Allgemeine innere Struktur von Reststoffaufbereitungen

5.2 STOFFLICHE GRUNDLAGEN DER AUFBEREITUNG

Im Bereich der Rohstoffgewinnung und -verarbeitung, aber auch bei der Verwertung von Abfällen/Reststoffen, wird der Begriff *"Aufbereitung"* in vielfacher Art und Weise verwendet und unterschiedlich ausgelegt, so daß eine allgemeingültige Begriffsbestimmung nicht besteht. Im Hinblick auf die Behandlung von Reststoffen aus der Rauchgasreinigung ist die Aufbereitung definierbar als

> *"Kombination von Prozessen und Verfahrensstufen mit dem Ziel,*
> *aus Reststoffen Produkte zu gewinnen oder sie in Produkte umzu-*
> *wandeln, an deren stoffliche Zusammensetzung und Eigenschaften*
> *bestimmte Anforderungen gestellt werden".*

Dabei handelt es sich grundsätzlich um physikalisch-chemische Prozesse, welche in Abhängigkeit von den vorliegenden Diskrepanzen zwischen Anfallzusammensetzung und Verwertungsanforderungen

- eine oder mehrere Komponenten des Reststoffes in ihrer chemisch-mineralogischen Strukur verändern (z. B. Oxidation von Ca-Sulfit zu Gips),

- eine oder mehrere Komponenten des anfallenden Reststoffes abtrennen (z. B. Abtrennung von Chloriden) oder

- den anfallenden Reststoff mit anderen Stoffen vermischen (z. B. mit Zement oder anderen Reststoffen).

Da in den meisten Fällen aus ihnen Wertstoffe gewonnen bzw. sie in Wertstoffe überführt werden müssen, ist eine **Anreicherung** dieser notwendig. Sie machen in den Wertstoffen volumen- oder gewichtsmäßig in der Regel nur einen Teil der Gesamtreststoffmenge aus[73]. Bei der Aufbereitung nimmt also die *Stofftrennung* eine zentrale Stellung ein. Zu beachten ist zusätzlich, daß die Reststoffe vor der Aufbereitung und in den meisten Fällen auch danach heterogen und polydispers aufgebaut sind. Sie enthalten in Abhängigkeit von der

- Kohle,

- der Art der Feuerung,

- der Art der Rauchgasreinigung sowie

- der Wahl der Sorbentien

immer Gemengteile unterschiedlicher Zusammensetzung bzw. verschiedene Minerale mit Korngrößen von annähernd Null bis einigen Millimetern.

Für die Anreicherung/Stofftrennung sind bei den Aufbereitungen eines jeden Reststoffes grundsätzlich folgende Möglichkeiten gegeben:

a) Prozesse, bei denen die Inhaltsstoffe/Minerale in ihrer Struktur erhalten bleiben:
In diesen Fällen werden zur Trennung stoffliche, physikalische und/oder chemische Eigenschaften genutzt (Korngröße, Dichte, magnetische und elektrische Eigenschaften, Grenzflächeneigenschaften, etc.). Eine sinnvolle Nutzung setzt aber ausreichende Unterschiede in der für die Trennung (Sortieren, Klassieren) nutzbaren Eigenschaften voraus, wodurch die Prozeßwahl eingeschränkt wird.

Diese Eigenschaften werden zur Aufbereitung von RFA und WA genutzt.

---

[73]Vielfach sind zusätzlich Anforderungen hinsichtlich des Kornaufbaus der angereicherten Wertstoffe zu erfüllen. Diese Aufgabe kann für bestimmte Verwendungen auch bestimmend sein.

b) Prozesse, bei denen die Inhaltsstoffe/Minerale in ihrer Struktur nicht erhalten bleiben:

So kann der Reststoff u. a. durch Auflösen in eine flüssige Phase[74] überführt und extrahiert werden, indem er von nicht wertstoffhaltigen Feststoffen meist durch selektive Rückgewinnung in Form eines Kristallisations- oder Umkristallisationsprozesses getrennt wird. Genutzt werden also die Löslichkeit und Kristallisationsfähigkeit von Mineralen in verdünnten, wäßrigen Lösungen. Daneben ergibt sich zusätzlich die Möglichkeit der Anreicherung durch thermische Oxidation.

Diese Eigenschaften werden zur Aufbereitung von SAR und KWR benötigt.

Neben der Anreicherung/Stofftrennung ist zur Erreichung der Aufbereitungsziele eine Reihe zusätzlicher Hilfsprozesse unerläßlich, die sich zwangsläufig aus den o. g. Prozessen ergeben, aber auch zu deren Vorbereitung notwendig sein können. Sie enthalten in der Regel Misch-, Entwässerungs- und Trocknungsschritte.

5.3 TECHNISCHE OPTIONEN ZUR DURCHFÜHRUNG DER AUFBEREITUNGEN

Auf der Grundlage der prinzipiellen Aufbereitungsfunktionen und -schritte im Rahmen der TEW von Kapitel 4 erfolgt hier die *Transformation der unit-operations in technische Einrichtungen zur Durchführung der Aufbereitung*. Dabei kommt primär einer Grobauswahl von Techniken Bedeutung zu, weil Aufbereitungsfunktionen in fast allen Fällen mit mehr als einer Technik durchführbar sind. Diese Grobauswahl stützt sich z. T. darauf, ob relevante Techniken bzw. Aggregate in Produktionsbereichen mit ähnlicher Problematik eingesetzt werden und andererseits auf F&E-Arbeiten und Pilotprojekte, die im Rahmen der Aufbereitung von Reststoffen aus der Rauchgasreinigung von Großfeuerungen durchgeführt wurden und werden.

Die Aufbereitung gemäß der Definition von Kapitel 5.2 ist von einer zeitlich und mengenmäßig geregelten Zufuhr der Reststoffe abhängig. Dementspre-

---

[74]Darunter ist in der Regel eine wäßrige Phase mit bestimmten Milieubedingungen zu verstehen.

chend sind zur Funktionsfähigkeit neben den eigentlichen Aufbereitungsaggregaten zusätzliche stoffspezifische Lager- und Fördersysteme zu installieren[75].

Unter Beachtung relevanter Reststoffeigenschaften wird (werden) im Rahmen der möglichen Schätzgenauigkeiten diejenige(n) Technik(en) ausgewählt, welche die Aufbereitungsfunktion am weitestgehenden erfüllen kann (können)[76]. Die Datenbasis stützt sich dabei auf Anbieter/Hersteller und solche Firmen, die im Bereich Aufbereitung von Rohstoffen sowie von Abfällen/Reststoffen tätig sind[77].

In vielen Fällen ist noch F&E-Bedarf gegeben. Daher ist eine detailliertere Bewertung an dieser Stelle nicht sinnvoll. Die Ergebnisse einer Gesamtbewertung von technischen Entsorgungswegen werden durch mögliche nachträgliche Änderungen in der Aggregateausstattung von Aufbereitungen jedoch nur unwesentlich und primär durch geringe Änderungen bei den Investitionen und Kosten der jeweiligen Aufbereitung tangiert.

5.3.1 Analyse und Auswahl der Aufbereitungsaggregate

Aufbereitungsfunktionen der prinzipiell denkbaren TEW sind derart strukturierbar, daß sie gemäß Tabelle 8 einer von sechs s. g. Prozeßhauptgruppen zugeordnet werden können. Diese umfassen jeweils eine Anzahl von Prozeßuntergruppen und Prozeßeinheiten. Zusätzlich ist vermerkt, welche TEW bzw. deren Aufbereitungen in bezug auf die unit-operations welche prinzipiell möglichen Prozeßeinheiten/Aggregate enthalten können[78].

---

[75]Auf periphere Einrichtungen, wie z. B. Gebäude, Infrastruktur- und sanitäre Einrichtungen, wird hier nicht eingegangen. Dieses geschieht im Rahmen der Ermittlung von Investitionen und Kosten der Aufbereitungen in Kapitel 6.4.

[76]Die Angabe des Investitionsbedarfs und der Kosten der einzelnen Aggregate erfolgt im Rahmen der Bewertung der TEW in Kapitel 6.4.

[77]Diese sind in Form einer Referenzliste in Anhang 1 zusammengestellt.

[78]Dieser Auflistung ist bereits eine Vorauswahl auf der Ebene der Prozeßuntergruppen vorausgegangen, da auf dem Markt eine Vielzahl von Verfahrensvarianten angeboten wird, die sich in vielen Fällen nur unwesentlich und auch z. T. nur in der Produktbezeichnung unterscheiden. Ausgeschlossen wurden ebenfalls solche Techniken, die auch ohne Beachtung der spezifischen Anwendung und Reststoffeigenschaften für eine Aufbereitung grundsätzlich nicht in Betracht kommen.

Prozeßhauptgruppe (Aufbereitungsfunktion)	Prozeßuntergruppe	Prozeßeinheit (Aggregate)	relevante technische Entsorgungswege
Mischen		Trommelmischer	RFA 1-4, WA 1-3 SAR 1/2, KWR 1/2
		Trogmischer	
Zerkleinern	Mahlen/Brechen	Walzenmühle[1] Prallmühle	RFA 2/3[2], WA 1-3
		Kugelmühle bzw. Schwingmühle	
Anreichern	Sortieren — Dichtesortieren[3]	3)	-
	Sortieren — Magnetsortieren[3]	3)	-
	Sortieren — Elektrosortieren	Walzenkoronasortierer	RFA 2-4, WA 3
	Sortieren — Flotieren	Rührwerksflotation (mechanisch)	
		elektrolytische Gasblasen-Flotation	
		pneumatische Flotation	
	Klassieren — Siebklassieren	Magnetschwingsieb	RFA 2, WA 2
		Vibrationssiebrinne	
	Klassieren — Stromklassieren	Streuwindsichter	RFA 1-3[4]
		Mitstromsichter	
		Spiralsichter	
	Lösen/Umfällen/Kristallisieren[5]	Rührwerksbehälter[6]	SAR 3/4, KWR 3/4
	Lösen/Umfällen/Kristallisieren/Umkristallisieren[5]	Rührwerksbehälter/Autoklav[7]	SAR 4, KWR 4
	thermisch oxidieren	Wirbelbettreaktor	SAR 2, KWR 2

[1] Nur in Kombination bei Splittherstellung.
[2] Bei Entsorgungsweg RFA 3 ist Mühle nur als Option notwendig.
[3] Diese Prozeßuntergruppen und Aggregate kommen für die Aufbereitung der Reststoffe nicht in Betracht.
[4] Bei Entsorgungsweg RFA 3 ist Sichter nur als Option notwendig.
[5] Nur in Kombination möglich.
[6] Bei Aufbereitung von SAR 3/4 und KWR 3/4 gleichzeitig Oxidator.
[7] Bei Aufbereitung von SAR 4 und KWR 4 gleichzeitig Oxidator (Option).

Tabelle 8: Strukturierung der Aufbereitungsfunktionen; <u>Fortsetzung</u>

Prozeßhauptgruppe (Aufbereitungs-funktion)	Prozeßuntergruppe		Prozeßeinheit (Aggregate)	relevante technische Entsorgungswege
Agglomerieren/ Kompaktieren	mechanische Agglomeration	Pelletisieren	Pelletisierteller	RFA 2, WA 2
			Pelletisiertrommel	
		Brikettieren	Walzenpresse	RFA 2, WA 2 SAR 3, KWR 3
			Kollerstrangpresse	
	thermische Agglomeration	Sintern[1]	Sinterband	RFA 4
Entwässern	Eindicken		Hydrozyklon	SAR 3/4, KWR 3/4
	Filtrieren		Vakuumbandfilter[2]	SAR 2-4, KWR 2-4
			Zentrifuge	
			Filterpresse	RFA 3/4, WA 3
			Druckfilter	
Trocknen			Trommeltrockner	RFA 3/4, WA 3 SAR 2-4, KWR 2-4
			Schleudertrockner	
			Stromtrockner	

[1] Bei Sinterung von RFA 4 ist vorhergehende Pelletisierung notwendig.
[2] Dient gleichzeitig zur Auswaschung gelöster Inhaltsstoffe.

Die nachfolgende Tabelle 9 enthält das Ergebnis der Analyse der prinzipiell in Frage kommenden Aggregate, und zwar ist jedem TEW bezüglich der Aufbereitungsfunktion das ausgewählte Aggregat zugeordnet. Die diesem Ergebnis zugrunde liegenden stofflichen Auswahlkriterien werden anhand der Prozeßhauptgruppen in den folgenden Abschnitten jeweils in knapper Form angesprochen.

Tabelle 9: Zuordnung der ausgewählten Aufbereitungsaggregate zu den technischen Entsorgungswegen

technische Entsorgungswege	Aufbereitungsfunktion					
	Mischen	Zerkleinern	Anreichern	Agglomerieren/ Kompaktieren	Entwässern	Trocknen
RFA 1	Trogmischer	-	Spiralsichter	-	-	-
2	Trogmischer	Walzenmühle, Prallmühle	Spiralsichter	Pelletisiertrommel, Kollerstrangpresse	-	-
3	Trogmischer	Schwingmühle[1]	pneumat. Flotation Spiralsichter[1]	-	Filterpresse	Trommeltrockner
4	Trogmischer	-	pneumat. Flotation	Sinterband	Filterpresse	Trommeltrockner
WA 1	Trogmischer	Schwingmühle	-	-	-	-
2	Trogmischer	Schwingmühle, Walzenmühle,[2] Prallmühle	-	Pelletisiertrommel, Kollerstrangpresse	-	-
3	Trogmischer	Schwingmühle	pneumat. Flotation	-	Filterpresse	Trommeltrockner
SAR 1	Trogmischer	-	-	-	-	-
2	Trogmischer	-	Wirbelbettreaktor	-	Vakuumbandfilter	Stromtrockner
3	-	-	Rührwerksbehälter	Walzenpresse	Hydrozyklon Vakuumbandfilter	Stromtrockner
4	-	-	Rührwerksbehälter	-	Hydrozyklon Vakuumbandfilter	Stromtrockner
KWR 1	Trogmischer	-	-	-	-	-
2	Trogmischer	-	Wirbelbettreaktor	-	Vakuumbandfilter	Stromtrockner
3	-	-	Rührwerksbehälter	Walzenpresse	Hydrozyklon Vakuumbandfilter	Stromtrockner
4	-	-	Rührwerksbehälter	-	Hydrozyklon Vakuumbandfilter	Stromtrockner

[1] nur als Option
[2] Walzen- und Prallmühle bei Splittherstellung

Mischen

Eine Reststoffvermischung ist überall dort notwendig, wo entweder vor der eigentlichen Aufbereitung unterschiedliche Reststoffqualitäten homogenisiert oder für eine Produktherstellung andere Komponenten (z. B. Zement) zugegeben werden müssen.

Wesentlich für die Wahl der Mischerbauart, Trommel- oder Trogmischer[79] sind

- Agglomerations- und Fließfähigkeit der Reststoffe,

- deren Korngrößenverteilung,

- ihre Entmischungsneigung sowie

- ihre Menge.

Je schlechter die Fließeigenschaften der Reststoffe, desto wichtiger ist die Bewegung der Mischwerkzeuge, wohingegen die alleinige Drehung wie bei Trommelmischern zu keiner intensiven Durchmischung führt (Schubert, 1974). Aus diesem Grund kommen für diese Art der Reststoffbehandlung nur **ein- oder zweiwellige Trogmischer** zum Einsatz (Kreyenbourg, 1989; Lödige, 1989; Anhang 1).

Trogmischer werden traditionell zur Behandlung industrieller Stäube eingesetzt, aber ebenfalls seit geraumer Zeit zur Vermischung von Reststoffen untereinander sowie mit Klär-/Baggerschlämmen zur Herstellung eines deponierfähigen Gutes (ETH, 1989; BR, 1989; Anhang 1).

Zerkleinern

In Abhängigkeit von der Kornverteilung im Anfallzustand müssen Reststoffe vor der Aufbereitung zerkleinert werden. Gleiches gilt auch für hergestellte Produkte und für spezielle Anwendungen (z. B. Splittherstellung gemäß RFA 2 und WA 2).

Für die Beurteilung der Eignung von Zerkleinerungsapparaten allgemein und für die Aufbereitung der Reststoffe speziell ist eine Reihe physikalisch-mechanischer Eigenschaften ausschlaggebend. Nach Schubert (1974b) und Schönert (1987) sind es im wesentlichen:

---

[79]Nicht geeignet sind mechanische und pneumatische Bunkermischer.

- Partikelfestigkeit und -form,

- ihr Bruchverhalten,

- der Mahlwiderstand und Vorbelastungen sowie

- die Homogenität des Mahlgutes.

Nach einer Vorauswahl und unter Beachtung von Firmenmitteilungen/-angeboten (Merz, 1989; Westf. Masch., 1989; Krupp, 1989; KHD, 1989; Anhang 1) sind folgende Mühlen geeignet und je nach Produktanforderung auch in Kombination einsetzbar[80]:

- Prall-/Hammermühlen,

- Walzenmühlen und

- Kugel- bzw. Kugelschwingmühlen.

In bezug auf die Korngröße und Korngrößenverteilung kompaktierter und nicht kompaktierter Reststoffe ergeben sich für die ausgewählten Mühlenarten folgende abgegrenzten Arbeitsbereiche, in denen sie günstig einsetzbar sind:

> 3 mm : Prall-/Hammermühlen

< 3 mm : Walzenmühlen

0 - 5 mm : Kugel-/Kugelschwingmühlen

In industriellen Produktionsbereichen mit ähnlicher oder gleicher Problemstellung sowie bei Mahlgut mit entsprechenden oder vergleichbaren Eigenschaften (Zerkleinern von Kies, Gesteinen, Zement, Bauschutt, etc.), sind diese Mühlenarten traditionell im Einsatz.

Anreichern

Diese Funktion/Prozeßhauptgruppe ist für alle Reststoffe die bedeutenste und komplexeste, da mit ihr die Wertstoffabtrennung und -gewinnung umschreibbar

---

[80]Aufgrund der relativ geringen Korngrößen (Aufgabegut < 10 mm) sind Brecher jeglicher Bauart und aufgrund der Härte Schneid- und Strahlmühlen jeglicher Bauart nicht geeignet.

ist. Sie läßt sich gemäß Tabelle 8 in sechs Prozeßuntergruppen aufteilen, von denen die ersten zwei für aschereiche Reststoffe und die übrigen vier für asche-arme und sulfitreiche Reststoffe von Wichtigkeit sind.

Sortieren

Eine Sortierung ist dann durchzuführen, wenn in aufbereiteten aschereichen Reststoffen nur geringe Gehalte an Kohlenstoff enthalten sein dürfen. Das gilt für die Verwertungsoptionen der Entsorgungswege RFA 2 - 4 und WA 3.

Es kommen prinzipiell diejenigen Verfahren nicht in Betracht, welche sich Ei-genschaften wie Dichte und Magnetisierbarkeit von Inhaltsstoffen zu Nutze ma-chen. Darüber hinaus waren praktische Versuche der Sortierung mit Hilfe der elektrostatischen Separation von Kohlenstoff, durchgeführt an Steinkohlenflug-schen aus Trockenfeuerungen, nicht erfolgreich (Steinmüller, 1988; Lurgi, 1988; Anhang 1). Zusätzlich ist zu beachten, daß in Flugaschen aus Rostfeuerungen der Kohlenstoff (im wesentlichen Ruß) überwiegend adsorptiv an die Aschpar-tikel gebunden ist und demzufolge nicht frei vorliegt. Eine Trennung durch die genannten Verfahren ist demzufolge nicht möglich und muß erst im Rahmen von weitergehenden F&E-Arbeiten nachgewiesen werden.

Erfolgversprechend ist daher nur die **Flotation von Kohlenstoff**, welche unter-schiedliche Oberflächeneigenschaften von Kohlenstoff- und Aschepartikel aus-nutzt, und zwar deren Benetzbarkeit. Sind die Unterschiede nicht ausreichend groß und selektiv, werden sie im allgemeinen durch die Zugabe von Chemika-lien verstärkt.

Flotationsverfahren werden in der Regel unterschieden nach der Art der Dis-pergierung bzw. nach der Erzeugung und Einbringung der Luft in den Flotati-onsraum, und zwar nach Reuter (1974) in

- Rührwerksflotation,

- elektrolytische Gasblasenflotation und

- pneumatische Flotation.

Der Flotationserfolg allgemein und darüber hinaus auch die Festlegung auf die Art des Flotationsverfahrens hängen entscheidend ab von

- der selektiven Hydrophobierbarkeit des Kohlenstoffes,

- der Hydrodynamik des Flotationsapparates sowie

- der Korngröße der Partikel, da Bindemechanismen korngrößenabhängig sind.

Ausschlaggebend für die Wahl der *pneumatischen Flotation*[81] (pneumatische Entspannungsflotation in einer Zelle)[82] sind nach Bahr et al. (1987), Imhof (1988) sowie Jungmann & Reilard (1988) im Vergleich zu den übrigen o. a. Verfahren:

- geringere Zellenanzahl durch günstigere Verweilzeitcharakteristik und spezielle Begasungstechnik,

- Begasung der Trübe und Abtrennung der Korn-Blase-Aggregate vom Flotationsschaum sind weitgehend unabhängig voneinander und daher getrennt optimierbar,

- Erhöhung der Haft- und Aufstiegswahrscheinlichkeit der Aggregate durch höheren spezifischen Leistungseintrag und

- verbesserte Trennschärfe auch im Feinstkornbereich (wichtig für die Flotation von RFA).

Die pneumatische Flotation wird seit geraumer Zeit vor allem zur Aufbereitung von Steinkohle verstärkt eingesetzt, und zwar ausschließlich im Fein- und Feinstkornbereich. Darüber hinaus sind bereits praktische Versuche mit Steinkohlenflugaschen durchgeführt worden (Steinmüller, 1988; Ekof, 1989; Allmineral, 1989; Schwarz, 1989; Kary, 1989; Anhang 1); z. T. wurde eine Reduktion des Kohlenstoffgehalts in der Asche auf <2 Gew.-% erreicht (Jungmann & Reilard, 1988; UBA, 1989).

Bei der Flotation von RFA, die, soweit bekannt, noch nicht durchgeführt wurde, dürfte die Adsorption der Rußpartikel an den Ascheteilchen Probleme bereiten, die jedoch durch F&E-Arbeiten in bezug auf die Optimierung der Konditionierung lösbar zu sein scheinen.

---

[81]Versuche von Noell (1989; Anhang 1) sowie Grunewald & Otterstetter (1990) ergaben für Steinkohlenflugaschen aus Trockenfeuerungen auch gute Trennergebnisse mit Hilfe der Rührwerksflotation.

[82]Daneben unterscheidet man noch Injektor- und Luftheber-/Wirbelflotation in Zellen oder Säulen.

<u>Klassieren</u>

Die Klassierung von Reststoffanteilen bietet die Möglichkeit zur Trennung von Körnerkollektiven, Korngrößenklassen bzw. Endprodukten mit weitgehend definierter Feinheit. Eingesetzt werden kann sie zur Abtrennung von Kohlenstoff gemäß RFA 1, kompaktierten Anteilen gemäß RFA 2 und WA 2 oder optional bei besonderen Anforderungen hinsichtlich der Kornfeinheit als Abschluß bei der Aufbereitung gemäß RFA 3.

Die Trennung feinteiliger Stoffe (<100 μm) mittels Siebung (Magnetschwingsieb) erscheint wenig aussichtsreich[83], da feinteiliger Ruß, wie bereits erwähnt, in RFA adsorptiv an Aschepartikel angelagert ist. Darüber hinaus ist in WA eine diesbezüglich Unterscheidung zwischen Kohlenstoff-, Entschwefelungs- und Aschenteilen nicht möglich.

Demgegenüber kann die Separation gröberer Anteile (<4 mm) aus agglomerierten und gemahlenen Produkten mit **Vibrationsschwingsieben bzw.- rinnen** durchgeführt werden (Merz, 1989; Westf. Masch., 1989; Anhang 1). Diese werden traditionell in Bereichen mit vergleichbarer Problemstellung verwendet. Außerdem ist geplant, sie zur Aufbereitung von kompaktierten Reststoffen aus der Rauchgasreinigung von Großfeuerungen einzusetzen (ETH, 1989; Anhang 1).

<u>Sichten</u>

Bei der Stromklassierung (In bezug auf die Reststoffaufbereitung spielt nur die Sichtung eine Rolle.)[84] werden für die Korngrößentrennung unterschiedliche Geschwindigkeiten bzw. Bewegungsbahnen genutzt, welche die Körner in Luft unter Wirkung verschiedener Kräfte erreichen. Eine Trennung erfolgt nach der Gleichfälligkeit von Partikeln. Diese hängt ab von

- der Partikeldichte,

- der Kornform und Korngröße,

- dem Durchmesser der Teilchen sowie vom

---

[83]Aus Steinkohlenflugaschen (Trocken- und Schmelzfeuerungen) sind hingegen schon mit gewissem Erfolg Kohlenstoff und Ascheanteile mittels Magnetschwingsieb abgetrennt worden (Steinmüller, 1988; Rhewum, 1988; Anhang 1; Holzapfel & Bambauer, 1987).
[84]Weitere Verfahren sind z. B. die nasse Klassierung durch Schwerkraft.

- Verhältnis der von der Teilchenoberfläche ausgehenden Haftkräfte zum Teilchengewicht.

Prinzipiell sind alle auf dem Markt angebotenen Sichter zur Abtrennung feinteiliger Reststoffpartikel geeignet, und zwar handelt es sich um folgende Verfahrensvarianten (Alpine, 1988; O&K, 1988; KHD, 1988; Anhang 1; Pro Mineral 1989; DPA; 1987):

- Querstromsichter,

- Spiralsichter,

- Streuwindsichter und

- Mitstromwindsichter.

Bisher durchgeführte Untersuchungen ergaben bei Steinkohlenflugasche aus Trocken- und Schmelzfeuerungen gute Trennergebnisse. Zur Separation der Korngrößenklassen <10, <25 und <40 μm wurde ein **Spiralsichter** verwendet (Alpine, 1988; Anhang 1; UBA, 1989). Demgegenüber führten Versuche von Steinmüller (1988; Anhang 1) nicht zum Erfolg[85].

Im Hinblick auf den Aufbereitungserfolg gelten die Angaben bei der Siebung.

Lösen/Umfällen/Kristallisieren

Die Prozeßunterguppe Lösen/Umfällen/Kristallisieren umfaßt die Aufbereitung sulfitreicher Reststoffe (SAR und KWR), wobei in einem der Umfällung vorhergehenden Schritt Sulfit zu Sulfat oxidiert werden muß.

Diese Funktionen sind in einem **Rührwerksbehälter** durchzuführen, der im Falle der Oxidation zusätzlich mit Einrichtungen zur Eindüsung von Luft ausgerüstet werden muß (KRC, 1988; Balcke Dürr, 1989; Babcock, 1989; Anhang 1).

Lösen/Umfällen/Kristallisieren/Umkristallisieren

Eine weitergehende Aufbereitung ist mit der Prozeßuntergruppe Lösen /Umfällen/Kristallisieren/Umkristallisieren verbunden, indem der aus SAR und

---

[85]Angaben über die Art des Sichters wurden nicht gemacht.

KWR hergestellte REA-Gips in Calciumsulfat-α-Halbhydrat umgewandelt wird. Großtechnisch läßt sich dies nur unter Druck und erhöhter Temperatur bei gleichzeitiger Zugabe kristalltrachtmodifizierender Chemikalien erreichen[86]. Drucklose Verfahren sind demgegenüber nicht von Bedeutung.

Aufgrund der Reststoffzusammensetzung ist, wie Abbildung 16 zeigt, eine Zweiteilung des Verfahrensablaufes notwendig, welche, modifiziert nach Salzgitter (1989; Anhang 1), folgende Aufbereitungsschritte enthält:

- Anmaischen einer Reststoffsuspension,

- Auflösen löslicher Inhaltsstoffe und Oxidation des Sulfits zu Sulfat; parallel dazu Bildung von Gips,

- Abtrennen nicht löslicher Inhaltsstoffe wie Flugasche und Kohlenstoff,

- Umkristallisieren in einem Autoklaven, anschließend Entwässerung und Trocknung des α-Halbhydrates.

Alternativ wird untersucht, die Oxidation im Autoklaven durchzuführen (Salzgitter, 1989; Anhang 1).

Am Kraftwerkstandort Scholven der VKR (VEBA Kraftwerke Ruhr AG) sowie im Lippewerk der VAW (Vereinigte Aluminiumwerke) (Wargalla et al.; 1989) sind die z. Zt. einzigen großtechnischen Anlagen zur Herstellung dieses Produktes aus REA-Gips (Steinkohlenfeuerung) installiert. Eine Pilotanlage hat Mitte 1989 am Kraftwerksstandort Niederaußem der RWE den Betrieb aufgenommen, und zwar wird dort REA-Gips aus dem Kraftwerksbetrieb (Braunkohlenfeuerung) aufbereitet (Pro Mineral, 1989; Anhang 1).

---

[86]Dazu ist seit Anfang der 30er Jahren eine Reihe von Verfahren entwickelt und patentiert worden (z. B. RPA, 1931; DPA, 1963 & 1970), welche vor allem ab den 60er Jahren primär die Umwandlung von Abfallgipsen (z. B. aus der Phosphor- und Zitronensäureherstellung) betreffen, sich aber im wesentlichen nur in der Verfahrensführung (Druck, Temperatur, Verweilzeit) und der Chemikalienwahl unterscheiden.

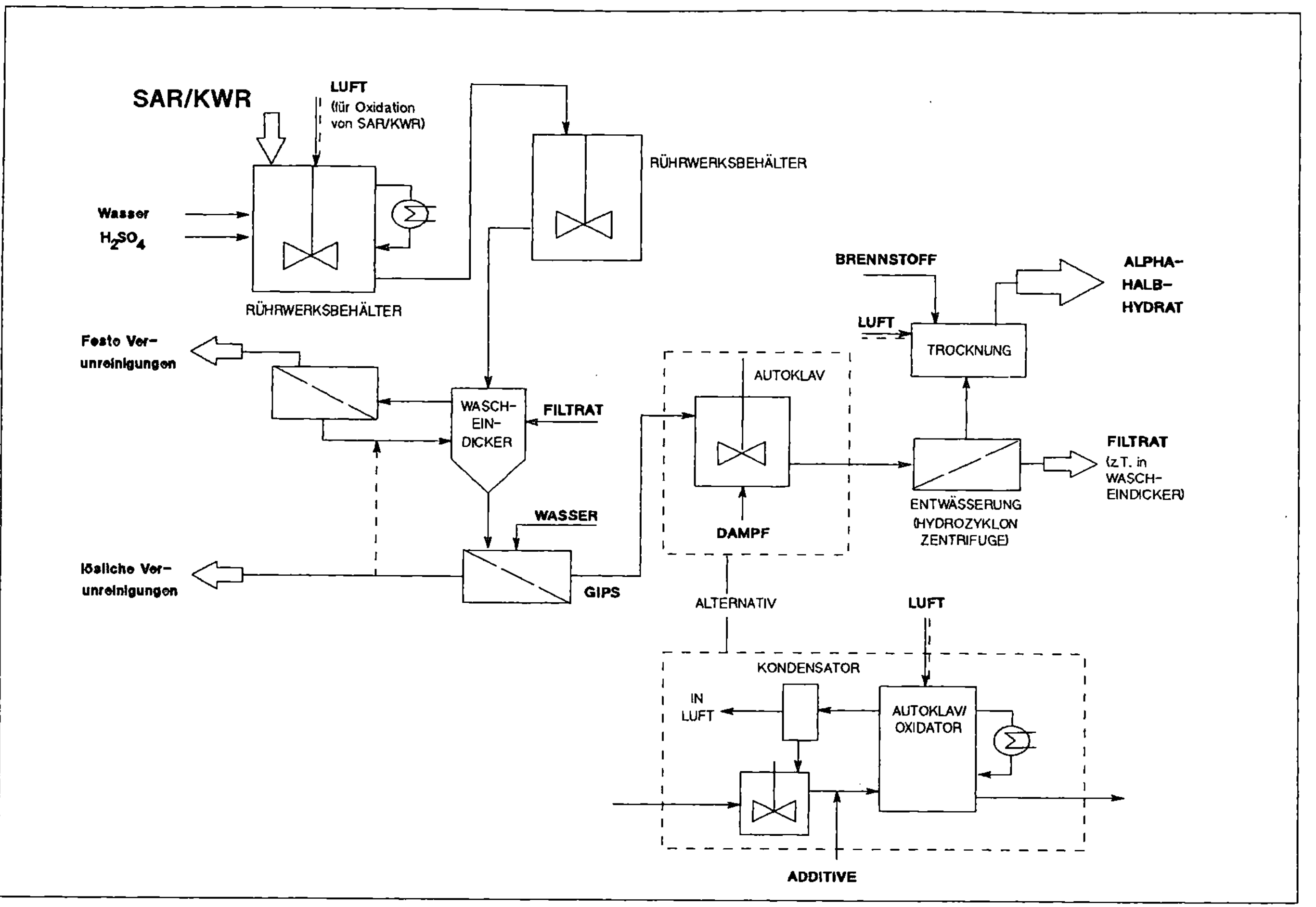

Abbildung 16: Vereinfachtes Verfahrensfließbild zur Herstellung von Calciumsulfat-α-Halbhydrat, modifiziert nach Salzgitter (1989)

Thermische Oxidation

Als letzte Prozeßuntergruppe enthält diese Aufbereitungsfunktion die thermische Oxidation sulfitreicher Reststoffe (SAR und KWR) zu technischem Anhydrit. Dieser Prozeß, bei dem gleichzeitig in den Reststoffen enthaltener Gips zu Anhydrit dehydriert, ist in einem Wirbelbettreaktor oder Calcinierbett[87] bei Temperaturen oberhalb von 750 °C durchführbar[88] (Fläkt, 1989; KRC, 1989; Anhang 1).

Wie in Kapitel 4.3.3 erwähnt, ist eine derartige Oxidationsanlage im süddeutschen Raum bereits großtechnisch in Betrieb (Fläkt, 1989; Anhang 1), und zwar wird der SAR eines Heizkraftwerkes zu technischem Anhydrit aufbereitet.

Agglomerieren/Kompaktieren

Agglomerationstechniken (mechanische und thermische) können bei der Reststoffaufbereitung auf der einen Seite zur direkten Produktherstellung (RFA 2/4, WA 2) und andererseits zur Vergleichmäßigung von Produkteigenschaften dienen. Letztere ist primär für den Einsatz von REA-Gips (SAR 3, KWR 3) in bestehenden Produktionsanlagen notwendig, da diese in den meisten Fällen stückigen Naturgips verarbeiten und feinteiliger REA-Gips in dieser Form nicht ohne produktionstechnische Umstellungen einsetzbar ist.

Mechanische Agglomeration

Mechanische Agglomerationstechniken umfassen die Pelletierung sowie die Brikettierung, wobei die Wahl zwischen beiden Techniken von der Art der Verwertung abhängt bzw. von der notwendigen Produktfestigkeit und -form.

Die Agglomerierfähigkeit der Reststoffe hängt von Haftkräften zwischen den einzelnen Partikeln ab, hervorgerufen durch äußeren mechanischen Druck. Dieser ist bei der Pelletisierung niedriger als bei der Brikettierung. Die Wirksamkeit dieser Haftkräfte wird von folgenden Faktoren bestimmt:

---

[87]Demgegenüber wird Anhydrit aus Naturgips, s. g. Hochbrandgips, der bis zu 75 Gew.-% Anhydrit enthält, großtechnisch in Rostbandöfen bei 300 - 700 °C erbrannt.
[88]In Wargalla et al. (1989) werden abweichende Ergebnisse mit einer zirkulierenden Wirbelschicht erwähnt, in welcher der gleiche Vorgang schon zwischen 500 und 600 °C ablaufen soll.

- Korngröße und Kornverteilung der Reststoffe,

- spezifische Oberfläche der Partikel,

- Adhäsionskräfte zwischen den Teilchen,

- ihrer Benetzbarkeit mit Flüssigkeiten sowie

- ihrer Verdichtbarkeit.

Da in vielen Fällen diese Parameter zu keiner befriedigenden Verfestigung führen, werden sie im allgemeinen durch eine Zugabe von Wasser und/oder Bindemitteln verstärkt.

Die Pelletbildung wird in geneigten Tellern oder flacher geneigten Trommeln realisiert, wobei zwischen beiden Techniken in bezug auf die Verwendung zur Aufbereitung von RFA und WA kein Unterschied besteht, da sie traditionell im Bereich Reststoff-/Abfallbehandlung eingesetzt werden (Eirich, 1988; Drais, 1988; Russig, 1989; Anhang 1). Im Hinblick auf die Herstellung von Zuschlagstoffen (Pellets) unter Verwendung von Wasser und Zement werden seit Ende 1989 **Pelletisiertrommeln** genutzt (ETH, 1989; Anhang 1). Darüber hinaus verliefen auch diesbezügliche Versuche von Heinze (1988) mit Flugaschen erfolgreich.

Der Aufbereitungserfolg kann vor allem bei RFA durch enthaltenen Ruß beeinträchtigt werden, weil er wasserabstoßend wirkt und damit die Benetzbarkeit verringert.

Für die Brikettierung kommen wegen des erforderlichen Druckes nur Pressen zum Einsatz, und zwar **Walzenpressen**[89] **und Lochwalzenpressen**, s. g. Kollerstrangpressen. Walzenpressen mit Formmulden dienen der Kompaktierung von REA-Gips aus SAR und KWR (Köppern, 1988; Anhang 1). Kollerstränge verfestigen Stoffe zu zylinderförmigen Strängen (Stülpen) und werden zur Splittherstellung aus RFA und WA benötigt (Kahl, 1989). Diese Stülpen müssen nach Aushärten zusätzlich gebrochen werden.

Walzenpressen werden im Rahmen der Weiterverarbeitung von REA-Gips in Großfeuerungsanlagen seit geraumer Zeit erfolgreich eingesetzt (Zisselmar, 1985; Stahl & Jurkowitsch, 1985) und Kollerstrangpressen im Rahmen der Splittherstellung (ETH, 1989).

---

[89]Strang- und Lochpressen kommen für leicht agglomerierbare Stoffe in Betracht (Schubert, 1974a) und sind demnach für die Reststoffaufbereitung ohne Bedeutung.

<u>Thermische Agglomeration</u>

Bei der thermischen Agglomeration mittels **Sinterung auf einem Rostband** zur Herstellung von Leichtzuschlägen gemäß RFA 4 werden Feststoffbrücken zwischen den Reststoffteilchen durch punktweises Aufschmelzen der silikatischen Anteile gebildet[90]. Vorher ist u. a. eine Pelletisierung unter Zugabe eines Klebemittels erforderlich.

Wie bereits angesprochen existiert in der Bundesrepublik seit etwa 10 Jahren eine entsprechende Produktionsanlage, die aber nur zeitweise in Betrieb ist (Krupp, 1989; VEBA, 1989; Anhang 1). Darüber hinaus werden größere Mengen von Sinterpellets nur noch in Großbritannien und in den Niederlanden hergestellt. Die Anlagen enthalten neben dem Sinterband noch Pelletisierteller, Brecher sowie Sieb-, Lager- und Fördereinrichtungen.

Entwässern

Diese Aufbereitungsfunktion betrifft alle Reststoffe. Sie ist bei allen Reststoffen in den Fällen notwendig, in denen nasse Aufbereitungen eingesetzt werden. Dabei ist die Prozeßuntergruppe Eindicken nur für sulfitreiche Reststoffe von Bedeutung, die Untergruppe Filtrieren aber auch für aschereiche Reststoffe.

<u>Eindicken</u>

Die Eindickung durch **Hydrozyklone** ist überall dort einzusetzen, wo Suspensionen von Gips aufkonzentriert oder ein bestimmtes Kornspektrum durch Abtrennung von Kornklassen erreicht werden soll[91].

Hydrozyklone sind in allen in der Bundesrepublik betriebenen Großfeuerungen mit Kalksteinwäsche installiert.

<u>Filtrieren</u>

Für die Entwässerung von Reststoffen und eingedickten Suspensionen bzw. für die Wahl von Filtern sind, abgesehen von der Filtrierzeit, folgende Parameter wichtig:

---

[90]Prinzipiell denkbar wäre auch die Sinterung in einem Drehrohrofen. Dieses Verfahren wird bei der Herstellung von Blähton eingesetzt.
[91]Daher ist eine Verwendung von Schwerkraft- und Zentrifugalabscheidern nicht möglich.

- Korngröße und Korngrößenverteilung,

- Kornform,

- Benetzbarkeit der Oberfläche und Entwässerungsverhalten der Reststoffpartikel und

- Viskosität und Oberflächenspannung der Flüssigkeit.

Vor allem aufgrund der großen Kornfeinheit kommen für die Aufbereitung aschereicher Reststoffe nur **Filterpressen oder Druckfilter** in Betracht, für sulfitreiche Reststoffe hingegen **Vakuumbandfilter oder Zentrifugen.**

Untersuchungen über das Entwässerungsverhalten von Steinkohlenflugaschen ergaben für **Filterpressen** bessere Ergebnisse als für Druckfilter (Larox, 1989; KHD, 1989; Anhang 1), darüber hinaus wurden auch von Noell (1989; Anhang 1) mit Pressen gute Ergebnisse erzielt.

Vakuumbandfilter werden großtechnisch zur Entwässerung von REA-Gips in Großfeuerungen eingesetzt (O&K, 1988; BHS, 1988; Anhang 1).

Trocknen

Die Produkttrocknung ist im Anschluß an die Entwässerung durchzuführen. Dafür ist die Verwendung von **Konvektionstrocknern** anzustreben[92]. Bei Konvektionstrocknern (Trommel-, Schleuder- oder Strömungstrocknern) wird das Trocknungsgut entweder überströmt, in ruhender oder bewegter Schüttschicht, Riesel- oder Wirbelschicht durchströmt und vom Trocknungsgas mitgeschleppt. Für die Auswahl sind folgende Faktoren maßgebend:

- Anfangs- und geforderte Endfeuchte der aufbereiteten Reststoffe,

- ihr Körnungsaufbau,

- die Abrasivität der Teilchen und

- das allgemeine Trocknungsverhalten.

Danach bringen für aschereiche Reststoffe (RFA und WA) **Trommeltrockner** Vorteile (Mozer, 1989; Anhang 1) und für aufbereitete sulfathaltige Reststoffe

---

[92]Daneben unterscheidet man aufgrund der Art der Wärmezufuhr noch Kontakt- und Strahlungstrockner, die für diese Art von Stoffen jedoch nicht relevant sind.

Stromtrockner (Babcock-BSH, 1989; Anhang 1). Letztere werden ebenfalls zur Trocknung von REA-Gips in Großfeuerungen eingesetzt.

5.3.2 Analyse und Auswahl der Lager- und Fördersysteme

Lagersysteme

Der Betrieb von Feuerungsanlagen und damit auch der Betrieb der entsprechenden Rauchgasreinigungen zeigt große saisonale Schwankungen. Feuerungen haben ihr mehr oder weniger stark ausgeprägtes Betriebsmaximum überwiegend in den Monaten Oktober - April, wohingegen die Produktion der meisten Verwertungsbereiche aus witterungsbedingten Gründen entgegengesetzt verläuft. Diese zeitliche Diskrepanz zwischen Anfall und Verwertung der Reststoffe, in Abbildung 17 exemplarisch für die Strom- und Zementproduktion aufgezeigt, macht sowohl vor als auch nach der Aufbereitung eine Vorhaltung gewisser Lagerkapazitäten erforderlich.

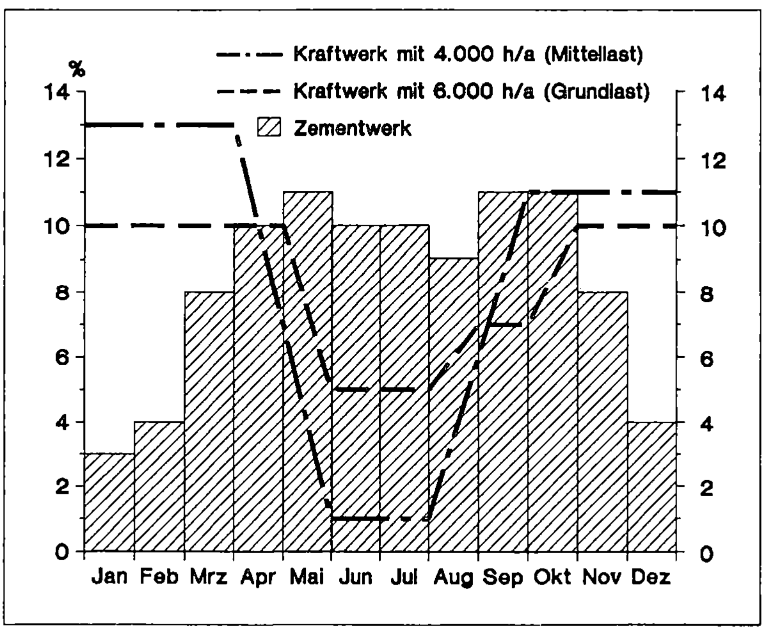

Abbildung 17: Saisonaler Verlauf der Strom- und Zementproduktion

Auch aus anderen Gründen ist dies notwendig:

- Gewährleistung einer kontinuierlichen Aufbereitung,

- Pufferung bei Stillstand der Aufbereitung sowie

- Pufferung bei Ausfall der Reststoffanlieferung und des Abtransportes der Produkte.

Zusätzlich kann dazu innerhalb der Aufbereitung, z. B. zwischen Aggregaten mit kontinuierlichem Betrieb und Chargenbetrieb, die Installierung weiterer Puffer sinnvoll für eine effektive Aufbereitung sein.

Als Lagerarten sind prinzipiell verfügbar:

- Frei- und Hallenlagerung,

- Silolagerung[93],

- Tanklagerung (nur für Flüssigkeiten innerhalb der Aufbereitung, z. B. Schwefelsäure) und

- Container, Pufferbunker, Big Bags.

Ausschlaggebend für die Zuordnung von Lagerart und Reststoff sind reststoffspezifische physikalische/mechanische Eigenschaften vor und nach der Aufbereitung, welche in den Tabellen 10 und 11 zusammengestellt sind. Darüber hinaus können zusätzlich folgende reststoffunabhängige Parameter eine Rolle spielen:

Geotechnisch : Bodenart und -setzungverhalten, Grundwasserstand

Klimatisch : Temperatur und Feuchtigkeit

Logistisch : Lagermenge und -zeit, Betriebsweise der Aufbereitung

---

[93]inkl. gravimetrischer Dosiereinrichtungen sowie pneumatischer und mechanischen Entleerungshilfen.

Tabelle 10: Geschätzte Eigenschaften der Reststoffe vor der Aufbereitung

| | Reststoffe in Anfallform | | | |
| | pulverförmig | | | stichfest |
Eigenschaften	RFA	WA	SAR	KWR
Schüttdichte g/cm³	0,7-1,2	0,7- 1	0,6- 1	-
Verfestigung durch Feuchtigkeit	gering	hoch	hoch	-
Verfestigung durch statischen Druck	gering	mittel	mittel	-
Frostbeständigkeit	-	-	-	-
Freilagerfähigkeit	schlecht	schlecht	schlecht	schlecht
Silolagerfähigkeit	gut	mäßig	mäßig	schlecht
pneumat. Förderbarkeit	gut	gut	gut	schlecht
mechan. Förderbarkeit	gut	gut	gut	gut

Entscheidend für die positiven oder negativen Ausprägungen der in Tabelle 10 aufgeführten Eigenschaften ist in erster Linie die Reaktion der Reststoffe mit Wasser (bei Wasserzutritt) in Verbindung mit der Schüttdichte der Stoffe. Diese Bedingungen können zu chemisch-mineralogischen Reaktionen führen und auch durch Frosteinwirkungen im Winter erhebliche Beeinträchtigungen der Schüttguteigenschaften zur Folge haben.

Tabelle 11: Geschätzte Eigenschaften der Reststoffe nach der Aufbereitung

| | Reststoffe nach ausgewählter Aufbereitung | | | | | | |
| | stückig | | | | pulverförmig | | |
Eigenschaften	RFA 2/4	WA 2	REA-Gips[1]	SAR 3	WA 3	REA-Gips[2]	Alpha[3]
Schüttdichte g/m³	0,7- 1	ca.1,2	ca.1,2	ca.1,2	0,7- 1	0,6- 1,2	0,6-1,2
Verfestigung durch Feuchtigkeit	-	-	-	gering	gering	hoch	hoch
Verfestigung durch statischen Druck	-	-	-	gering	gering	gering	gering
Frostbeständigkeit	gut	gut	mittel	-	-	-	-
Freilagerfähigkeit	gut	gut	gut	mäßig	mäßig	schlecht	schlecht
Silolagerfähigkeit	gut	gut	gut	gut	gut	gut	gut
pneumat. Förderbarkeit	-	-	-	gut	gut	-	gut
mechan. Förderbarkeit	gut	gut	gut	gut	gut	gut	gut
Pumpfähigkeit	-	-	-	-	-	-	-

1) gilt für SAR 3 und KWR 3
2) gilt für SAR 3 und KWR 3, jedoch ohne Kompaktierung
3) α-Halbhydrat ($CaSO_4 \cdot \tfrac{1}{2}H_2O$); SAR 4/KWR 4

Resultierend aus diesen geschätzten Eigenschaften ergeben sich die in den Tabellen 12 und 13 angegebenen Lagermöglichkeiten vor und nach der Aufbereitung.

Tabelle 12: Lagermöglichkeiten der Reststoffe vor der Aufbereitung

| Reststoffe | Lagermöglichkeit vor Aufbereitung | | | | |
| | Freilager | Silolager | | Halle | Big Bag |
		pneum.	mechan.		
RFA	-	X	-	-	
WA	-	X	-	-	
SAR	-	X	-	-	1)
KWR	X	-	-	X	

1) für alle Reststoffe, sofern sie in geringen Mengen anfallen

Tabelle 13: Lagermöglichkeiten der Reststoffe nach der Aufbereitung entsprechend den TEW

| Reststoffe | Lagermöglichkeit nach Aufbereitung | | | | |
| | Freilager | Silolager | | Halle | Big Bag |
		pneum.	mechan.		
RFA	2/4	1/3	-	2 1)	
WA	2	1/3	-	2 1)	2)
SAR	3	1/2/4	2/4	1/3	
KWR	3	1/2/4	2/4	1/3	

1) Zwischenlagerung zur Aushärtung
2) für alle Reststoffe, sofern sie in geringen Mengen anfallen

Die Reststoffe zeigen in der Anfallform, mit Ausnahme von KWR, Schüttguteigenschaften, die eine **Silolagerung** mit pneumatischer Entleerungshilfe erfordern (Stanelle/Gericke; Anhang 1)[94]. Da KWR in der Anfallform zu einem großen Teil aus Wasser besteht und dementsprechend schlechte Schüttguteigenschaften besitzt, ist die **Hallenlagerung** oder **Freilagerung** die einzige Möglichkeit.

Demgegenüber bewirkt die Aufbereitung eine z. T. erhebliche Änderung der Schüttguteigenschaften. Vor allem ist bei kompaktierten Reststoffen eine Verbesserung der Freilagerfähigkeit festzustellen. Aus verwertungsbedingten Gründen ist jedoch die **Hallenlagerung** vorzuziehen. Aufbereitungen, die zu rieselfähigen Produkten führen, erfordern **Siliereinrichtungen.**

Fördersysteme

Neben Lagereinrichtungen ist zum Betrieb von Aufbereitungen die Installierung geeigneter Fördersysteme unabdingbar. Diese sollen eine kontinuierliche

---

[94]Diese Silos werden nach dem Prinzip *"first in - first out"* betrieben; daneben existiert noch die Variante *"first in - last out".*

Beschickung der Aufbereitung aber auch den Transport der Reststoffe nach der Aufbereitung gewährleisten. Darüber hinaus müssen die einzelnen Apparate der Aufbereitungen untereinander durch geeignete Transportvorrichtungen verbunden werden.

Fördereinrichtungen können aufgrund des umfangreichen Aufgabenbereiches folgendermaßen gegliedert werden, und zwar nach

- Eigenschaften des Fördergutes (Förderwilligkeit, Abrasivität, Staubentwicklung),

- der Fördercharakteristik in Stetig- und Unstetigförderer,

- der Stellung in der Aufbereitung als Abzugs- oder Zwischenförderer sowie

- der Neigung des Förderweges in Horizontal-, Schräg- und Vertikalförderer.

Reststoffeigenschaften (Tab 10 und 11) und Neigung des Förderweges führen zu folgender Einteilung:

a) mechanische Förderung:
  - Becherwerke für Steil- und Senkrechtförderung,
  - Trogketten-, Schnecken- und Gurtbandförderer sowie
    Schwingrinnen für waagerechte bis leicht steigende Förderwege,
  - Radlader.

b) pneumatische Förderung:
  - Rohrförderung für waagerechte und senkrechte Förderung,
  - Rinnenförderung für waagerechte bis leicht steigende Förderwege.

Gemäß Tabelle 14 sind alle Reststoffe *vor der Aufbereitung*, mit Ausnahme von **KWR, pneumatisch durch Rohre** förderbar. KWR muß mittels **Radlader** und **Gurtbandförderern** bewegt werden.

Basierend auf Informationen von Merz (1989; Anhang 1), Westf. Masch. (1989, Anhang 1) sowie Bautrans (1989, Anhang 1) resultieren die in Tabelle 14 abgeschätzten Zuordnungen von Transportmitteln zu TEW *nach der Aufbereitung*. Für staubende Reststoffe kommt die **pneumatische Rohrförderung** in Betracht. Feuchte oder kompaktierte Reststoffe werden auch innerhalb der Aufbereitung je nach Neigung des Förderweges von **Becherwerken, Schwingrinnen oder**

Gurtbändern transportiert. Wie der Radlader, sind vor allem letztere in Verbindung mit der Hallenlagerung zu sehen.

Tabelle 14: Abschätzung der Fördermöglichkeiten der Reststoffe während und nach der Aufbereitung entsprechend den TEW

	mechanische Fördermittel				pneumatische Förder-mittel	
Reststoffe	Becherwerk	Schwingrinne	Gurtbandf.	Radlader	pn.Rinne	pn.Rohrf.
RFA	2/4	2/4	2/4	2/4	-	1/3
WA	2/3	2/3	2/3	2/3	-	1/2
SAR	1/2/3/4	1/2/3/4	1/2/3/4	1/2/3/4	-	1/2/3/4
KWR	1/2/3/4	1/2/3/4	1/2/3/4	1/2/3/4	-	1/2/3/4

5.4 STOFFBILANZIERUNG DER AUFBEREITUNG ALS GRUNDLAGE EINER ÖKOLOGISCH-ÖKONOMISCHEN BEWERTUNG

Auf der Basis der in Kapitel 5.3 ausgewählten Aggregate erfolgt in diesem Kapitel die Konzeption der Grundfließbilder der Aufbereitungen und die Simulation der Aufbereitungsprozesse. Anhand beispielhafter Reststoffzusammensetzungen und Reststoffmengen wird aufgezeigt, welche qualitativen und quantitativen Stoffströme (Endprodukte, Nebenprodukte, Abfall, Abwasser) mit den unterschiedlichen Verwertungsanforderungen und notwendigen Produktzusammensetzungen verbunden sind.

Eine Vorausberechnung von Stoffströmen der Aufbereitungen, gleichermaßen auch für andere Produktionsprozesse gültig, ist notwendige Grundlage für die Durchführung der nachfolgend angegebenen Teilbereiche der Prozeßplanung:

- Im Rahmen der Genehmigungsverfahren in bezug auf Errichtung und Betrieb von Aufbereitungsanlagen[95] sind detaillierte Angaben über die mit der Reststoffbehandlung verbundenen wahrscheinlichen festen, flüs-

---

[95] In der Gesetzgebung wird in diesem Zusammenhang, vorwiegend jedoch bei der Behandlung von Hausmüll, von Abfallentsorgungsanlagen gesprochen (vgl. dazu Abb. 3). Maßgebend ist aber, ob der Reststoff als Abfall oder Wirtschaftsgut eingeordnet wird.

sigen und gasförmigen Emissionen gefordert und nachzuweisen[96] (vgl. dazu Kap 8.2). Gleiches gilt auch aus der Sicht des Arbeitsschutzes[97].

- Die Stoffbilanzierung dient auf der einen Seite der Abschätzung der notwendigen Anlageninvestition über die Dimensionierung der Aggregate und auf der anderen Seite der Berechnung der Aufbereitungskosten über eine Kostenartenrechnung. Darüber hinaus wird ersichtlich, ob zusätzliche Kosten durch Emissionen bzw. notwendige Beseitigungs-/Behandlungsmaßnahmen für Abfall und Abwasser anfallen werden.

5.4.1 Voraussetzungen für die Stoffbilanzierung

Die Simulation der Aufbereitungsprozesse basiert auf einem realistischen Referenzfall. Als bestimmende Rahmenbedingungen sind zwei Parameter von überragender Bedeutung:

- Bandbreite der Reststoffzusammensetzung und

- Gesamtanlagenkapazitäten/Gesamtdurchsatzmengen durch Abschätzung der Reststoffanfallmengen pro Jahr[98].

Diese Parameter beeinflussen

- Qualität und Quantität möglicher Emissionen (beeinflussen den Umweltfaktor eines TEW),

- Höhe der Gesamtinvestitionen,

- Höhe der Gesamtkosten (investitionsabhängige und betriebsmittelverbrauchsabhängige Kosten sowie Entsorgungskosten in bezug auf die Behandlung von Abfällen und Abwasser).

---

[96]Im Rahmen dieser Arbeit werden nur feste und flüssige Emissionen beachtet (vgl. dazu Kap. 6.3).
[97]Dafür sind primär Emissionen an den einzelnen Apparaten nachweispflichtig (MAK-Werte). Eine derartige Verfeinerung ist im Rahmen dieser Arbeit jedoch nicht möglich.
[98]Dabei wird davon ausgegangen, daß die gesamte Anfallmenge pro Jahr und Reststoff in einer Aufbereitungsanlage behandelt wird.

Diese Größen hängen unmittelbar von Reststoffzusammensetzungen und -anfallmengen ab[99].

Die Anfallmengen gehen wesentlich nur in die Gesamtanlagenkapazitäten der unterschiedlichen Aufbereitungen eines jeden Reststoffes ein, wohingegen ausgeprägte Unterschiede zwischen den Reststoffen bestehen. Als Jahresanfallmengen, die mit der jährlichen Gesamtanlagenkapazität identisch sind, werden die in der Tabelle 15 zusammengestellten und nach den Anfallbereichen (GFAVO und TA Luft) getrennt erfaßten Zahlenwerte zugrunde gelegt. Dabei wird davon ausgegangen, daß die jeweiligen Reststoffe aus beiden Bereichen zusammen aufbereitet werden, da Unterschiede in der maßgebenden mineralogischen Zusammensetzung nur in den in Kapitel 4 angegebenen Bandbreiten variieren.

Tabelle 15: Geschätzte Jahresanfallmengen für die Reststoffe in den Geltungsbereichen der GFAVO und TA Luft (UMBW, 1988 und 1990)

| | Bereich | | |
Reststoffe	TA Luft (t/a)	GFAVO (t/a)	Σ (t/a)
RFA	20.000	31.000	51.000
WA	-	32.000	32.000
SAR	8.000	19.000	27.000
KWR	7.000	-	7.000
Σ	35.000	82.000	117.000

Die Mengen aus dem Geltungsbereich der GFAVO sind aus UMBW (1988) entnommen, während diejenigen des TA Luft-Bereiches auf Berechnungen eines Szenarios aus UMBW (1990) basieren[100].

Darüber hinaus sind zur Festlegung der stündlichen Gesamtanlagenkapazitäten die jährlichen Anlagenbetriebsstunden von Bedeutung. Dabei wird von folgenden Voraussetzungen ausgegangen:

---

[99]Das ist vor allem im Hinblick auf spätere Genehmigungsverfahren von Interesse. Da sich diese an wahrscheinlichen Emissionen in Form von Massenströmen und Stoffkonzentrationen orientieren und darüber hinaus Emissionsgrenzwerte gemäß AbfG und/oder BImschG festgelegt werden, ist eine nachträgliche Veränderung des Anlageninputs nach der Anlagengenehmigung nur in gewissen Grenzen oder gar nicht möglich.

[100]In bezug auf die Reststoffanfallmengen liegen diesen Szenarien bestimmte Annahmen hinsichtlich Emissionsgrenzwerten für Staub, SO_2 sowie Brennstoffpreisdifferenzen zwischen Steinkohle einerseits und Heizöl S (schwer), Heizöl EL (extra leicht) und Gas andererseits zugrunde.

jährliche Anlagenlaufzeit : 250 Tage

tägliche Anlagenlaufzeit : 16 h (2-Schichtbetrieb)

Anlagenverfügbarkeit   : 75%[101]

Daraus resultieren **3.000 Jahresanlagenbetriebsstunden** (12 h/d) und folgende Gesamtanlagenkapazitäten[102] für die Aufbereitungen der Reststoffe:

RFA : 17   t/h

WA : 10,5 t/h

SAR : 9   t/h

KWR : 2,5   t/h

Diese Gesamtanlagenkapazitäten entsprechen jedoch nicht immer der Kapazität/Durchsatzleistung einzelner Aggregate. Im Verlaufe fast aller Aufbereitungen kommt es durch Stoffabtrennung und/oder Stoffzufuhr zu einer quantitativen und auch qualitativen Veränderung der Stoffströme, so daß nachfolgende Anlagenteile in ihrer Dimensionierung dementsprechend angepaßt werden müssen. Das wird aus den Tabellen 16 - 22 deutlich, welche die Apparateliste der jeweiligen Aufbereitung mit den Stoffdurchsätzen sowie die installierten Apparatekapazitäten enthalten.

5.4.2 Stoffbilanzen der Aufbereitungen für Rostfeuerungsflugaschen (RFA)

Aufbereitung des technischen Entsorgungsweges RFA 1

Wie Abbildung 18 verdeutlicht, ermöglicht dieser Entsorgungsweg die Anreicherung von Kohlenstoff durch Sichtung. Diese kohlenstoffreiche Fraktion hat einen entsprechend hohen Energieinhalt. In Tabelle 16 sind Durchsätze und installierte Kapazitäten angegeben.

Anforderungen der relevanten Verwertungsoptionen an die Höhe des Kohlenstoffgehaltes bestehen zwar nicht, jedoch sollte er nicht unter 40 Gew.-% liegen.

---

[101]Von Urban (1983) sind für Müllaufbereitungsanlagen Verfügbarkeiten von 70 - 80 % genannt.
[102]Zusätzlich werden zur Berechnung von Kostenfunktionen nicht anfallmengenbezogene Kapazitätsklassen herangezogen. Das sind für RFA 10 t/h, WA 5 t/h, SAR 5 t/h, KWR 5 t/h.

Demzufolge spielt die Trenngüte des Sichters nur in Grenzen eine Rolle. Die Trenngrenze wurde im vorliegenden Fall aufgrund der Fähigkeit des Rußes, sich primär an Flugascheteilchen mit geringem Duchmesser adsorptiv anzulagern, auf 20 μm - 25 μm festgelegt. Dieser Korngrößenbereich hat beim C-freien Flugascheanteil einen Gehalt von im Mittel 30 Gew.-%. Zusätzlich wurde vorausgesetzt, daß die Hauptmasse des Kohlenstoffes in RFA aus Ruß besteht, dessen Korngröße aufgrund der Entstehungsbedingungen in der Regel unter 5 μm liegt.

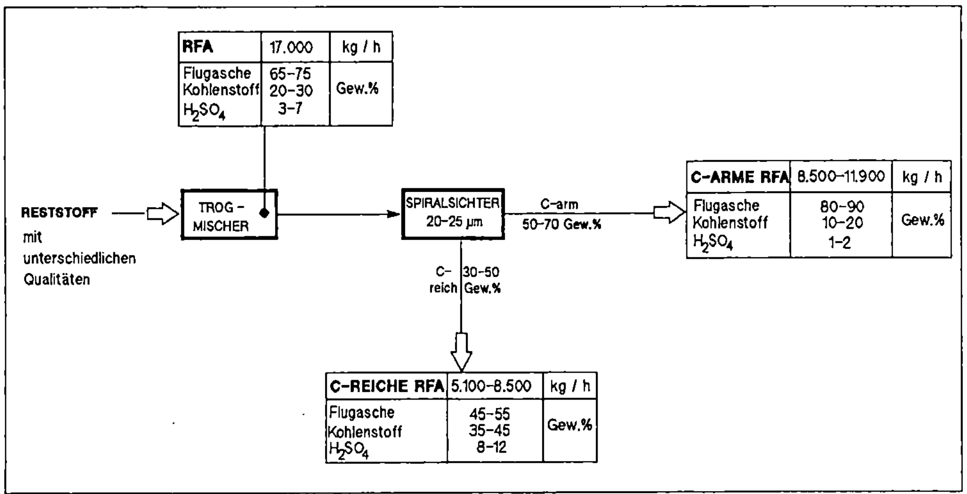

Abbildung 18: Aufbereitung und Stoffströme des technischen Entsorgungsweges RFA 1

Unter diesen Voraussetzungen führt eine Sichtung zu einer Anreicherung von Kohlenstoff in der Feinfraktion gegenüber dem Ausgangsmaterial. Wegen der Schwankungsbreite der Ausgangszusammensetzung von RFA kann der Anteil an C-reichem Wertstoff bis zu 45 Gew.-% betragen (bezogen auf die Ausgangsmenge mit rund 20 - 30 Gew.-% Kohlenstoff)[103]. In der C-armen Fraktion verbleiben schätzungsweise 10 - 20 Gew.-% Kohlenstoff, im wesentlichen gröbere Partikel in Form von Unverbranntem.

---

[103]Inwieweit bei der vorhergehenden Vermischung der unterschiedlichen Reststoffqualitäten durch mechanische Beanspruchung der Partikel eine Trennung von Ruß und Flugasche und in der Folge eine weitergehende C-Abtrennung/Anreicherung möglich sind, kann nicht abgeschätzt werden.

Tabelle 16: Appparateliste der Aufbereitung des technischen Entsorgungsweges
RFA 1

Apparate	Durchsatz	install. Kapazität
Trogmischer	17 t/h	18 t/h
Spiralsichter	17 t/h	3 - 19 t/h
Lagern : Silos	-	insg. ca. 1.500 m³
Förderung : pneumatisch	Förderlänge: 100 - 150 m	variabel

Gleichzeitig erfolgt eine Anreicherung von SO_3 in Form von Schwefelsäure in
der Feinfraktion. Schwefelsäure ist fast quantitativ adsorptiv an Ruß gebunden.
Dies ist bei der Verwertung gemäß RFA 1 zu beachten (verstärkte SO_3- Emission).

Die anfallende C-arme Fraktion kann, neben der direkten Verwertung gemäß
RFA 1B, in die Aufbereitungen der technischen Entsorgungswege RFA 2 - 4
eingeschleust werden.

Aufbereitung des technischen Entsorgungsweges RFA 2

Nach dieser Aufbereitung können, je nach Wahl des Teilweges, Reststoffpellets
oder -splitt hergestellt werden. Abbildung 19 zeigt dazu die Anlagenkonzeption
und dazugehörige Stoffströme, während Tabelle 17 die Aggregatdurchsätze und
installierten Anlagenkapazitäten zusammenfaßt.

Es wird deutlich, daß die ersten beiden Aufbereitungsschritte mit denjenigen
von RFA 1 übereinstimmen, sowohl hinsichtlich der Wahl der Aggregate als
auch der Stoffströme. Dies ist darin begründet, daß in RFA-Pellets und -Splitt
C-Gehalte von maximal 20 Gew.-% tolerierbar sind.

Nach der Sichtung beginnt die eigentliche Produktherstellung mit der Vermischung der an Kohlenstoff verarmten RFA mit Zement, Wasser und Additiven
zur Schwermetalleinbindung in einem gewissen Mengenverhältnis. Dieses wird
von den Produktanforderungen vorgegeben. Parallel dazu ist die Verwertung
der aus RFA 1 auszuschleusenden C-armen Fraktion anzustreben. Sofern dies
durchgeführt wird, verändern sich die in der Folge angegebenen Stoffströme
entsprechend.

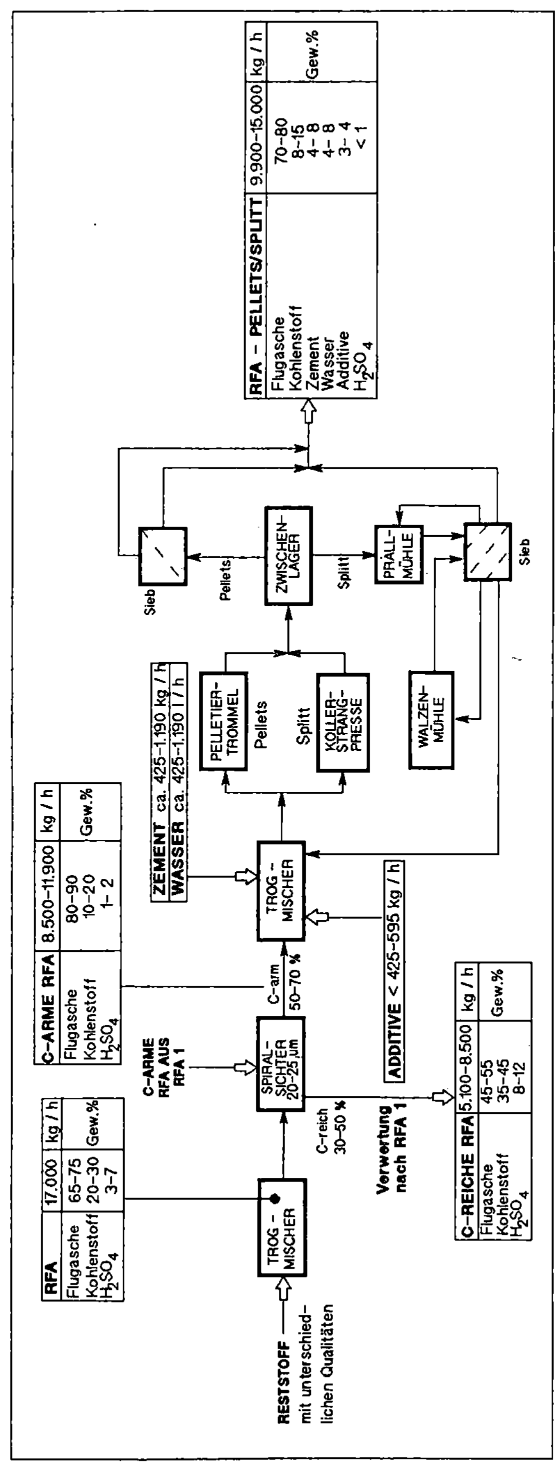

Abbildung 19: Aufbereitung und Stoffströme des technischen Entsorgungsweges RFA 2

Tabelle 17: Apparateliste der Aufbereitung des technischen Entsorgungsweges
RFA 2

Apparate	Durchsatz	install. Kapazität
Trogmischer Spiralsichter Trogmischer	17 t/h 17 t/h 9,8 - 15 t/h	18 t/h 2,8 - 19 t/h 18 t/h
bei Pelletisierung : 　Pelletisiertrommel 　Sieb	9,8 - 15 t/h 9,8 - 15 t/h	8 - 20 t/h 0 - >15 t/h
bei Splittherstellung : 　Kollerstrangpresse 　Prallmühle 　Sieb 　Walzenmühle	9,8 - 15 t/h 9,8 - 15 t/h 9,8 - 15 t/h < 3 t/h	≤ 2 x 2,5 - 9 t/h 0 - >15 t/h 0 - >15 t/h 0 - > 5 t/h
Lagerung : 　Silos 　Halle Förderung : 　pneumatisch 　mechanisch 　Radlader[1]	- - Förderlängen: 100-150 m 150-200 m -	insg. ca 800-900 m³ insg. ca. 1.000-1.100 m³ variabel variabel variabel

[1]Transport von Zwischenlager (Aushärtung in Halle) zum Sieb oder
zur Prallmühle und Transport vom Endlager zur Verladung

Je nach herzustellendem Produkt, Pellet oder Splitt, erfolgt die Agglomeration
in einer Pelletisiertrommel oder Kollerstrangpresse mit anschließender Pro-
duktaushärtung (ca. vier Tage; dementsprechende Lagerkapazität notwendig).
Pellets werden danach auf die gewünschte Korngröße abgesiebt, Stülpen (zy-
linderförmige Presslinge aus der Presse) zerkleinert und resultierendes Feingut
über eine Prall- und Walzenmühle in den Mischer rückgeführt.[104]

Die auf diese Art hergestellten Produkte haben im vorliegenden Fall letztendlich einen Kohlenstoffanteil von etwa 8 - 15 Gew.-%. Unter Berücksichtigung der Abtrennung eines Teilstromes der RFA und der Zuführung von Zusatzstoffen beträgt der Produktaustrag nur zwischen 60 und 90 Gew.-% des
Reststoffeintrags.

---

[104]In Abhängigkeit von der notwendigen Pellet-, Stülpen- und Splittgröße ist an geeigneten Stellen
die Installierung von Puffereinrichtungen notwendig.

Aufbereitung des technischen Entsorgungsweges RFA 3

Ziel dieser Aufbereitung ist die Herstellung einer Asche mit Prüfzeichenqualität, wozu die in der Abbildung 20 und Tabelle 18 verdeutlichte Anlagenkonzeption und Aggregatdurchsätze notwendig sind.

Zur Homogenisierung der Zusammensetzung werden verschiedene RFA-Quali-
täten vermischt[105] und durch pneumatische Flotation in eine C-reiche und C-
arme Fraktion getrennt.

Dieser Vorgang ist grob in folgende Teilschritte zerlegbar:

- Mischen von Aufgabegut mit Wasser zu einer geeigneten Trübe,

- Zusetzen der Flotationschemikalien,

- Agitationszeit zur Reaktion der Chemikalien,

- Flotation mit Erzeugung und Verteilung von Luftblasen,

- Entwässerung und Trocknung der gewonnenen Fraktionen sowie

- Aufbereitung des Brauchwassers.

RFA wurde, soweit bekannt, bis jetzt noch nicht auf Kohlenstoff flotiert. Daher
wurden zur Berechnung der Stoffströme folgende Annahmen getroffen:

Feinteiliger Ruß, der den überwiegenden Anteil des C-Gehaltes in RFA aus-
macht, kann durch entsprechende Optimierung von Chemikalienzusammenset-
zung, Dosiermenge, Konditionierzeit und des allgemeinen Verfahrensablaufes
auf den notwendigen Gehalt in der C-armen Fraktion von unter 5 Gew.-% reduziert werden. Welche Anzahl von Flotationszellen dafür notwendig ist, kann
nicht generell festgelegt werden; es wurde in diesem Fall eine 2-zellige Flotation zugrunde gelegt.

Speziell abgestimmt auf die vorgegebene Reststoffzusammensetzung und im
Unterschied zu Literaturangaben bei der Flotation von Flugaschen aus Trok-
kenfeuerungen ist, vor allem im Hinblick auf den möglicherweise relativ hohen
Anteil an Schwefelsäure in RFA, im Anschluß eine chemische Aufbereitung des
Brauchwassers vorzusehen. Sie hat zusätzlich die Aufgabe, Schwermetalle aus-
zufällen und den Feststoffgehalt zu reduzieren.

---

[105]In bezug auf die Homogenisierung ist zu erwähnen, daß laut Entscheid des IfBt (1979) eine
Vermischung von Flugaschen zur Verwertung in Zement und Beton derzeit noch nicht zulässig
ist.

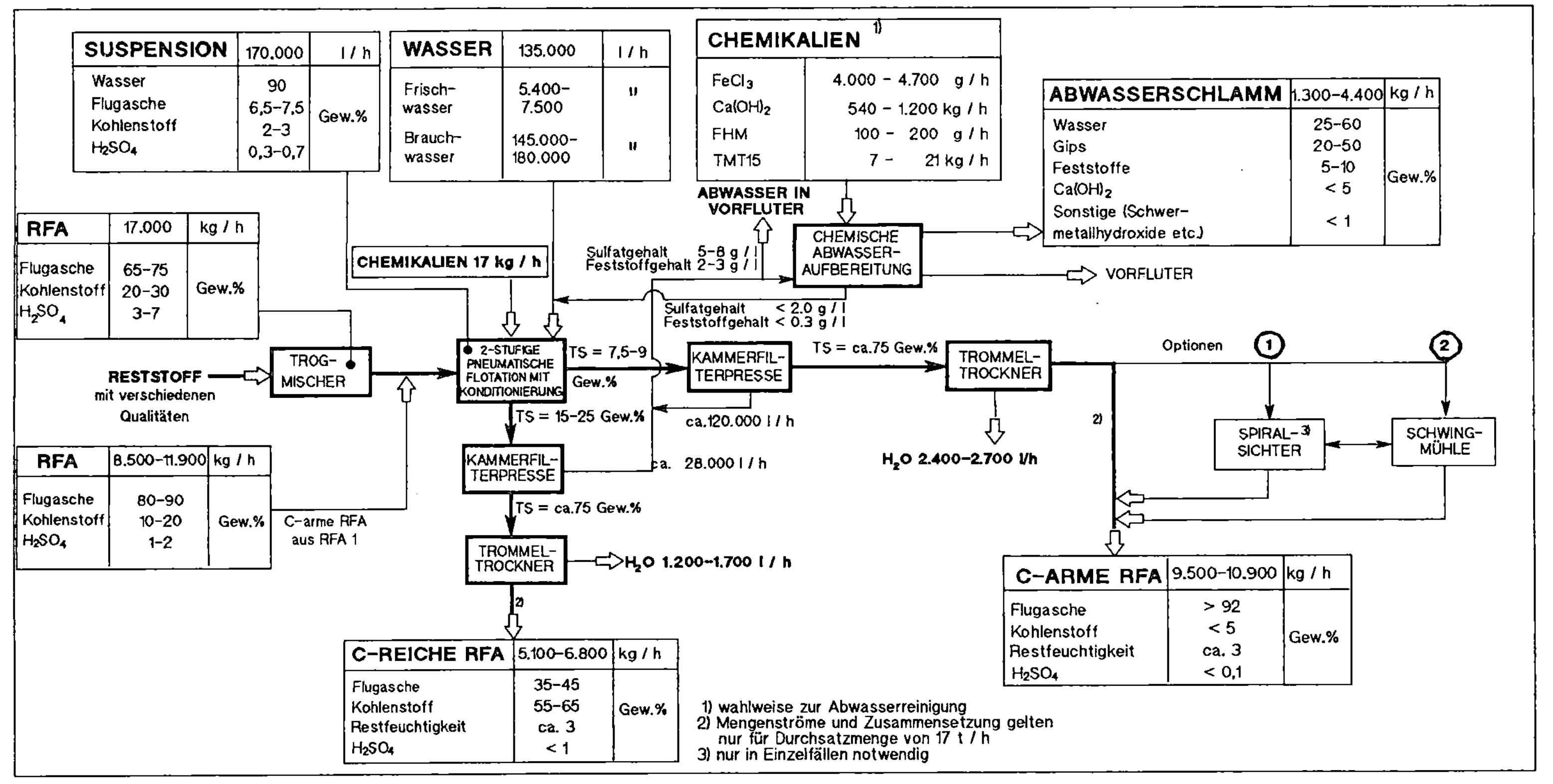

Abbildung 20: Aufbereitung und Stoffströme des technischen Entsorgungsweges RFA 3

Tabelle 18: Apparateliste der Aufbereitung des technischen Entsorgungsweges
RFA 3

Apparate	Durchsatz	install. Kapazität
Trogmischer	17 t/h	18 t/h
pneumatische Flotation	17 t/h	0 - >17 t/h
5 Pressen (C-arme RFA)	ca. 10 - 12 t/h[2]	5 x ca. 2,5 t/h[2]
Trockner	<10 - 12 t/h[2]	0 - >12 t/h[2]
3 Pressen (C-reiche RFA)	ca. 5 - 7 t/h[2]	3 x ca. 2,5 t/h[2]
Trockner	< 5 - 7 t/h[2]	0 - > 7 t/h[2]
Abwasseraufbereitung	150 m^3/h	> 150 m^3/h
Spiralsichter[1]	ca.10 - 12 t/h	3 - 19 t/h
Schwingmühle[1]	ca.10 - 12 t/h	0 - >12 t/h
Lagerung :		
Silos	-	insg. ca. 1.400 m^3
Förderung :	Förderlängen:	
pneumatisch	100 - 150 m	variabel

[1] nur als Option
[2] Feststoff

Das Sulfat aus der Schwefelsäure kann innerhalb der Flotation, z. B. durch Zu-
dosierung von Kalkmilch, nicht abgetrennt werden:

- Es besteht Gefahr, daß gebildeter Gips mit dem Sediment (C-arme
  Fraktion; Wertstofffraktion) die Flotation verläßt und die Flugaschezu-
  sammensetzung in bezug auf die Prüfzeichenqualität in unzulässiger
  Weise beeinflußt. Eine Anreicherung von Gips in der C-reichen Fraktion ist dagegen nicht wahrscheinlich, da die Flotationschemikalien
  selektiv auf Ruß abgestimmt sind.

- Es sind innerhalb der Flotationsaggregate, z. B. in Rohrleitungen und
  Pumpen, Ablagerungen und letztendlich Verstopfungen nicht auszuschließen.

- Eine Gipsbildung ist überhaupt ungewiß, da die Milieubedingungen negativen Einfluß auf die Kristallisation ausüben können.

Nachteilig wirkt sich auf jeden Fall eine fehlende Kalkmilch-Zugabe auf die
Höhe des pH-Wertes des Flotationswassers aus; die Neutralisation der Säure
bleibt aus. In welchem Bereich sich der pH-Wert letztendlich einpendelt, ist
nicht zuletzt aufgrund der Wirkung der Flotationschemikalien[106] nur abzuschätzen. Er dürfte sich je nach Konzentration der Schwefelsäure im Bereich

---

[106] Bekannt sind Flotationschemikalien, die eine pH-Wert regulierende Funktion ausüben.

von weit unter 5 bewegen[107]. In diesem pH-Bereich ist hingegen mit einer verstärkten Mobilisierbarkeit von Schwermetallen zu rechnen.

Die nach der Entwässerung und Trocknung erhaltenen Fraktionen haben einen rechnerischen C-Anteil von unter 5 bzw. 55 - 65 Gew.-%. Das Mengenverhältnis von Prüfzeichenflugasche zu C-reicher Fraktion liegt bei ca. 1,5 - 2. Der Produktaustrag an prüfzeichenfähiger Fraktion beträgt 55 - 65 Gew.-% im Vergleich zum unbehandelten Reststoff.

Das Flotationsabwasser ist nach der chemischen Behandlung vollständig in die Flotation rückführbar. Nur die Verluste durch Restwassergehalte nach der Entwässerung der Fraktionen und des Abwasserschlammes sind zu ersetzen. Die Frischwasserzugabe kann bei diesem Beispiel auf maximal 7,5 m^3/h beschränkt bleiben.

Aufbereitung des technischen Entsorgungsweges RFA 4

Die Herstellung von Sinterpellets ist eine Weiterführung der Aufbereitung gemäß RFA 3, indem die erhaltene C-arme RFA angefeuchtet, pelletiert und auf einem Bandrost bis zur Sinterung erhitzt wird. Die zusammengefritteten Pellets werden anschließend mittels eines Brechers getrennt, auf verschiedene Korngrößen abgesiebt und getrennt gelagert[108].

5.4.3 Stoffbilanzen der Aufbereitungen für Wirbelschichtaschen (WA)

Aufbereitung des technischen Entsorgungsweges WA 1

Diese Aufbereitung hat zum Ziel, Wirbelschichtaschen für die Verwertung zu homogenisieren. Darüber hinaus wird die Bettasche zusätzlich vor der Vermischung aufgemahlen. Eine Aufspaltung und/oder sonstige Veränderung des

---

[107]Aus der Literatur (Flotation im Steine- und Erdenbereich sowie bei der Steinkohlen- und Erzaufbereitung) ist bekannt, daß im pH-Bereich unter 5 in der Regel gute Ergebnisse erzielbar sind. Gleiches wird von Anlagenherstellern bestätigt; es wird ferner darauf hingewiesen, daß durch optimierte Chemikalienwahl sogar im pH-Bereich von ca. 3 eine Flotation möglich ist. Voraussetzung ist jedoch ein in gewissen Grenzen konstanter pH-Wert; Schwankungen sind daher zu vermeiden.

[108]Die Sinteranlage inkl. Pelletierung, Brech- und Siebeinrichtung hat nach Angaben von Krupp-Koppers (1989; Anhang 1) eine Anlagenkapazität von 30 - 45 t/h und ist eine Einzelanfertigung. Kleinere Anlagen existieren nicht und werden auch nicht angeboten, so daß Angaben über andere Kapazitäten nicht zu machen sind.

Stoffstromes ist damit nicht verbunden. Tabelle 19 enthält Angaben über die notwendigen Aggregatdurchsätze und installierten Kapazitäten.

Tabelle 19: Apparateliste der Aufbereitung des technischen Entsorgungsweges WA 1

Apparate	Durchsatz	install. Kapazität
Schwingmühle	ca. 3 t/h	4 t/h
Trogmischer	10,5 t/h	18 t/h
Lagerung:		
Silos	-	insg. ca. 900 m^3
Förderung :	Förderlänge	
pneumatisch	100-150 m	variabel

Aufbereitung des technischen Entsorgungsweges WA 2

Wie die Aufbereitung gemäß RFA 2, führt diejenige des Entsorgungsweges WA 2 (Abb. 21) zu ungebrochenen und/oder gebrochenen Zuschlägen für verschiedene Anwendungen. Die dazu notwendigen Apparate sind in Tabelle 20 zusammengestellt.

Im Gegensatz zur Aufbereitung gemäß RFA 2 verläßt kein Reststoffteilstrom die Aufbereitung. Daher ist eine größere absolute Zement- und Additivmenge zur Verfestigung notwendig und der Wasseranteil ist zusätzlich zur Ablöschung des freien CaO auf schätzungsweise 10 - 15 Gew.-% zu erhöhen. Die exotherme Reaktion des CaO mit Wasser ist problemlos beherrschbar (ETH, 1988).

Die folgenden Aufbereitungsschritte Pelletisieren/Pressen sowie Sieben und Mahlen entsprechen den Angaben bei RFA 2.

Aufgrund der Zumischung von Zement, Wasser und Additiv beträgt der Produktaustrag 120 - 130 Gew.-%, bezogen auf den unbehandelten Reststoff.

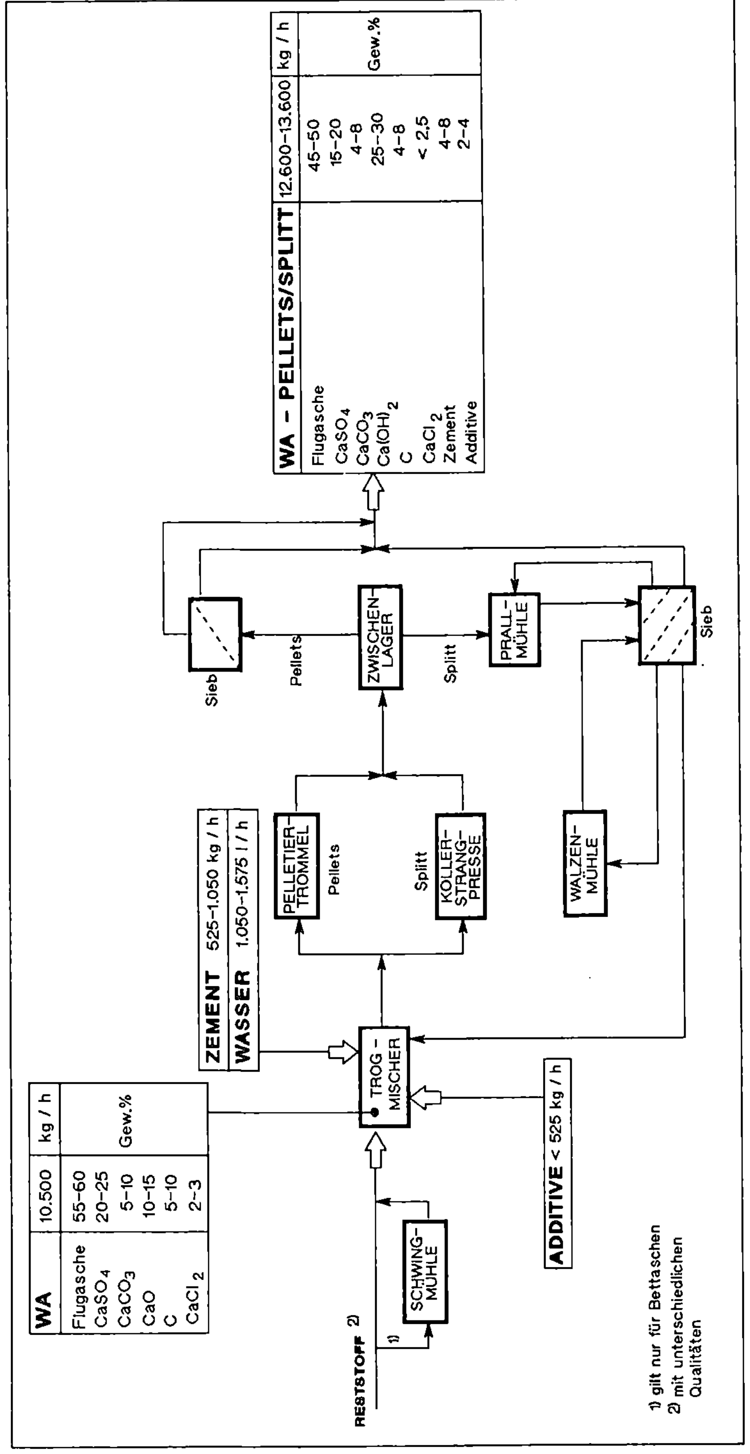

Abbildung 21: Aufbereitung und Stoffströme des technischen Entsorgungsweges WA 2

Tabelle 20: Apparateliste der Aufbereitung des technischen Entsorgungsweges WA 2

Apparate	Durchsatz	install. Kapazität
Schwingmühle	ca. 3 t/h	4 t/h
Trogmischer	12,6 - 13,6 t/h	18 t/h
bei Pelletisierung :		
Pelletisiertrommel	12,6 - 13,6 t/h	8 - 20 t/h
Sieb	12,6 - 13,6 t/h	0 - >13,6 t/h
bei Splittherstellung :		
Kollerstrangpresse	12,6 - 13,6 t/h	2 x 2,5 - 9 t/h
Prallmühle	12,6 - 13,6 t/h	0 - >13,6 t/h
Sieb	12,6 - 13,6 t/h	0 - >13,6 t/h
Walzenmühle	< 3 t/h	0 - > 5 t/h
Lagerung :		
Silos	-	insg. ca. 600 m^3
Halle	-	insg. ca. 1.100-1.200 m^3
Förderung :	Förderlängen:	
pneumatisch	100-150 m	variabel
mechanisch	150-200 m	variabel
Radlader	-	variabel

Aufbereitung des technischen Entsorgungsweges WA 3

Aus dieser Aufbereitung resultieren zwei Aschequalitäten, die sich, wie Abbildung 21 verdeutlicht, primär im Anteil an Kohlenstoff stark unterscheiden. Die zur Aufbereitung notwendigen Apparate enthält Tabelle 20.

Die Ausstattung entspricht in technischer Hinsicht, mit Ausnahme der Aufmahlung von Wirbelschicht-Bettasche und des Fehlens einer Sichtung und/oder Aufmahlung der C-armen Fraktion, vollständig derjenigen von RFA 3.

Die Berechnung der Stoffströme erfolgt unter der Annahme, daß die Flotation von WA nach entsprechender Verfahrensoptimierung und Chemikalienwahl/-dosierung prinzipiell erfolgreich verläuft[109].

Bei der Konditionierung des Reststoffes gehen CaO und $CaCl_2$ vollständig in Lösung, was im Gegensatz zu RFA zu einer starken Erhöhung des pH-Wertes führt (durch Lösung von CaO). Aus diesem Grund ist mit einer vergleichbaren Schwermetallmobilisation nicht zu rechnen.

---

[109]In dem einzigen bekannten Fall der Flotation von WA führte diese Art der Aufbereitung nicht zum Erfolg (Steinmüller, 1989; Anhang 1). Die dafür maßgeblichen Gründe sind nicht bekannt, da weitergehende Untersuchungen nicht stattfanden.

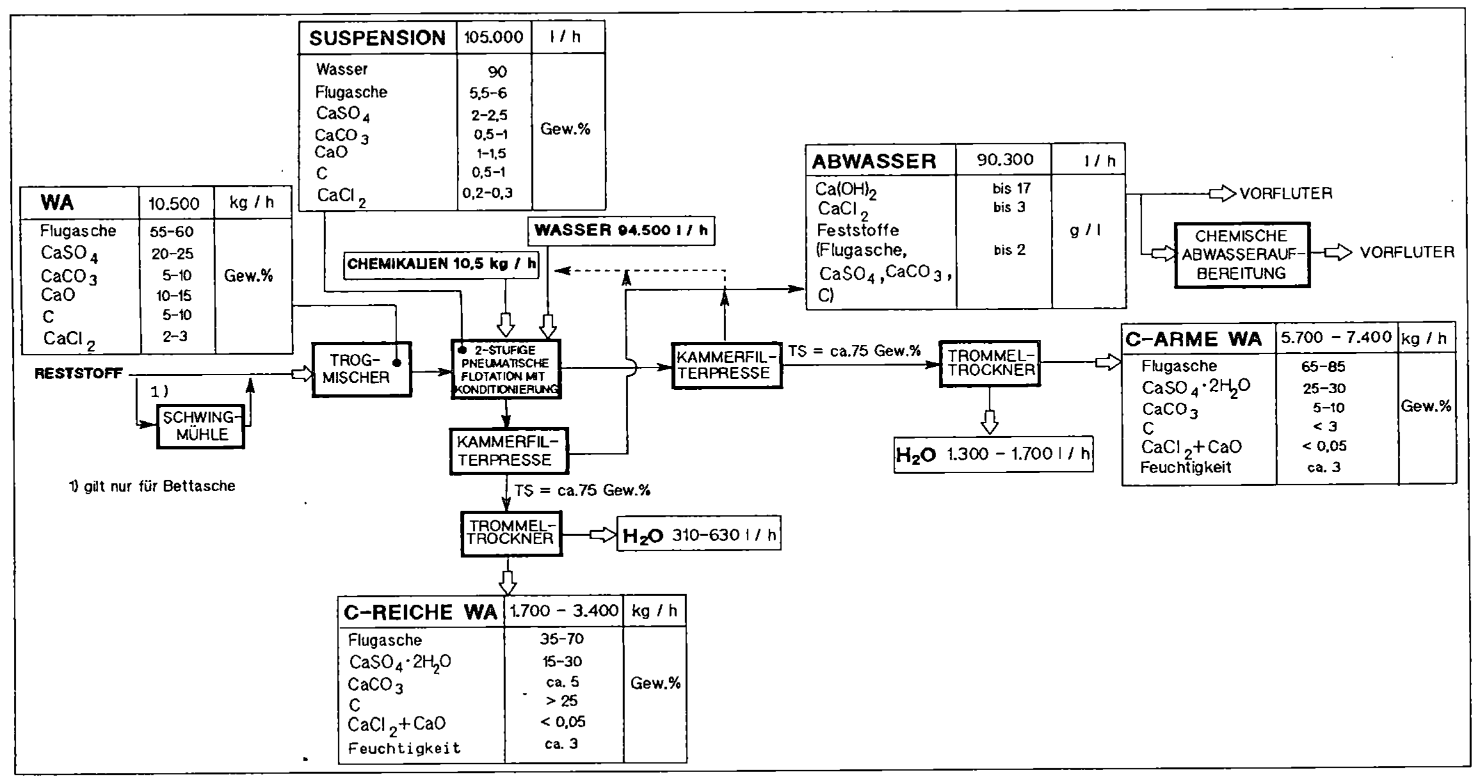

Abbildung 22: Aufbereitung und Stoffströme des technischen Entsorgungsweges WA 3

Gleichermaßen wurde zur Berechnung der Stoffströme angenommen, daß die Trennung eine Reduktion des C-Gehaltes im Flotat auf unter 3 Gew.-% ermöglicht (bezogen auf die Trockensubstanz). Die getrockneten Fraktionen enthalten daher rechnerisch <3 Gew.-% bzw. >25 Gew.-% Kohlenstoff sowie 65 - 85 bzw. 35 - 75 Gew.-% Asche. Im Reststoff enthaltenes $CaSO_4$ (in Form von Gips, da der im unaufbereiteten Reststoff enthaltene Anhydrit während der Flotation hydratisiert) und $CaCO_3$ spalten sich in etwa zu gleichen Teilen auf die beiden Fraktionen auf.

Tabelle 21: Apparateliste der Aufbereitung des technischen Entsorgungswegen WA 3

Apparate	Durchsatz	install. Kapazität
Schwingmühle	ca. 3 t/h	4 t/h
Trogmischer	10,5 t/h	18 t/h
pneumatische Flotation	10,5 t/h[1]	0 - >10,5 t/h[1]
4 Pressen (C-arme RFA)	ca. 6 - 8 t/h[1]	4 x 2,5 t/h[1]
Trockner	< 6 - 8 t/h[1]	0 - > 8 t/h[1]
2 Pressen (C-reiche RFA)	ca. 2 - 4 t/h[1]	2 x 2,5 t/h[1]
Trockner	< 2 - 4 t/h[1]	0 - > 4 t/h[1]
Lagerung :		
Silos	-	insg. ca. 800 m^3
Förderung :	Förderlängen:	
pneumatisch	100 - 150 m	variabel

[1]Feststoff

Gelöstes CaO und $CaCl_2$ gelangen mit dem Flotationsabwasser in den Vorfluter oder in eine chemische Abwasseraufbereitung. Welche Variante letztendlich zum Einsatz kommt und ob das Brauchwasser in die Flotation rückführbar ist, hängt von der Konzentration an Schwermetallen und Salzen ab[110].

Das Mengenverhältnis von C-armer zu C-reicher WA beträgt ca. 2 - 3. Verglichen mit dem unaufbereiteten Reststoff reduziert sich die Reststoffmenge durch die Auswaschung löslicher Anteile (CaO und $CaCl_2$) in Summe um 12 - 18 Gew.-%.

Der C-reiche Anteil kann, damit eine Deponierung vermieden wird, nach der Trocknung als Zusatzbrennstoff bei Großfeuerungen eingesetzt werden. Zu beachten ist aber auf jeden Fall der relativ hohe Gehalt an Sulfat mit möglichen Auswirkungen auf die Emission und Rauchgasreinigung von Großfeuerungsanlagen.

---

[110]Ausschlaggebend für die im Flotationsabwasser gelöste Menge an Schwermetallen ist, neben ihren Gehalten im Reststoff, vor allem dessen pH-Wert. Dieser wiederum steigt mit der Menge an gelöstem CaO. Ein hoher pH-Wert hat die Ausfällung der meisten Schwermetalle in Form kolloidaler Hydroxide zur Folge. Diese werden wahrscheinlich schon bei der Entwässerung der Fraktionen mit abgetrennt, so daß nur noch geringe Anteile im Brauchwasser zurückbleiben.

5.4.4 Stoffbilanzen der Aufbereitungen für Sprühabsorptionsreststoffe (SAR) und Calciumsulfit-/Calciumsulfatschlämme (KWR)

Aufbereitung des technischen Entsorgungsweges SAR 1/KWR 1

Gemäß Abbildung 23 sollen beide Reststoffe zur Verwertung homogenisiert werden. Dazu sind die in Tabelle 22 bezeichneten Aggregate erforderlich.

Tabelle 22: Apparateliste der Aufbereitung des technischen Entsorgungswegen SAR 1/KWR 1

Apparate	Durchsatz		install. Kapazität	
	SAR	KWR	SAR	KWR
Bandfilter	-	2,5 m³/h	-	2,5 m³/h
Stromtrockner	-	1,2-1,7 t/h	-	ca. 2 t/h
Trogmischer	9 t/h	1-1,5 t/h	9 t/h	ca. 4 t/h
Lagerung :				
Silos	-	-	insg. ca. 900m³	insg. ca. 100m³
Halle	-	-	-	insg. ca. 250m³
Förderung :	Förderlänge:	Förderlänge:		
pneumatisch	100 - 150m	50 - 100m	variabel	variabel

Im Unterschied zu den Aufbereitungen der übrigen Reststoffe kann die Lagerung von KWR vor der Aufbereitung erst nach Entwässerung und Trocknung erfolgen[111]. Entsprechend beträgt der Produktaustrag nur zwischen 40 und 60 Gew.-%, bezogen auf den unaufbereiteten Reststoff. Als Option würde sich darüber hinaus noch die Möglichkeit ergeben, beide Reststoffe zu vermischen, oder, wenn notwendig, jeweils Korrekturstoffe, z. B. in Form von Naturgips, REA-Gips oder Kalk zuzusetzen.

---

[111]Ob zusätzlich eine chemische Abwasserbehandlung installiert werden muß, hängt wie bei WA 3 von der Konzentration an im Abwasser gelösten Schwermetallen ab.

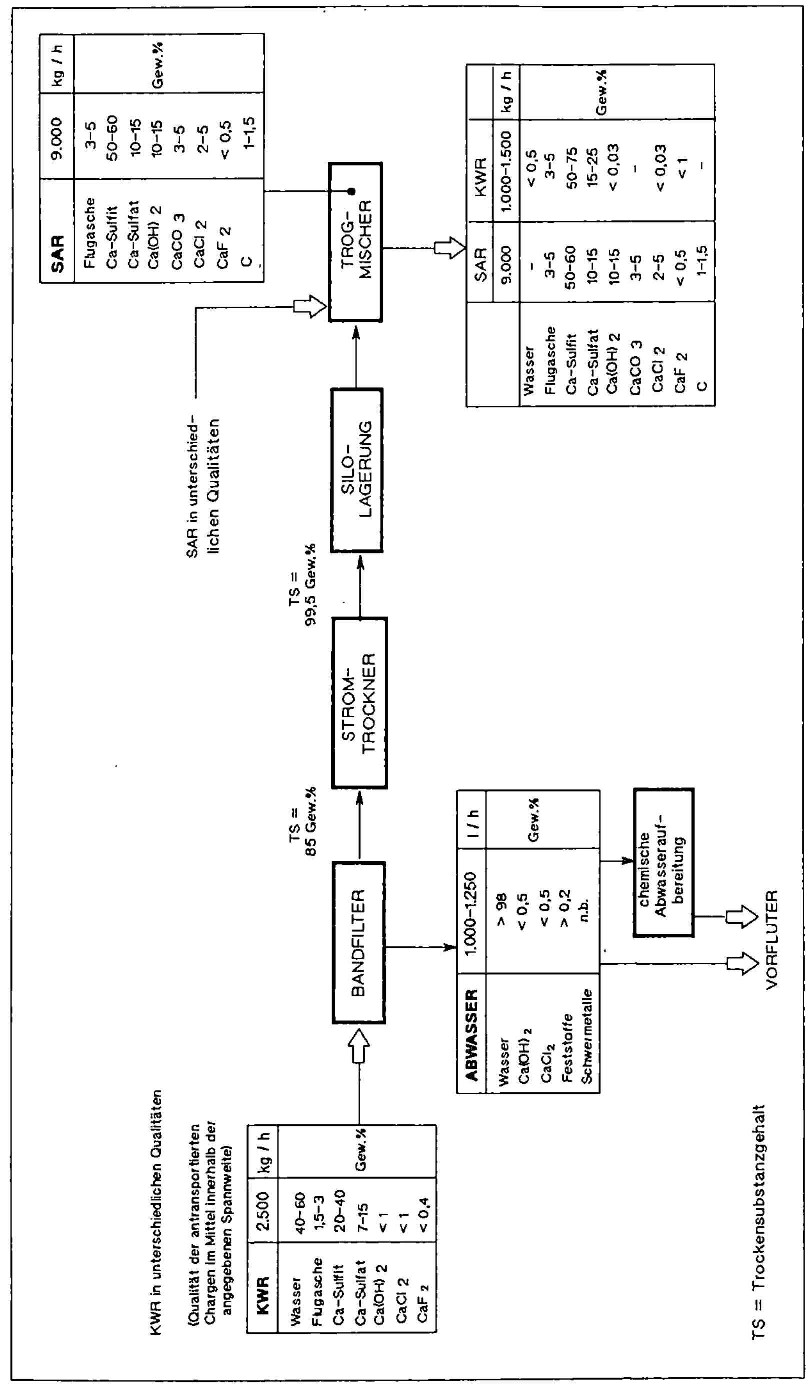

Abbildung 23: Aufbereitung und Stoffströme des technischen Entsorgungsweges SAR 1/KWR 1

Aufbereitung des technischen Entsorgungsweges SAR 2/KWR 2[112]

Dieser Entsorgungsweg führt zu technischem Anhydrit, wofür die in Abbildung 24 verdeutlichte Anlagenkonzeption notwendig ist. Tabelle 23 enthält die Apparatedurchsätze.

Die einzige in der Bundesrepublik installierte Oxidationsanlage (am Heizkraftwerk Nürnberg-Sandreuth) zur Erzeugung von technischem Anhydrit beinhaltet im Vergleich zu der in Abbildung 24 präzisierten Anlage nur einen Wirbelbettreaktor, zusätzlich aber aufgrund des im Reststoff verbliebenen Chlorids einen Sprühabsorber sowie Entstaubungseinrichtungen.

Eine Besonderheit dieser Anlage ist, daß der Wirbelbettreaktor und damit auch die übrigen Anlagenteile nur im 3-Schichtbetrieb gefahren werden können. Dementsprechend sind die notwendigen Lagerkapazitäten anzupassen. Sofern ein Betriebsintervall von ca. zwei Monaten eingehalten wird, liegt die maximal notwendige Lagerkapazität im Falle von SAR bei schätzungsweise 10.000 m^3. Aufgrund der für KWR vor der Lagerung notwendigen Entwässerung wird dessen Lagerbedarf auf etwa 1.000 m^3 festgelegt. Aus Kostengründen ist für beide Reststoffe bei diesen notwendig großen Kapazitäten sowohl vor als auch nach der Aufbereitung die Hallenlagerung einer Silolagerung vorzuziehen.

Das aus den Entwässerungs- und Waschvorgängen resultierende Abwasser mit basischem pH-Wert und bis zu 50 g $CaCl_2$/l (bei SAR) gelangt in eine Abwasseraufbereitung oder wird in den Vorfluter abgegeben[113]. Das ist abhängig von den Gehalten an Schwermetallen, worüber jedoch keine Angaben möglich sind. In den auf ca. 15 Gew.-% Restfeuchtigkeit entwässerten Reststoffen können die Konzentrationen an $Ca(OH)_2$ und $CaCl_2$ im Bereich von unter 300 mg/l angenommen werden.

Die eigentliche Reststoffumwandlung bzw. die Oxidation des Ca-Sulfits und die Entwässerung des Gipses zu Anhydrit erfolgt nach der Trocknung in einem Wirbelbettreaktor bzw. Calcinierungsofen. In zwei Wirbelschichtbetten werden die Reststoffe auf über 750 °C erhitzt, Ca-Sulfit wird durch Luftsauerstoff oxidiert. Gleichzeitig wird auch Gips entwässert.

---

[112]Nach Angaben des Herstellers des Wirbelbettreaktors (Fläkt, Anhang 1) ist die Aufbereitung von KWR bei diesen geringen Reststoffmengen nicht mehr sinnvoll, weil aus technischen Gründen die Kapazität des Wirbelbettreaktors minimal bei 3 t/h liegen muß. Aufgrund der Zusammensetzung von KWR und der deshalb notwendigen Wasserabtrennung kann der Reaktor jedoch nur mit maximal 2,5 t/h beschickt werden. Dieser technische Entsorgungsweg steht deshalb für die Bewertung und Auswahl nicht mehr zur Verfügung (gilt nur für KWR). In welcher Weise sich trotzdem Möglichkeiten durch eine Zusammenlegung von Aufbereitungen ergeben, ist Thema von Kapitel 7.

[113]Durch eine chemische Abwasseraufbereitung ist Chlorid nicht abtrennbar. Das ist durch Eindampfung des gesamten Abwasserstromes möglich.

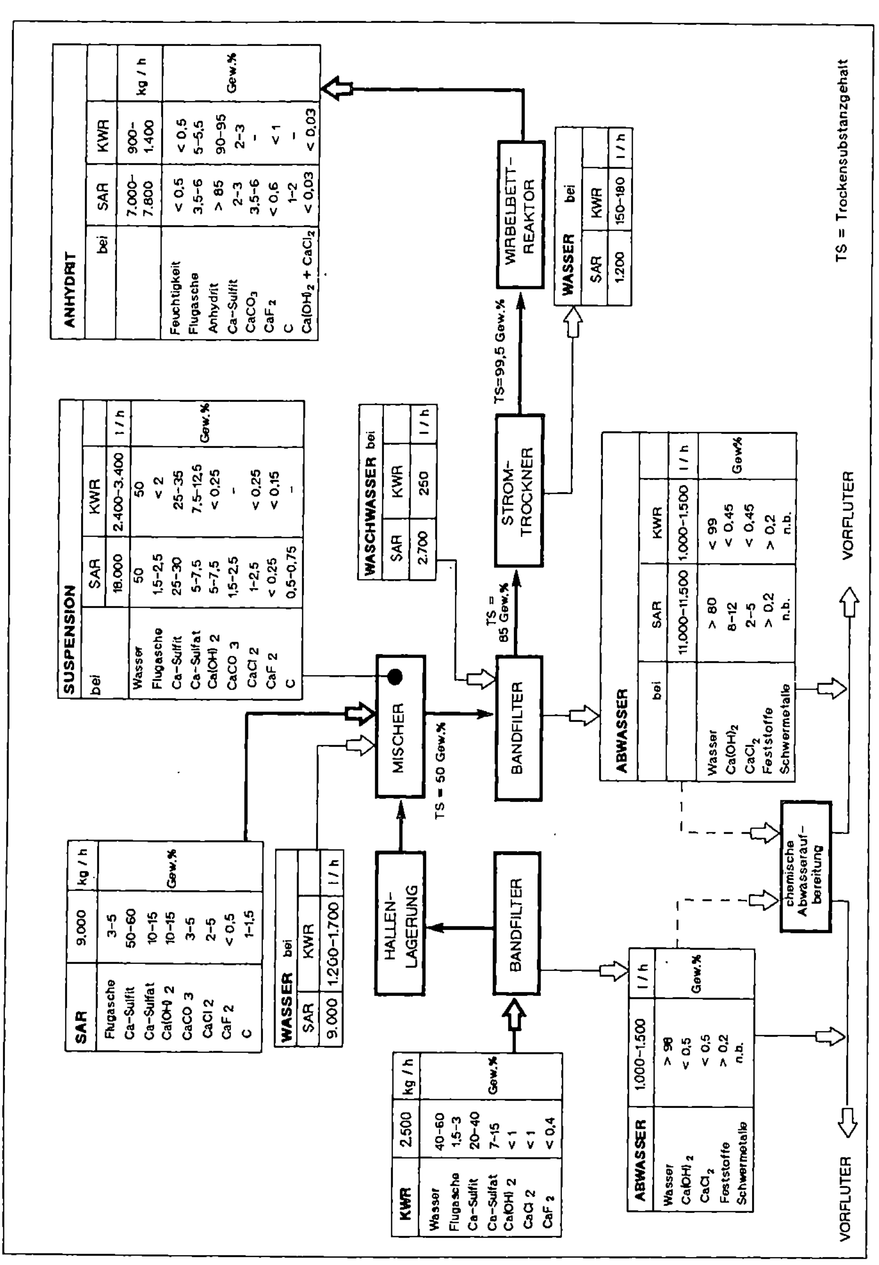

Abbildung 24: Aufbereitung und Stoffströme des technischen Entsorgungsweges SAR 2/KWR 2

Der resultierende Anhydrit hat einen rechnerischen Reinheitsgrad von bis zu 95 Gew.-% mit Restfeuchten <0,5 Gew.-%. Der verbliebene Sulfitanteil ist gering. Bei SAR liegt der Produktaustrag wegen der Auswaschung löslicher Inhaltsstoffe und den Umwandlungsreaktionen bei ca. 70 - 90 Gew.-%, bezogen auf das Ausgangsprodukt. Für KWR sind es hingegen 90 - 95 Gew.-%.

Tabelle 23: Apparateliste der Aufbereitung des technischen Entsorgungsweges SAR 2/KWR 2

Apparate	Durchsatz		install. Kapazität	
	SAR	KWR	SAR	KWR
Bandfilter	-	2,5 m^3/h	-	2,5 m^3/h
Mischer	18 m^3/h [1]	2,4-3,4 m^3/h [1]	20 m^3/h [1]	20 m^3/h [1]
Bandfilter	18 m^3/h [1]	ca. 2,4-3,4 m^3/h [1]	2 X 10 m^3/h [1]	1 X 5 m^3/h [1]
Stromtrockner	ca. 8,3 - 9 t/h [2]	ca. 1,2-1,7 t/h [2]	ca. 11 t/h [2]	ca. 2 t/h
Wirbelbettreaktor	ca. 7,2 - 7,9 t/h	ca. 1 - 1,4 t/h	10 t/h	2,5 t/h
Lagerung :				
Halle	-	-	insg. ca.10.000m^3	insg. ca. 1.500m^3
Förderung :				
mechanisch[3]	-	-	variabel	variabel

[1] Feststoffanteil = 50 Gew.%
[2] Feststoffanteil = 85 Gew.%
[3] Radlader; Transport von Halle zum Mischer

Aufbereitung des technischen Entsorgungsweges SAR 3/KWR 3

Gemäß der Abbildung 25 kann mit Hilfe dieser Aufbereitung REA-Gips mit hohem Reinheitsgrad hergestellt werden. Dieser ist in seiner Zusammensetzung mit REA-Gips aus Großfeuerungsanlagen vergleichbar. In Tabelle 24 sind die Aggregatdurchsätze zusammengestellt.

Wegen der für die Gipsbildung notwendigen chemisch-mineralogischen Reaktionen besteht die Aufbereitung aus folgenden Teilschritten, die zeitlich teilweise parallel ablaufen:

- Ansetzen einer Reststoffsuspension mit Wasser und Schwefelsäure,

- Auflösen der löslichen Ca-Minerale, Oxidation des Sulfits zu Sulfat,

- gleichzeitig Ausfällen von Gips und Züchtung gröberer Kristalle,

- Abtrennen von Gips und Flugasche/Kohlenstoff aus der Suspension und

- Entwässern der Fraktionen, Trocknen und Kompaktieren.

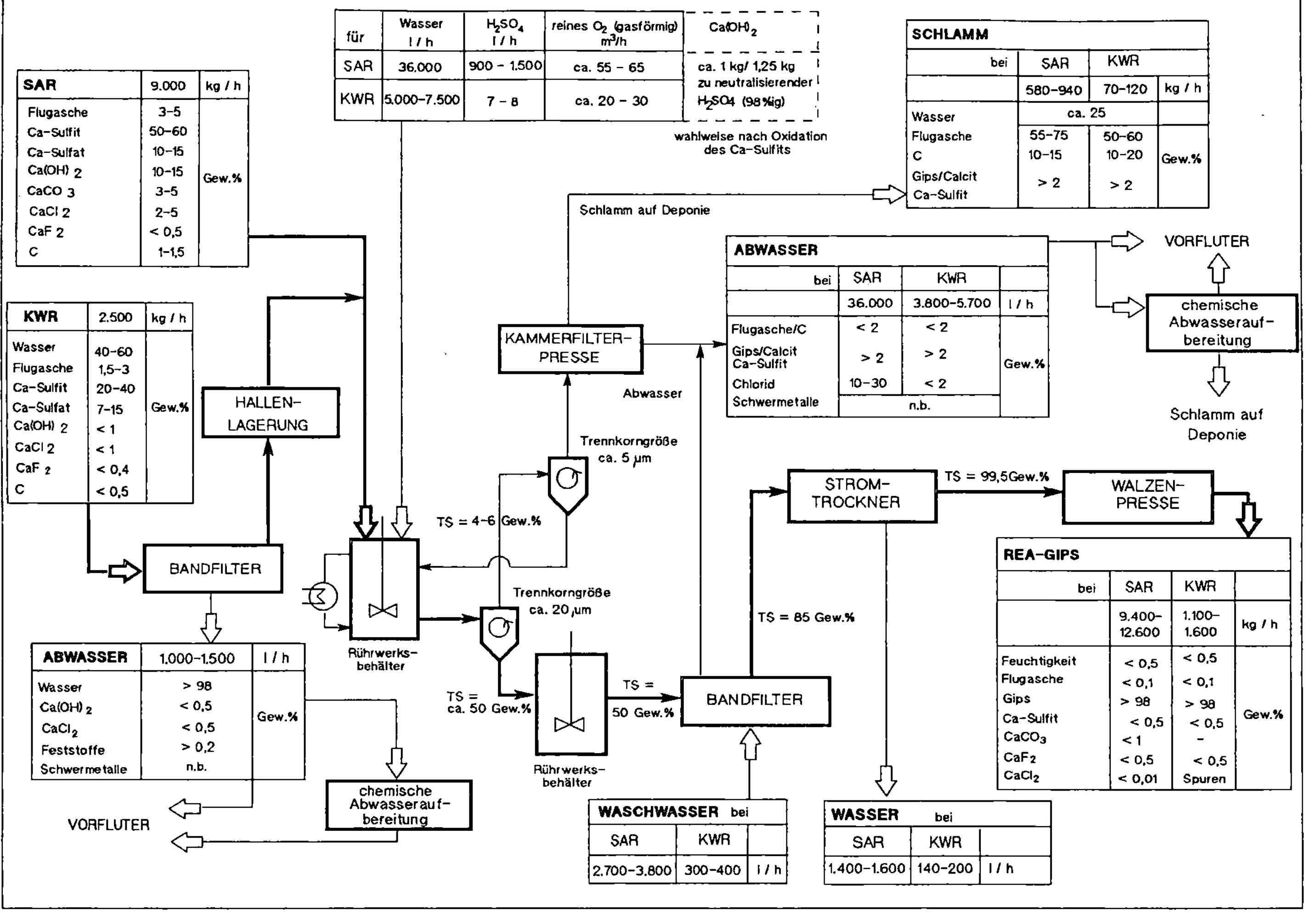

Abbildung 25: Aufbereitung und Stoffströme des technischen Entsorgungsweges SAR 3/KWR 3

Da die Leistungsfähigkeit der Aufbereitung und damit die Qualität des Gipses in großem Maße von den ersten vier Teilschritten bzw. von der Dauer der dazu notwendigen Reaktionen abhängt, muß die Gesamtaufbereitung diskontinuierlich ablaufen, wobei ein zweiter Rührwerksbehälter als Schnittstelle zwischen den zwei Teilschritten dient.

Im ersten Rührwerksbehälter/Oxidator werden eine Reststoffsuspension (Feststoffanteil = 20 Gew.-%) unter Zugabe von konzentrierter Schwefelsäure angesetzt und in einem ersten Reaktionsschritt $CaCO_3$, $Ca(OH)_2$ und $CaCl_2$ aufgelöst[114]. Gemäß einem notwendigen H_2SO_4-Überschuß stellt sich danach ein pH-Wert von 3,5 - 4,5 ein und bewirkt die Auflösung des Ca-Sulfits[115], welches nach Oxidation zu Sulfat ebenfalls zu Gips reagiert. Diese Umsetzungen sind mit Hilfe folgender Reaktionsgleichungen (nicht stöchiometrisch) darstellbar, wobei die ersten beiden beispielhaft die Umsetzung von $CaCO_3$ und die übrigen diejenigen des Ca-Sulfits betreffen:

$$H_2SO_4 \longrightarrow 2H^+ + SO_4^{2-}$$

$$SO_4^{2-} + 2H^+ + Ca^{2+} + OH^- \longrightarrow CaSO_4 \cdot 2H_2O$$

$$CaSO_3 \cdot \tfrac{1}{2}H_2O + H^+ \longrightarrow Ca^{2+} + H^+ + HSO_3^-$$

$$Ca^{2+} + H^+ + HSO_3^- + O_2 \longrightarrow Ca^{2+} + SO_4^{2-} + 2H^+$$

$$Ca^{2+} + SO_4^{2-} + 2H^+ + H_2O \longrightarrow CaSO_4 \cdot 2H_2O$$

Parallel zur Gipskristallisation geht ständig feinteiliger Gips wieder in Lösung. Diese Gleichgewichtsreaktionen verlagern sich aber aus reaktionskinetischen, thermodynamischen und kristallchemischen Gründen letztendlich auf die Seite der Gipsbildung[116].

Neben Anforderungen der Verwerter an eine Mindestkorngröße von Gips ist für die Aufbereitung der hier behandelten Reststoffe von Bedeutung, daß definierte Korngrößenunterschiede zwischen Gips einerseits sowie den feinteiligen Flugasche- und Kohlenstoffpartikeln andererseits bestehen müssen und dementsprechend die nachfolgende Trennung dieser Fraktionen mittels Hydrozyklonen erfolgreich verläuft. Eine kontinuierliche Fahrweise mit gleichzeitiger

---

[114]Parallel dazu reagieren die freigesetzten Ca^{2+}-Ionen mit dem SO_4^{2-} aus der Dissoziation der Schwefelsäure unter Wasserverbrauch zu Gips.

[115]Es bildet sich ein HSO_3^--Ion, welches durch O_2-Zufuhr zu SO_4^{2-} oxidiert. Dieser Vorgang ist exotherm und erfordert daher die Kühlung des Rührwerksbehälters.

[116]Da nicht anzunehmen ist, daß die Fällung vollständig bis zur Löslichkeitsgrenze von Gips (2 g/l) verläuft, ist wahlweise - auch zur Anhebung des pH-Wertes und zur Vermeidung einer Abwasseraufbereitung - nach abgeschlossener Gipsbildung eine Zugabe von Kalkmilch anzustreben, welche überschüssige Schwefelsäure durch zusätzliche Gipsbildung neutralisiert.

Reststoffzugabe in den Rührwerksbehälter und Abzug der Gipssuspension ist daher nicht möglich.

Tabelle 24: Apparateliste der Aufbereitung des technischen Entsorgungsweges SAR 3/KWR 3

Apparate	Durchsatz		install. Kapazität	
	SAR	KWR	SAR	KWR
Bandfilter	-	2,5 m^3/h	-	2,5 m^3/h
1. Rührwerksbehälter/	272 - 275 m^3 [1]	12 - 15 m^3 [1]	ca.350 m^3	ca.15 - 20 m^3
Oxidator				
1. Hydrozyklonbatterie	90 - 92 m^3/h [2]	3 - 5 m^3/h [2]	2 X 19 m^3/h	1 X 3,5 m^3/h
(Trennkorngröße 20μm)				
2. Hydrozyklonbatterie	66 - 70 m^3/h [2]	2 - 3 m^3/h [2]	5 X 3,5 m^3/h	1 X 3,5 m^3/h
(Trennkorngröße 5μm)				
2. Rührwerksbehälter	75 - 100 m^3 [2]	3 - 6 m^3 [2]	ca. 80 - 135 m^3	ca. 45 - 85 m^3
Kammerfilterpresse	0,6 - 1 t/h	0,07 - 0,12 t/h	1 t/h	1 t/h
Bandfilter	9,4 - 12,6 m^3/h	1 - 1,6 m^3/h	1 X 10 m^3/h	1 X 2,5 m^3/h
Stromtrockner	10,8 - 14,5 t/h	1,2 - 1,8 t/h	1 X 11 t/h	1 x 2,5 t/h
Walzenpressen	9,4 - 12,6 t/h	1,1 - 1,6 t/h	0 - >12,6 t/h	4,5 t/h
Lagerung :				
Silos	-	-	insg. ca.500 m^3	-
Halle	-	-	insg. ca.750 m^3	insg. ca. 220 m^3
Förderung :	Förderlänge:	Förderlänge:		
pneumatisch	50 - 100 m	50 - 100 m	variabel	variabel
mechanisch	100 - 150 m	100 - 150 m	variabel	variabel

[1] in 12 h
[2] in 4 h (Entspricht der Entleerungszeit des Rührwerkbehälters/Oxidators)

In Abhängigkeit von der gewünschten Gipskorngröße kann die Verweilzeit der Suspension über 10 h betragen. Sofern sich kristallisationshemmende Substanzen in Lösung befinden, ist eine Verlängerung der Verweilzeit unumgänglich.

Nach Beendigung dieses Teils der Aufbereitung werden die Gips- sowie Flugasche/Kohlenstofffraktionen in einem ersten Hydrozyklon voneinander getrennt, wobei die Fraktion <20 μm neben den o. g. Verunreinigungen außerdem noch feinteiligen Gips sowie unreagiertes Ca-Sulfit, $CaCO_3$ und CaF_2 enthalten kann. In einem zweiten Hydrozyklon (Trennkorngröße ca. 5 μm) werden diese Anteile abgetrennt und, da sie größer als 5 μm sind, über den Unterlauf in den Rührwerksbehälter rückgeführt[117].

Der Suspensionsanteil mit der Flugasche und dem Kohlenstoff wird entwässert und gelangt in der Folge auf eine Deponie. Das Filtrat mit geringen Anteilen an Feststoffen sowie Sulfat und Chlorid gelangt in die Abwasseraufbereitung oder wird in den Vorfluter abgelassen.

---

[117]In welcher Form die Kreislaufführung dieser Fraktion und damit deren längere Verweilzeit im System zur Verringerung ihrer Anteile in der Flugasche/Kohlenstofffraktion beiträgt, ist jedoch ungewiß.

Der Unterlauf des ersten Zyklons, der Gips mit der Korngröße >20 μm enthält, mündet in einen zweiten Rührwerksbehälter. Dieser dient als Puffer zwischen Oxidation und Gipsentwässerung, da das Filter mit einer Suspension von definiertem Feststoffanteil beschickt werden muß.

Je nach den Gehalten an löslichen Anteilen in den Reststoffen liegt der Mengenzuwachs durch den Sulfatanteil der Schwefesäure, den O_2-Verbrauch bei der Oxidation und durch den Wasserverbrauch bei der Gipsbildung nach Trocknung bei SAR bei ca. 5 - 40 Gew.-%. Der Mengenzuwachs bei KWR liegt demgegenüber weit unter 10 Gew.-%. In beiden Fällen wird REA-Gips mit einem geschätzten Reinheitsgrad von >95 Gew.-% hergestellt.

Reststoffzusammensetzung, geschätzte Reaktionsdauer sowie Verwertungsanforderungen erlauben nur einen durchgehenden Betrieb der Anlage. Zumindest der Oxidator muß ständig in Betrieb sein. Folgender zeitlicher Ablauf der Aufbereitung kann daher notwendig sein:

- Beschicken (nach längerem Stillstand der Anlage) innerhalb einer Schicht, d. h. Füllen des Oxidators mit Wasser und Reststoffen; gleichzeitig Dosierung der Schwefelsäure bis zur Auflösung des Ca-Sulfits.

- Anschließend Oxidation und Kristallzüchtung bis zum Beginn der gleichen Schicht des nächsten Tages. Innerhalb dieser Schicht zusätzlich Ausschleusung der Suspension über die Hydrozyklone sowie nächste Beschickung des Oxidators; gleichzeitig Betrieb der Filterpresse.

- Behandlung der nächsten Charge wie vorher. Parallel zum Betrieb des Oxidators kann aus dem gefüllten zweiten Rührwerksbehälter das Filter beschickt werden. Dieser Vorgang muß bis zur Entleerung des Oxidators abgeschlossen sein.

- Trocknung und Kompaktierung des Gipses im Takt der Entwässerung.

Aufbereitung des technischen Entsorgungsweges SAR 4/KWR 4

Das Ziel dieser Aufbereitung liegt darin, Calciumsulfat-α-Halbhydrat zu gewinnen, indem die Reststoffe in einer ersten Stufe gemäß SAR 3/KWR 3 in Gips umgewandelt und anschließend in einem zweiten Schritt zu α-Halbhydrat umkristallisiert werden[118]. Dementsprechend sind die notwendigen Aufbereitungsschritte und Stoffströme mit Ausnahme der Umkristallisation mit denjenigen von SAR 3/KWR 3 nahezu identisch. Im Vergleich zur Einbringmenge variie-

---

[118]Wie bereits erwähnt ist bei Salzgitter (1989; Anhang 1) in Überlegung, die Oxidation in einem Autoklaven durchzuführen.

ren die Ausbringmengen bei SAR zwischen -10 und +15 Gew.-% und bei KWR zwischen -10 und -15 Gew.-%, die mögliche Verfahrenskonzeption enthält Abbildung 16.

6 BEWERTUNG UND AUSWAHL TECHNISCHER ENTSORGUNGSWEGE

6.1 AUSWAHL DER BEWERTUNGSKRITERIEN

Die Wahl der Bewertungskriterien soll die Voraussetzung dafür schaffen, daß aus den in den vorigen Kapiteln konzipierten technischen Entsorgungswegen für jeden Reststoff diejenige Alternative ausgewählt werden kann, die eine *Verwertung langfristig gesichert ermöglicht*. Das ist nur unter Beachtung folgender Nebenbedingungen erreichbar:

- geringstmögliche Umweltbelastung durch Emissionen (fest und flüssig[119]) bei der Aufbereitung und Verwertung und

- geringstmögliche spezifische Gesamtkosten für die Entsorgungswege (DM/t Reststoff) (Die Angabe in Form der spezifischen Gesamtkosten ist deshalb möglich, da die pro Jahr zu verwertende Reststoffmenge für alle technischen Entsorgungswege eines Reststoffes konstant ist.).

Für die Bewertung und Auswahl ist es erforderlich, einen technischen Entsorgungsweg zu teilen, und zwar in die Komponenten "*Aufbereitung*" und "*Verwertung*". Beide Teile werden getrennt voneinander bewertet, gehen aber gleichmäßig in die Gesamtbewertungen ein. Die Bewertung wird mit Hilfe

- verwertungsrelevanter,

- ökologischer,

- ökonomischer und

- technischer

Parameter erfolgen, und zwar mit der in Tabelle 25 zusammengefaßten Kriterienliste. Es wird deutlich, daß die Kriterien für die Aufbereitung (Technik, Kosten, Emissionen) eher allgemeingültiger Art sind, wohingegen diejenigen der

---

[119]Gasförmige Emissionen (SO_2, NO_x etc.) bei der Aufbereitung durch Energieeinsatz bleiben unberücksichtigt.

Verwertung (Verwertungspotential, Emissionen, Erlöse) im wesentlichen landesspezifischen/regionalen Charakter haben und dementsprechend von Land zu Land (der Bundesrepublik) unterschiedlich ausgeprägt sein können.

Tabelle 25: Bewertungskriterien zur Auswahl technischer Entsorgungswege

Kriterien	
allgemein gültig	landesspezifisch/regional
- Entwicklungsstand der Reststoffaufbereitung	- verfügbares Verwertungspotential in Baden-Württemberg
- Leistungsfähigkeit der Reststoffaufbereitung	- Abhängigkeit der Verwertung von der -Rohstoffsituation
- Umweltbelastungspotential der Aufbereitung (Anteil pro t Reststoff, der ausgeschleust wird)	-Rezeptur -Brennstoffart -Geologie -keine Relevanz
- Verwertungsfaktor	- Umweltbelastungspotential der Verwertung
- Kosten der Reststoffaufbereitung	
- Erlös des aufbereiteten Reststoffes	
- Stand der Reststoffverwertung	

Im Hinblick auf die Bewertung unter ökologischen Gesichtspunkten werden die Kriterien

- Umweltbelastungspotential der Aufbereitung[120],

- Umweltbelastungspotential der Verwertung sowie

- Verwertungsfaktor

in einem neu definierten **Umweltfaktor des Entsorgungsweges** (U_{EW}) als Sammelkriterium zusammengefaßt. Dieser Umweltfaktor dient als Maß für die ökologische Güte eines Entsorgungsweges. Desgleichen werden die Kriterien

---

[120]Das Umweltbelastungspotential der Aufbereitung muß unterteilt werden in **primäre** Belastung durch direkten Stoffeintrag (z. B. lösliche Reststoffanteile) in Boden und Wasser sowie in **sekundäre** Belastung, welche sich durch Energie- und Ressourcenverbrauch (z. B. zur Aufbereitung notwendige Roh und- Zusatzstoffe) ausdrücken läßt. Strom- und Wärmebedarf der Aufbereitungen bewirken zwangsläufig zusätzliche Emissionen beim Einsatz fossiler Brennstoffe. Für die Bewertung hinsichtlich dieses Kriteriums wird jedoch nur die **primäre** Belastung beachtet.

- Kosten der Reststoffaufbereitung und

- Erlös aus dem aufbereiteten Reststoff

zum Sammelkriterium **Kosten des Entsorgungsweges** kombiniert. Der augenblickliche Stand des Wissens läßt jedoch nicht zu, alle in der Tabelle 25 angegebenen Kriterien zu quantifizieren. Daher können folgende Kriterien im Rahmen dieser Arbeit nur qualitativ berücksichtigt werden:

- Entwicklungsstand der Aufbereitung,

- Leistungsfähigkeit der Aufbereitung und

- Stand der Reststoffverwertung (Verwertungssicherheit)[121].

Da die hier konzipierten Aufbereitungen für diese Art von Reststoffen z. Zt. nicht existieren und dementsprechende Ergebnisse nicht vorliegen, wird ihre Funktionsfähigkeit vorausgesetzt. Hinsichtlich der Leistungsfähigkeit ist daher davon auszugehen, daß die Anforderungen der Verwertungsoptionen in bezug auf die stoffliche Zusammensetzung der aufbereiteten Reststoffe im vorgegebenen Rahmen (gemäß den Zusammensetzungen nach Aufbereitung in Kap. 5.4) in der Regel erfüllt werden. Sollten jedoch schon heute ähnliche oder vergleichbare Aufbereitungen existieren, wird dies bei der Bewertung entsprechend berücksichtigt.[122]

Der Stand der Reststoffverwertung ist so zu beurteilen, daß die gesamte Anfallmenge der relevanten Reststoffe aus den Bereichen GFAVO und TA Luft in Baden-Württemberg z. Zt. deponiert werden muß. Eine Verwertung findet also nicht statt. Jedoch existieren in anderen Bundesländern erste Ansätze einer Verwertung von entsprechenden Reststoffen aus dem Bereich der GFAVO, u. a. nach einer Aufbereitung. Das gilt für kompaktierte WA und den Einsatz als Betonzuschlag oder für SAR als Erstarrungsregler in Zement nach einer Oxidation zu technischem Anhydrit. Diese Situation wird ebenfalls bei der Bewertung und Auswahl berücksichtigt und darüber hinaus auch bei der Berechnung der Verwertungspotentiale vermerkt. Sofern mehrere TEW eines Reststoffes vor allem hinsichtlich des Umweltfaktors aber auch der Aufbereitungskosten vergleichbar sind, ist es also durchaus möglich, daß derjenige TEW ausgewählt wird, für den schon praktische Ansätze bei der Verwertung existieren.

---

[121]Welche Parameter diesbezüglich eine Rolle spielen, ist in Kapitel 6.2.3.2 erläutert.
[122]Darüber hinaus sind in Kapitel 5.3 bei der Auswahl der relevanten Verfahrenstechniken der Stand der Entwicklung und die technische Reife jeweils angesprochen.

Die verbliebenen Kriterien sind im Hinblick auf das Ziel der Auswahl nicht gleichgewichtig. Aufgrund der geforderten langfristig sicheren Verwertung zählt das Kriterium **verfügbares Verwertungspotential** als Ausschlußkriterium. Sofern die für einen technischen Entsorgungsweg relevanten Verwertungsoptionen ein geringeres als in Tabelle 31 festgelegtes notwendiges theoretisches minimales Verwertungspotential aufweisen, wird dieser Entsorgungsweg gesperrt. Darüber hinaus ist zu beachten, daß in einigen Fällen schon eine Potentialabschätzung kaum möglich ist. Gründe dafür liegen im landesspezifischen Kriterium **Abhängigkeit der Verwertung von**

- .der Rohstoffbasis von Verwertern,

- Rezepturen von Produkten (können von Verwerter zu Verwerter verschieden sein),

- der Brennstoffart (z. B. bei Zementwerken) sowie

- der Geologie der Verwertungsregion (z. B. in bezug auf den Einsatz im Bereich Boden[123]).

Diesbezügliche Abschätzungen müßten jeweils von Fall zu Fall einzeln erfolgen und sind im Rahmen dieser Arbeit nicht möglich. Daher führt eine derartige Situation aufgrund der damit verbundenen *Verwertungsunsicherheit* gleichfalls zum Ausschluß des betroffenen Entsorgungsweges.

Die verbliebenen Sammelkriterien, Umweltfaktor[124] und Kosten des Entsorgungsweges sind dagegen Vergleichskriterien, wobei der in bezug auf die Ausprägung dieser Kriterien jeweils schlechteste TEW gesperrt wird.

Entsprechend diesen Voraussetzungen erfolgt die Auswahl von technischen Entsorgungswegen in drei Schritten:

1. Schritt: Selektion durch Abschätzung des theoretischen Verwertungspotentials (Kapitel 6.2).

---

[123]Hier sind die in Baden-Württemberg stark unterschiedlichen Bodenzusammensetzungen von Bedeutung, bedingt durch geogene und/oder anthropogene Einflüsse.

[124]Es wird nochmals betont, daß die Größe und Ausprägung des Umweltfaktors im wesentlichen nur von der geschätzten und vorgegebenen Zusammensetzung der Reststoffe (lösliche Anteile) vor der Aufbereitung abhängen (vgl. dazu Kap 5.4.1). Bei einer quantitativen und qualitativen Veränderung dieser Zusammensetzungen verbessert (erhöht) oder verschlechtert (erniedrigt) sich der Umweltfaktor.

2. Schritt: Selektion durch Ermittlung und Vergleich der Umweltfaktoren (Kapitel 6.3).

3. Schritt: Selektion durch Ermittlung und Vergleich der Kosten (Kapitel 6.4).

Die Ergebnisse dieser Vorgehensweise sind in Kapitel 6.5 zusammengefaßt.

6.2 REGIONALE POTENTIALE DER RELEVANTEN VERWERTUNGSMÖGLICHKEITEN

Die für eine Auswahl technischer Entsorgungswege sehr wichtige Abschätzung der theoretischen Reststoffeinsatzmengen ist unmittelbar gekoppelt mit den zu substituierenden Rohstoffeinsatzmengen. Im Industriebereich Steine und Erden, d. h. vor allem in der Zement- und Gipsindustrie, ist deren regionale Verteilung direkt mit der geographischen Verteilung der Rohstofflagerstätten identisch[125]. Die einzelnen Produktionsstätten (Werke) in den maßgebenden Bereichen Zement- und Gipsindustrie, aber auch in der Beton- und Baustoffindustrie, verfügen ausnahmslos über eine eigene spezifische und für die Produktart charakteristische Rohstoffbasis.

Die Kenntnis der regionalen Verteilung des Rohstoffeinsatzes kann darüber hinaus erste Anhaltspunkte über zukünftige Stoffströme geben, die mit dem Reststoffeinsatz nach der Aufbereitung verbunden sind. Diesbezügliche definitive Aussagen sind jedoch erst nach einer Standortfindung zugehöriger Aufbereitungsanlagen möglich.

6.2.1 Regionale Verteilung der Rohstoffeinsatzmengen

Zementindustrie

Die Rohstoffbasis für klinkerproduzierende Zementwerke Baden-Württembergs bilden die Kalksteinserien des Unteren und Oberen Muschelkalk (Leimen, Wössingen, Haßmersheim; vgl. dazu Anhang 2) und die des Weißen Jura (Mergelstetten, Blaubeuren/Schelklingen, Allmendingen, Dotternhausen, Gei-

---

[125]Für die Standortverteilung der Betonindustrie sind daneben noch die Faktoren Transport und Lage der Baustellen von Bedeutung.

singen; vgl. dazu Anhang 2). Ergänzende Mengen werden auch aus Vorkommen in Rheinland-Pfalz bezogen.

Die für die Produktion von Ölschiefer- und Traßzement benötigten Rohstoffe werden ebenfalls in Baden-Württemberg abgebaut. Ölschiefer stammt aus dem Schwarzen Jura und wird bei Dotternhausen gewonnen. Hüttensand zur Produktion von Hüttenzement wird demgegenüber von verschiedenen Produzenten auch außerhalb von Baden-Württemberg bezogen.

In Baden-Württemberg sind z. Zt. 5 überregional aktive Unternehmen tätig, die insgesamt 10 Werke betreiben. Wegen der regionalen Verteilung der Lagerstätten konzentriert sich der Produktionsschwerpunkt auf die Gebiete *Heidelberg - Heilbronn - Karlsruhe, Ulm - Heidelberg* und *Schwarzwald - Baar - Heuberg* (vgl. dazu Anhang 2). Bezogen auf den Einsatz von Zementklinker betrug der Rohstoffverbrauch 1989 nach Angaben von ZWS (1990) in den Bereichen

Heidelberg - Heilbronn - Karlsruhe	: ca. 1.500.000 t/a
Ulm - Heidelberg	: ca. 2.800.000 t/a
Schwarzwald - Baar - Heuberg	: ca. 500.000 t/a

Zusätzlich dazu wurden noch *85.000, 150.000 und 10.000 t/a Gips und Anhydrit als Erstarrungsregler* benötigt. Die in den Werken hergestellten Zementarten/-produkte und deren Mengen sind in Tabelle 26 zusammengestellt.

Tabelle 26: Zementwerke und -produkte in Baden-Württemberg (ZWS, 1990)

Werk	Zementart				
	PZ	EPZ	HOZ	TrZ	ÖZ
Leimen	x	x	x	-	-
Haßmersheim	Klinkerwerk				
Lauffen	x	x	x	-	-
Wössingen	x	x	x	-	-
Mergelstetten	x	-	x	x	-
Blaubeuren/ Schelklingen	x	-	-	-	-
Allmendingen	x	-	-	-	-
Dotternhausen	x	-	-	-	x
Geisingen und Kleinkems	x	-	-	-	x
Gesamtmenge (1.000 t/a)	4.300	210	230	15	350

PZ.....Portlandzement; EPZ.....Eisenportlandzement;
HOZ....Hochofenzement; TrZ.....Traßzement;
ÖZ.....Ölschieferzement

Beton- und Baustoffindustrie[126]

In Baden-Württemberg sind etwa 230 Betriebe der Betonindustrie statistisch erfaßt (Tab. 27). Da jedoch nur diejenigen Werke mit mehr als 20 (Fertigungsbetriebe) bzw. 10 Beschäftigten (Transportbeton) gemeldet sind, liegt die tatsächliche Anzahl wesentlich höher. Im Bereich Fertigteile dürften es etwa 300 und im Bereich Transportbeton ca. 350 sein.

Tabelle 27: Betriebe der Beton- und Baustoffindustrie in Baden-Württemberg (ISEBW, 1989)

Produkte der Betriebe	Anzahl der Betriebe
Baustoffe aus Bims	ca. 5
Großformatige Fertigbauteile für Hochbau	ca. 5
Betonwaren (Tiefbau, Sonstige)	ca. 85
Transportbetonbetriebe	ca. 115
Beton- und Betonbaustoffindustrie insg.	ca. 230

Die Standortwahl der **Fertigungsbetriebe** ist geprägt durch die Rohstoffbasen für Sand und Kies sowie durch günstige Transportverbindungen. Daraus ergeben sich Schwerpunkte in den Regionen *Mittlerer Oberrhein, Unterer Neckar und Donau-Iller.*

Im Unterschied dazu sind **Transportbetonwerke**, außer an günstigen Verkehrsbedingungen, vor allem an den Schwerpunkten des Baugeschehens orientiert. Das sind die Regionen *Mittlerer Neckar, Unterer Neckar, Mittlerer Oberrhein und Südlicher Oberrhein.*

Einen guten Überblick über die Betonindustrie gibt der regionalisierte Zementverbrauch, bezogen auf 100 % für Baden-Württtemberg (vgl. dazu Anhang 3). 1989 ergab sich folgende Verteilung (ZSW, 1990):

Mittlerer Neckar	: ca.	23	%
Unterer Neckar	: ca.	15	%
Mittlerer Oberrhein	: ca.	15	%
Südlicher Oberrhein	: ca.	10	%
Übrige Regionen je	: ca.	3 - 8	%

---

[126]Ohne Steineproduktion (Kalksandsteine, Gasbetonsteine, Mauerziegel).

Sofern ein Zementanteil von ca. 300 - 330 kg/m^3 Beton[127] zugrundegelegt wird, resultiert daraus eine Gesamtproduktion von Beton und Baustoffprodukten (ohne Bausteine) in Baden-Württemberg in Höhe von etwa **27 - 38** Mio. t/a (bezogen auf 1989).

Gipsindustrie

In Baden-Württemberg stellen die qualitativ sehr guten Gipse des Mittleren Keuper die wichtigste Lagerstätte dar mit der größten Lagerstättenfläche in Franken, und zwar im Raum *Crailsheim - Schwäbisch Hall - Öhringen*. In dieser Region befindet sich auch der einzige größere Anhydritabbau (Untertage) in Süddeutschland. Daneben existieren noch Gipslagerstätten der gleichen Formation am Oberen Neckar bis in den Raum *Herrenberg*. Die gewinnbaren Vorräte dieses Keupergipses liegen nach vorsichtigen Schätzungen bei über 30 Mio. t. Im unteren Neckartal werden außerdem Gipse der Formation Mittlerer Muschelkalk abgebaut, deren Potential ebenfalls beträchtlich ist (SV, 1986).

Entsprechend verteilen sich die z. Zt. in Baden-Württemberg produzierenden 11 Gipswerke auf 9 Standorte in diesen 3 Regionen (vgl. dazu Anhang 4), deren Rohsteinverbrauch an Gips und Anhydrit[128] sich für 1989 folgendermaßen aufteilt:

Unterer Neckar	: ca. 40.000 t/a
Franken	: ca. 280.000 t/a
Oberer Neckar	: ca. 280.000 t/a

In 7 Werken werden Baugipse, in 2 Gipsbetonplatten und in je einem Werk Gipswandplatten und Gipsfaserplatten hergestellt (Tabelle 28). Eine Produktion von Gipsspanplatten existiert in Baden-Württemberg nicht.

---

[127] 1 m^3 Normalbeton hat je nach Anwendungsbereich eine Dichte von 2 - 2,8 g/cm^3.
[128] Der Anhydritanteil liegt bei 1 - 3 Gew.-%.

Tabelle 28: Gipswerke und -produkte in Baden-Württemberg (BGI, 1990)

Werkstandort	Gipsprodukte		
	Baugipse	Gipskartonpl.	Gipsbauelemente
Neckarzimmern	x	-	-
Schwäbisch Hall	x	-	x
Crailsheim	x	-	-
Satteldorf	-	-	x
Vellberg	x	-	-
Herrenberg - Gültstein	x	x	-
Vöhringen	x	-	-
Trichtingen	x	-	-
Deißlingen	-	x	-
Gesamtgipsmenge (1.000 t/a)	ca. 370	ca. 160	ca. 70

6.2.2 Jahresverlauf der Produktion und wirtschaftliche Entwicklung

Die Produktionen der Zement-, Gips- sowie Beton- und Baustoffindustrie sind zeitlich sehr eng mit dem Absatz auf dem Baumarkt gekoppelt. Dessen Verlauf über das Jahr ist fast ausschließlich witterungsabhängig. Der Baustoffbedarf ist im Winter im Vergleich zum Sommer gering. Insgesamt wirken sich diese beträchtlichen saisonalen Schwankungen auch auf die Produktion von Baustoffen aus, so daß sich die in Abbildung 26 für den Industriebereich Steine und Erden charakteristische Jahresganglinie der Produktion ergibt. Beispielhaft dargestellt ist die Jahresganglinie der Zementproduktion. Jene der Gips- sowie Beton- und Baustoffindustrie weicht nur unwesentlich davon ab.

Es ergibt sich für die Monate *Oktober - Mai* ein Maximum in der Produktion, wobei die prozentualen Anteile der einzelnen Monate an der Jahresproduktion um 10% schwanken. Die minimalen und maximalen Abweichungen von diesem Mittelwert sind bei der Herstellung von Gipsprodukten am größten (VDEW /VGB/BGI, 1986). In den Monaten *Dezember - Februar* sinkt demgegenüber der monatliche Anteil jeweils auf 3 - 4 % (6 % in der Gips- und Beton-/Baustoffindustrie).

Abgesehen von den witterungsbedingten Winter-/Sommerschwankungen ist der Verlauf in den Monaten Juni - August noch von urlaubsbedingten Produktionsrückgängen geprägt. Der Anstieg in den Monaten September und Oktober hängt primär mit verstärkten Fertigstellungen und kurzfristigen Bauentscheidungen vor dem bevorstehenden Winter zusammen. Dieser Einfluß ist in der Gipsindustrie nicht ganz so ausgeprägt.

dungen vor dem bevorstehenden Winter zusammen. Dieser Einfluß ist in der Gipsindustrie nicht ganz so ausgeprägt.

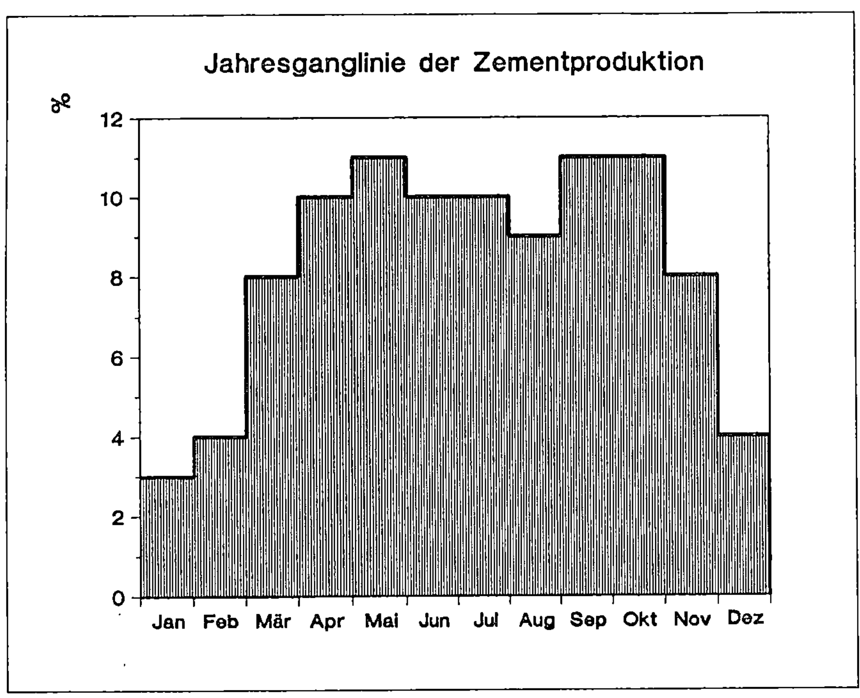

Abbildung 26: Jahresganglinie der Zementproduktion (VDEW/VGB/BGI, 1986)

Entsprechend der positiven Korrelation von jahreszeitlicher Bautätigkeit und Baustoffproduktion ist letztere natürlich auch von der wirtschaftlichen Entwicklung der Bauindustrie abhängig bzw. von Veränderungen des Bauvolumens, welches in Abbildung 27 für den Zeitraum von 1980 - 89 verdeutlicht ist.

Im Gegensatz zu Prognosen aus der Mitte der 80-er Jahre, die von einer zukünftigen und z. T. beachtlichen Schrumpfung des Gesamtvolumens ausgingen (BDZ, 1987), hat sich dieser Trend vor allem in den Jahren 1988 und 1989 nicht bestätigt, in denen eine reale Zunahme zu verzeichnen war. Diese Entwicklung wurde allerdings durch die milde Witterung in den Wintermonaten der letzten Jahre überzeichnet. Der allgemein positive Trend wurde durch alle drei großen Teilbereiche des Baumarktes (Wohnungsbau, Wirtschaftsbau, öffentlicher Bau und Verkehrsbau) getragen, jedoch gingen die größten Impulse vom Wirtschaftsbau aus (BSE, 1989).

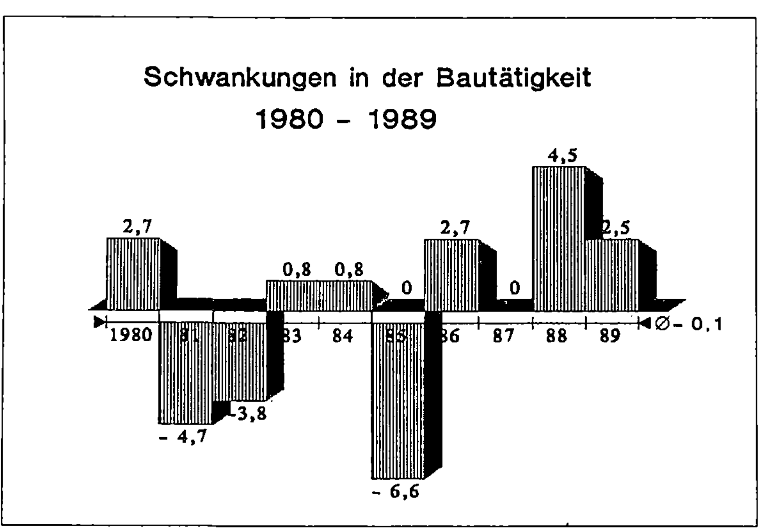

Abbildung 27: Entwicklung der Bautätigkeit im Zeitraum von 1980 - 1989 (BDZ, 1989)

Neben der Abhängigkeit der Rohstoffproduktion vom Gesamtbauvolumen unterliegen die Bereiche Zement, Beton/Baustoffe und Gips (mit Unterschieden) vor allem den Entwicklungen der o. a. einzelnen Teilbereiche, wobei folgende Korrelationen existieren (BSE, 1989):

Zementindustrie	: Abhängig vor allem vom Wirtschaftsbau, öffentlichen Bau und Verkehr (Straße).
Gipsindustrie	: Abhängig vor allem vom Wohnungsbau, darüber hinaus korrelieren Baugipse mit dem Neubau und Gipsplatten und -bauelemente mehr mit Sanierungsmaßnahmen.
Beton und Baustoffindustrie	: Der Transportbeton- und Betonfertigteilbereich profitiert vom Wirtschaftsbau und öffentlichen Bau; für Leichtbetonerzeugnisse gibt es keine ausgeprägten Beziehungen zu den einzelnen Bereichen.

Inwieweit sich der in Abbildung 27 angegebene Trend mittel- und langfristig fortsetzt, ist neben der allgemeinen Konjunktur auch vom Verlauf der Witterung der nächsten Winter abhängig. Insgesamt kommt der BDZ (1989) zu der Einschätzung, daß das Gesamtbauvolumen in den nächsten Jahren weiter steigen wird, jedoch mit einer etwas geringeren Zunahme als in den letzten beiden Jahren.

6.2.3 Regionale Verteilung der Reststoffeinsatzpotentiale in Baden-Württemberg

6.2.3.1 Abschätzung der minimal notwendigen Potentiale

Eine langfristig gesicherte quantitative Verwertung der Reststoffe ist nur möglich, sofern für sie in den verschiedenen Verwertungsbereichen *mengenmäßig ausreichend hohe Einsatzpotentiale vorhanden sind und ausreichende Aussichten bestehen, diese Verwertungsmöglichkeiten auch tatsächlich zu nutzen*[129]. Dabei wird die notwendige Höhe von der **nach der Aufbereitung vorliegenden Reststoffmenge** vorgegeben. Gemäß Tabelle 29 liegen die jährlichen Reststoffmengen nach der Aufbereitung bis auf die Mengen aus WA 2 sowie SAR 3/4 in den meisten Fällen unter den Anfallmengen vor der Aufbereitung. Der Mengenzuwachs bei WA 2 und SAR 3/4 ist durch notwendige Zusatzstoffe bedingt.

Die **notwendigen minimalen Potentiale** (Tabelle 30) sind für die vier Reststoffe unterschiedlich, differieren darüber hinaus auch noch aufgrund der unterschiedlichen Aufbereitungen zwischen den Entsorgungswegen der einzelnen Reststoffe und sind mit den in Tabelle 29 für jeden Entsorgungsweg angegebenen maximalen Anfallmengen nach der Aufbereitung identisch. Die angegebenen Mengen beziehen sich nicht auf eine Verwertungsoption allein, sondern bestehen immer aus mehreren, die zu einer s. g. **Verwertungsgruppe (VG)** zusammengefaßt werden können (vgl. dazu die entsprechenden Abbildungen der Kapitel 4.3.1 - 4.3.3).

---

[129]Diesbezügliche Unsicherheiten werden an der entsprechenden Stelle des Kapitels 6.2.3.3 angesprochen.

Tabelle 29: Jährliche Reststoffmengen nach der Aufbereitung

| technische | Reststoffmenge | | | | Veränderung |
| Entsorgungswege | vor Aufbereitung | | nach[2] Aufbereitung | | |
	(t/h)[1]	(t/a)	(t/h)	(1.000 t/a)	(Gew. %)
RFA 1 A	17	51.000	8,5 - 11,9	25,5 - 35,7	-50 - 70
1 B	17	51.000	5,1 - 8,5	15,3 - 25,5	-30 - 50
2	17	51.000	9,9 - 15,5	30,6 - 45,9	-10 - 40[3]
3	17	51.000	9,5 - 10,9	28 - 33	-35 - 45[3]
4	17	51.000	8,5 - 10,2	25,5 - 30,6	ca.-40 - 50[3]
WA 1[4]	10,5	32.000	10,5	32	0
2	10,5	32.000	12,6 - 13,6	38,4 - 41,6	+20 - 30
3	10,5	32.000	5,7 - 7,4	17,6 - 22,4	-30 - 45
SAR 1[4]	9	27.000	9	27	0
2	9	27.000	6,2 - 8,2	18,9 - 24,3	-10 - 30
3	9	27.000	9,4 - 12,6	28,2 - 37,8	+ 5 - 40
4	9	27.000	8,2 - 10,3	24,6 - 30,9	-10 - +15
KWR 1[4]	2,5	7.000	1 - 1,5	3 - 4,5	-40 - 60
2	2,5	7.000	0,9 - 1,4	2,7 - 4,2	-55 - 65
3	2,5	7.000	1,4 - 1,6	4,2 - 4,8	-35 - 45
4	2,5	7.000	1,2 - 1,3	3,6 - 3,9	-45 - 50

[1] Sofern die gesamte jährliche Anfallmenge nur durch jeweils einen technischen Entsorgungsweg je Reststoff entsorgt würde.
[2] Bezogen auf den Wertstoff.
[3] Ohne Beachtung der Mengen, die aus RFA 1 A eingeschleust werden konnten.
[4] Jeweils WA 1 A oder 1 B, SAR 1 A oder 1 B, KWR 1 A und 1 B.

Tabelle 30: Notwendige minimale Verwertungspotentiale je TEW

	Entsorgungswegnummer				
	1		2	3	4
	A	B			
Reststoff	(t/a)				
RFA	36.000	25.000	45.000	33.000	31.000
WA	32.000	32.000	42.000	25.000	-
SAR	27.000	27.000	25.000	38.000	31.000
KWR	4.500	4.500	4.500	5.000	4.000

Bei einem Vergleich der Verwertungsgruppen aller Reststoffe wird in den meisten Fällen eine gewisse Übereinstimmung durch gleiche Verwertungsoptionen deutlich, da z. B. RFA und WA gleichermaßen zu Pellets und/oder Splitt aufbereitet werden können. Folgende Kombinationen von TEW sind möglich, gekennzeichnet durch die Bildung von Verwertungsgruppenklassen:

Verwertungsgruppenklasse VG 1 : RFA 1 A; WA 1 A
Verwertungsgruppenklasse VG 2 : RFA 1 B; WA 1 B; SAR 1 B; KWR 1 B
Verwertungsgruppenklasse VG 3 : RFA 2; WA 2
Verwertungsgruppenklasse VG 4 : RFA 3
Verwertungsgruppenklasse VG 5 : WA 3; SAR 1 A; KWR 1 A
Verwertungsgruppenklasse VG 6 : SAR 3; KWR 3
Verwertungsgruppenklasse VG 7 : SAR 2; KWR 2
Verwertungsgruppenklasse VG 8 : SAR 4; KWR 4

Gemäß diesen Kombinationsmöglichkeiten ist das zugehörige minimal notwendige Verwertungspotential für jede Verwertungsgruppenklasse entsprechend zu erhöhen, da eine *Konkurrenz zwischen den Reststoffen vermieden werden muß*. Diese Erhöhung ist aus Tabelle 31 ersichtlich und ergibt sich aus der Addition der Reststoffaufbereitungsmengen je TEW.

Tabelle 31: Notwendige minimale Verwertungspotentiale je Verwertungsgruppenklasse

technischer Entsorgungsweg	Verwertungsgruppenklasse (t/a)							
	1	2	3	4	5	6	7	8
RFA 1 A ; WA 1 A	68.000	-	-	-	-	-	-	-
RFA 1 B ; WA 1 B; SAR 1 B ; KWR 1 B	-	88.500	-	-	-	-	-	-
RFA 2 ; WA 2	-	-	86.000	-	-	-	-	-
RFA 3	-	-	-	33.000	-	-	-	-
WA 3 ; SAR 1 A; KWR 1 A	-	-	-	-	56.500	-	-	-
SAR 3 ; KWR 3	-	-	-	-	-	43.000	-	-
SAR 2 ; KWR 2	-	-	-	-	-	-	29.000	-
SAR 4 ; KWR 4	-	-	-	-	-	-	-	35.000

6.2.3.2 Abschätzung der realen Potentiale[130]

Als Grundlage für die Berechnung der realen Potentiale in den Teilbereichen Zement und Beton (Transportbeton, Fertigungsbetriebe) dienten eigene Abschätzungen sowie die aktualisierten Angaben über regionale Produktionsmengen und Verbräuche von UMBW (1988 & 1990) und SAFA (1990). Im Bereich Mörtel waren es entsprechende aktualisierte Daten von ISEBW (1989) und BD (1990). In den Bereichen Kalksandstein und Gasbetonsteinen jene von BD (1990) und Hebel (1990). Die theoretischen regionalen Potentiale

---

[130]Geschieht unter Beachtung der Angaben des Kapitels 6.2.1.

Bereich Gips wurden ebenfalls auf der Basis aktualisierter Daten aus UMBW (1988 & 1990) geschätzt. Andere Quellen und über diese Angaben hinausgehende Berechnungen sind an den entsprechenden Stellen des Kapitels 6.2.3.3 erwähnt.

Zusammenfassend sind in Tabelle 32 die kumulierten realen Potentiale in Baden-Württemberg für die verschiedenen Verwertungsgruppenklassen und die einzelnen Verwertungsoptionen angegeben. Die Höhe dieser Potentiale entspricht nicht dem zur Verfügung stehenden Gesamtpotential, sondern versteht sich *abzüglich jener Anteile, die bereits heute durch eine Verwertung von Reststoffen beansprucht werden*. Das sind Steinkohlenflugaschen und REA-Gips aus der Rauchgasreinigung von Großfeuerungen. Ihre Anfallmengen in Höhe von 210.000 und 190.000 t/a (1990) werden von der Zement-, Beton-/Baustoff- und Gipsindustrie bereits quantitativ verwertet (UMBW, 1988). Entsprechende Regelungen existieren auch für die nächsten Jahre und erwartete größere Reststoffanfallmengen. So wird der Mengenanfall im Jahre 1995 auf ca. 280.000 t Steinkohlenflugasche und etwa 240.000 t REA-Gips geschätzt (UMBW, 1988).

Die in der Tabelle 32 genannten Potentiale ergeben sich rechnerisch aus den Abschätzungen der *Reststoffeinsatzmengen pro m^3 oder t Baustoff*[131] *und dem regionalen Baustoff-/Rohstoffeinsatz*. Sie haben den Charakter von theoretischen Maximalpotentialen und sind unter praktischen Gesichtspunkten in der angegebenen Höhe nur teilweise auszuschöpfen. *Eine reale Nutzung aufbereiteter Reststoffe und Substitution von Rohstoffen hängt neben stofflichen Kriterien auch von technischen und wirtschaftlichen Einflußfaktoren ab*, so daß in vielen Fällen Unsicherheiten über die quantitative Verwertung verbleiben. Die abgeschätzten Potentialhöhen können sich daher um einen nicht näher bestimmbaren Prozentsatz verringern und somit auch unter die in Tabelle 31 für die Verwertungsgruppenklassen vorgesehenen minimal notwendigen Potentialhöhen fallen. Wesentliche Einflüsse auf die reale Nutzung der Potentialhöhen sind:

- baustofftechnische Eignung aufbereiteter Reststoffe,

- Anpassung/Erweiterung bestehender relevanter Normen und Richtlinien in bezug auf die baustofftechnische Eignung von Reststoffen,

- Akzeptanz und Imagepflege sowie langfristige Absatzforderungen (Menge, Qualität, Kontinuität etc.) der Verwerter,

- Einstandspreise der Verwerter für die aufbereiteten Reststoffe sowie

- Transport- und Lagerkosten.

---

[131]Auf diese Abschätzungen wird hier nicht näher eingegangen. Detaillierte Angaben dazu sind in UMBW (1990) enthalten.

Tabelle 32: Kumulierte Verwertungspotentiale in Baden-Württemberg

Verwertungsgruppen	VG 1	VG 2	VG 3	VG 4	VG 5	VG 6	VG 7	VG 8
dazugehörende Entsorgungswege	RFA 1A WA 1A	RFA 1B WA 1B SAR 1B KWR 1B	RFA 2/4 WA 2	RFA 3	WA 3 SAR 1A[2] KWR 1A[2]	SAR 3 KWR 3	SAR 2 KWR 2	SAR 4 KWR 4
Verwertungsoptionen	theoretische Potentiale der Verwertungsoptionen in 1.000 t/a							
Großfeuerungsanlagen	165	-	-	-	-	-	-	-
Zementklinkerherstellung	45	-	-	-	-	-	-	-
Zementherstellung (Klinkerersatz)	-	-	-	140	-	-	-	-
Zementherstellung (Erstarrungsreglerersatz)	-	-	-	-	150[1]/50		120	-
Beton (Zusatzstoff)	-	-	-	210	-	-	-	-
Betonwaren (Zusatzstoff) [2]	-	-	-	60	-	-	-	-
Beton (Zuschlag)	-	-	700-750	-	-	-	-	-
Mauermörtel	-	-	-	10	-	-	-	-
Putzmörtel und Estrich	-	-	-	5 / 5		-	-	-
Gasbetonsteine	-	-	-	20 / 20		4	-	-
Kalksandsteine	-	-	-	5 / 5		6	-	-
Mauerziegel	120	-	-	-	-	-	-	-
Baugipse, Gipsplatten, Gipsspanplatten, Anhydritherstellung	-	-	-	-	-	490	-	-
Gipsformsteine Spezialgips	-	-	-	-	-	-	-	n.b., nicht relevant
Landschaftsbau, Bergbau, Deponie- und Straßenbau	-	n.b., nicht relevant	-	nicht relevant	nicht relevant	-	-	-
Gesamt	330[3]	-	700-750	450	180[3]	550	120	-

[1] Bei WA ist neben Sulfat zusätzlich ca. die 3-fache Menge an Asche enthalten.
[2] Ohne Option Zementherstellung und Putzmörtel/Estrich.
[3] Da eine aufgrund der Reststoffzusammensetzung nach Aufbereitung mögliche Verwertung in diesen Bereichen unsicher ist, kann sich das reale Potential um einen nicht näher bestimmbaren Prozentsatz vermindern. Möglich ist daher auch die Unterschreitung des in der Tabelle 31 für diese Verwertungsgruppenklasse vorgegbenen minimalen Potentials möglich.

Bei einem Vergleich der Tabellen 31 und 32 wird deutlich, daß bis auf VG 2 und VG 8 die *Höhe der abgeschätzten realen Potentiale für die VG um ein Vielfaches über denjenigen der minimal notwendigen, d. h. der Anfallmengen nach der Aufbereitung,* liegt. Zusätzlich ist für VG 1 und VG 5 die Verwertungssicherheit nicht gegeben. Es ergeben sich folgende Werte in % (abgeschätztes reales Potential : minimal notwendiges Potential):

VG 1 :   480 (Verwertungssicherheit der Optionen fraglich, starke Verringerung der Potentialhöhe möglich)

VG 2 :   Reales Potential zu gering

VG 3 :   >810

VG 4 :   >1.300

VG 5 :   320 (Verwertungssicherheit der Optionen fraglich, starke Verminderung der Potentialhöhe möglich)

VG 6 :   >1.200

VG 7 :   410

VG 8 :   Reales Potential zu gering

6.2.3.3 Regionale Verteilung der realen Potentiale[132]

Verwertungsgruppenklasse VG 1
(enthält die Entsorgungswege RFA 1 A und WA 1 A)

VG 1 besitzt ein kumuliertes Potential in Höhe von über **300.000 t/a**. Es teilt sich gemäß den Abbildungen 28 und 29 regional auf die dazugehörigen drei Verwertungsoptionen auf.

Entscheidend für den Mengeneinsatz als **Zusatzbrennstoff bei Großfeuerungen** ist, daß davon nur Schmelzkammerkessel betroffen sind (vgl. Kapitel 4.2.6). Bei entsprechender Höhe des Kohlenstoffanteils können bis zu 10 Gew.-% des Brennstoffes (Steinkohle) durch RFA ersetzt werden. Aufgrund der Anlagenstruktur von Großfeuerungen (vgl. dazu Anhang 5) kommt für diese Verwertungsoption nur der nördliche Landesteil in Betracht, wobei auf den *Standort K 3 mit über 80.000 t/a* das größte theoretische Potential entfällt (Abb. 28).

---

[132]Ermittlung geschieht unter Beachtung der Angaben des Kapitels 6.2.1.

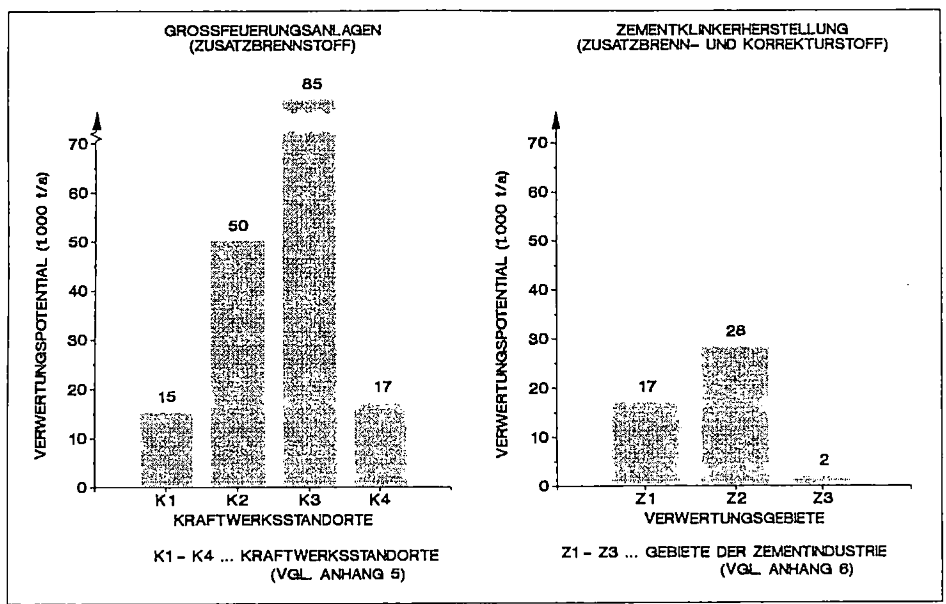

Abbildung 28: Regionale Verteilung der Potentiale bei Verwertung von RFA und WA als Zusatzbrennstoff in Großfeuerungsanlagen (nur RFA) und bei der Zementklinkerherstellung (RFA und WA)

Im Falle der Verwertung von RFA und WA bei der **Zementklinkerherstellung** gilt ebenfalls, jedoch in Abhängigkeit von der herzustellenden Zementart, eine Reststoffeinsatzmenge von bis zu 10 Gew.-% bezogen auf die Rohmehlzugabe. Die regionale Verteilung der Potentiale zeigt mit über 60 % Anteil einen *Schwerpunkt im östlichen Landesteil im Gebiet Z 2* (vgl. dazu Anhang 6). Das hängt mit der geographischen Lage der Zementwerke (Anhang 2) und deren Produktionsmengen zusammen (vgl. dazu Kap. 6.2.1). Das Potential im Gebiet Z 3 ist aufgrund des dort vorwiegend hergestellten Ölschieferzementes als sehr gering einzustufen[133].

Im Bereich **Mauerziegel** wird für Hintermauerziegel (Loch und Voll) ein Verwertungsprozentsatz von 3 - 5 Gew.-% bezogen auf die Rohstoffe zugrunde gelegt, für Leichtziegel (Loch) in etwa 10 - 15 Gew.-%.

---

[133]Eine Beachtung der Verwertung nicht prüfzeichenfähiger Minderaschen aus dem Bereich der Großfeuerungsanlagen erfolgt nicht. Aufgrund weitaus geringerer Kohlenstoffgehalte dienen sie im Gegensatz zu der hier behandelten Flugasche primär als Korrekturstoff. Das Potential für diese Verwertungsoption kann in Baden-Württemberg mit über 350.000 t/a beziffert werden (UMBW, 1988).

Unter Verwendung von Angaben von Bott-Eder (1989) führt dieses zu den in der Abbildung 29 angegebenen Mengenverteilungen. Die theoretischen Hauptpotentiale liegen in der *mittleren und südöstlichen Landeshälfte in den Gebieten M 2 und M 4* (vgl. dazu Anhang 7). In den Gebieten M 1 bzw. M 3 existieren dagegen vor allem für die Hintermauerziegel nur geringe Potentiale.

Hinsichtlich der Verwertungssicherheit für VG 1 verbleiben doch erhebliche Zweifel, da nach den Ausführungen der Kapitel 4.2.1, 4.2.2.2 und 4.2.6 mit der Verwendung der Reststoffe erhebliche Probleme verbunden sein können. Das resultiert aus ihrer Zusammensetzung nach der Aufbereitung.

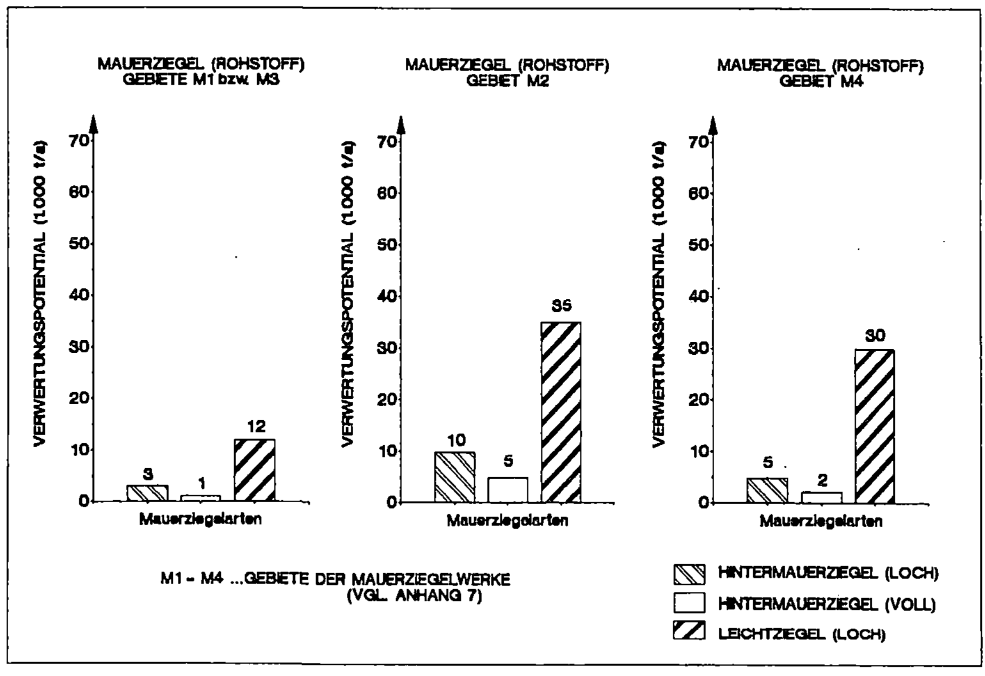

Abbildung 29: Regionale Verteilung der Potentiale für RFA und WA bei der Verwertung als Rohstoff zur Mauerziegelherstellung

Verwertungsgruppenklasse VG 2
(enthält die Entsorgungswege RFA 1 B, WA 1 B, SAR 1 B und KWR 1 B)

Eine Abschätzung des Potentials für die Verwertungsoptionen

- Bergbau

- Landschaftsbau,

- Deponiebau und -betrieb sowie

- Straßenbau[134]

dieser Verwertungsgruppenklasse ist nicht möglich. Dies hat folgende Gründe:

- Der Bergbau ist in Baden-Württemberg von untergeordneter Bedeutung[135]. Vor allem ist bestimmend, daß die Verwertungsoptionen für den Bergbau sich auf untertägigen Steinkohlenbergbau beziehen, welcher in Baden-Württemberg nicht existiert. Daher besteht in diesem Bereich kein nennenswertes Potential.

- Bei den anderen Optionen ist eine Abschätzung des Potentials aufgrund des sehr schwankenden Bedarfs nicht möglich. Daher ist eine langfristige quantitative Verwertung nicht gesichert.

Verwertungsgruppenklasse VG 3
(enthält die Entsorgungswege RFA 2, RFA 4 und WA 2)

Die Verwertungsgruppenklasse umfaßt nur die Optionen **Zuschlag zu Beton und Betonwaren**, die jedoch ein abgeschätztes Potential von über **700.000 t/a** beinhalten[136].

Die Berechnung des Potentials geschah über den regionalen Zementverbrauch in den Bereichen Transportbeton und Fertigungsbetriebe. Sofern im Mittel 300 - 330 kg Zement/m^3 Beton eingesetzt werden (Produktionsmenge Zement gemäß Kapitel 6.2.1), liegt die notwendige Zuschlagmenge im Mittel bei etwa 1.500 kg/m^3 Beton. Das daraus für Baden-Württemberg resultierende reale theoretische Gesamtpotential an Betonzuschlägen in Höhe von rund *15 Mio. t/a* entspricht in etwa dem Verbrauch an natürlichen Zuschlägen, muß jedoch aufgrund stofflich bedingter Einschränkungen bei den aufbereiteten Reststoffen auf *schätzungsweise 700 - 750.000 t/a reduziert werden*. Die Gründe sind u. a.:

---

[134]Eine vollständig Angabe der Verwertungsoptionen gemäß den Entsorgungswegen RFA 1B, WA 1B, SAR 1B und KWR 1B ist aus den Abbildungen 12 - 14 ersichtlich.

[135]In Baden-Württemberg existieren große untertägige Abbaue für Steinsalz. Darüber hinaus werden in Baden-Württemberg nur noch in geringen Mengen Gips sowie Fluß- und Schwerspat untertägig abgebaut (LBF, 1989).

[136]Es wurden nur die Teilbereiche Transportbeton und Fertigungsbetriebe (ohne konstruktiven Fertigteilbau) beachtet (vgl. dazu Abb. 7). Eine regionalisierte Darstellung in bezug auf Kleinanwender und Baustellen ist nicht möglich. Die Optionen Betontragschichten und bituminöser Straßenbau sind ebenfalls regional nicht aufzuspalten und daher nicht gesondert aufgeführt.

- Geringere Festigkeiten der agglomerierten Reststoffe im Vergleich zu Naturrohstoffen und daher Einschränkung der Verwendung auf einen bestimmten Korngrößenbereich und

- geringere Dichte im Vergleich zu Naturrohstoffen und damit weitere Einschränkung auf leichten Normal- oder schweren Leichtbeton.

In den Abbildungen 30 und 31 sind die regionalen Potentiale für die Bereiche Transportbeton und Fertigungsbetriebe graphisch dargestellt. Anhang 8 verdeutlicht dazu die Aufteilung in Verwertungsregionen. Ersichtlich ist ein *Schwerpunkt in den industriellen Ballungsräumen der nördlichen Landeshälfte.*

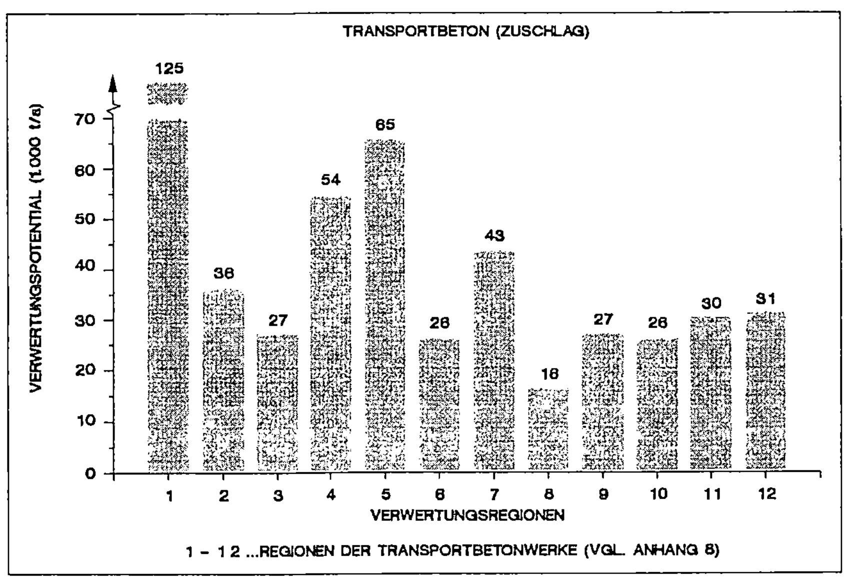

Abbildung 30: Regionale Verteilung der Potentiale bei der Verwertung von RFA und WA als Zuschlag in Transportbeton

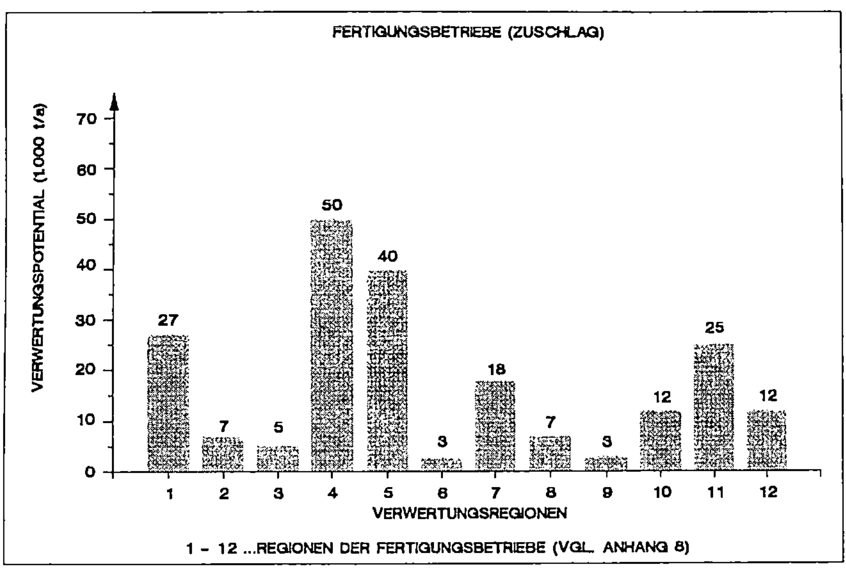

Abbildung 31: Regionale Verteilung der Potentiale bei der Verwertung von RFA und WA als Zuschlag in Fertigungsbetrieben

Verwertungsgruppenklasse VG 4
(enthält den Entsorgungsweg RFA 3)

Diese Verwertungsgruppenklasse umfaßt 7 Verwertungsoptionen mit einem Gesamtpotential in Höhe von ca. **450.000 t/a.**

Sofern RFA mit prüfzeichenfähiger Qualität als **Zusatzstoff und Klinkerersatz bei der Zementherstellung** Verwendung findet, kann sie in der Regel zu 20 - 25 Gew.-% bei der Herstellung von Flugaschezement (FAZ) zugemahlen werden[137]. Unter Beachtung von bereits im Großanlagenbereich anfallenden und verwerteten Flugaschenmengen ergibt sich das in der Abbildung 32 angegebene reduzierte Verwertungspotential für RFA, welches sich mit *über 90 % auf das Gebiet Z 2 in der östlichen Landeshälfte* konzentriert (vgl. dazu Anhang 6). Aufgrund der Ausschöpfung des Potentials durch Verwertung von ca. 60.000 t/a Steinkohlenflugaschen aus Großfeuerungen der Regionen K 1 und K 2

---

[137]Aus baustofftechnischen Gründen könnte sich der Einsatz, wie der der Flugaschen aus dem Großanlagenbereich, auf die Produktion von Flugaschezement der Festigkeitsklasse Z 35 beschränken. Dieser Zement hat Verarbeitungseigenschaften, die mit denen von Portlandzement vergleichbar sind.

(UMBW, 1988) (vgl. dazu Anhang 5) kommt das Gebiet Z 1 für die Verwertung von aufbereiteter RFA aus dem TA Luft-Bereich nicht mehr in Betracht. Die Zementwerke der Region Z 2 entsorgen gleichfalls Steinkohlenflugaschen, und zwar über 30.000 t/a aus K 4 (UMBW, 1988). Im Gegensatz dazu steht das Potential von Z 3 vollständig zur Verfügung, was überwiegend auf die größere geographische Entfernung zu relevanten Großkraftwerken zurückzuführen ist.

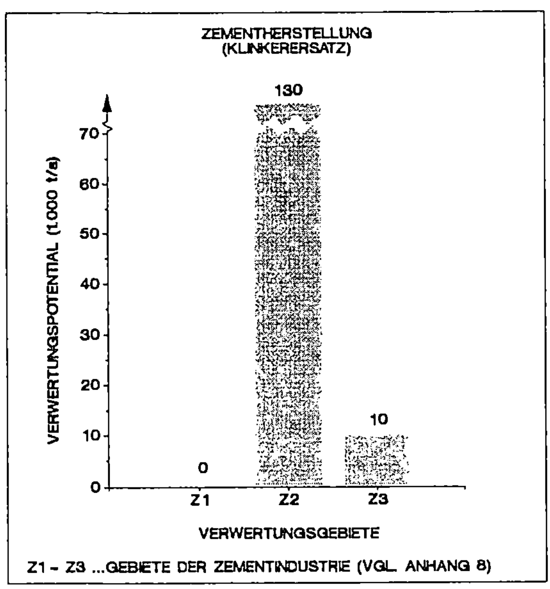

Abbildung 32: Regionale Verteilung der Potentiale bei der Verwertung von RFA als Zumahlstoff (Klinkerersatz) zur Zementherstellung

Bei der Verwertung als **Zusatzstoff zu Beton** gelten die gleichen Einschränkungen in bezug auf die Betonteilbereiche wie bei VG 3. Zementgebundene Steine sind im Potential für Betonwaren enthalten.

Bei der Herstellung von Normalbeton für Transportbeton sowie für Fertigungsbetriebe ist davon auszugehen, daß pro m^3 Beton bzw. Betonwaren im Mittel ca. 50 kg aufbereitete Reststoffe als Zusatzstoff verwertbar sind. Unter Beachtung des Einsatzes von ca. 200.000 t/a Steinkohlenflugasche aus dem Saarland und dem Ruhrgebiet (SAFA, 1990) und über 70.000 t/a aus K 3 (UMBW, 1988), ergeben sich die in den Abbildungen 33 und 34 angegebenen

regionalen Verwertungspotentiale für RFA aus TA Luft-Feuerungsanlagen[138].
Die Aufteilung in Regionen ist aus Anhang 8 ersichtlich.

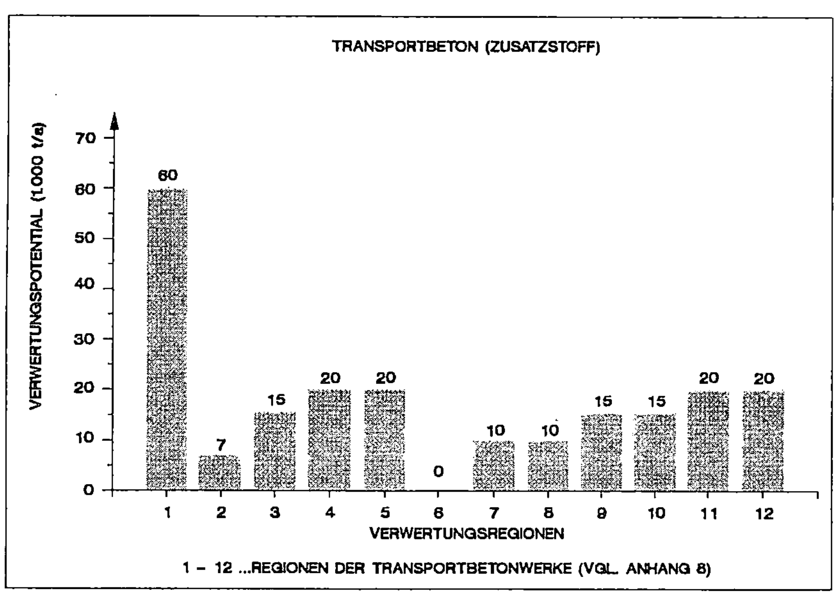

Abbildung 33: Regionale Verteilung der Potentiale bei der Verwertung von RFA als Zusatzstoff (Zementersatz) zu Transportbeton)

Kennzeichnend für den Bereich **Mörtel**[139] ist in Baden-Württemberg, daß von der Gesamtproduktion in Höhe von 230 - 270.000 t/a ca. 55 - 60 % auf Mauermörtel und der Rest auf Putze und Estriche entfallen (ISEBW, 1989). Dabei erfolgt die Herstellung von Mauermörtel (nur RFA) zu etwa 80 % als Werkfrischmörtel in Transportbetonwerken (vgl. dazu Abb. 8), der Rest wird als Trockenmörtel zusammen mit Putzen und Estrichen in einem Trockenmörtel-

---

[138]Für eine Berechnung des Potentials ist weiterhin zu berücksichtigen, daß der o. g. Flugascheimport schätzungsweise zu 60 % in den Transportbeton und nur zu 40 % in die Fertigungsbetriebe fließt (SAFA, 1990). Aufgrund der Anfallorte dieser Aschen (Ruhrgebiet und Saarland) und zur Vermeidung höherer Transportkosten ist aller Voraussicht nach ihr Einsatz auf die Regionen 1, 2 sowie 4 - 7 beschränkt (vgl. dazu Anhang 8). Wegen der niedrigen Gesamtkapazität von unter 20.000 t/a werden daher im Bereich Fertigungsbetriebe die Werke der Regionen 1, 2, 6 und 7 für eine Entsorgung von RFA nicht mehr zur Verfügung stehen. Im Bereich Transportbeton ist es die Region 6. Entsprechend diesen regionalen Gegebenheiten stehen voraussichtlich nur noch die vollständigen Kapazitäten der Regionen im Süden und Südosten des Landes zur Verfügung.

[139]Obgleich die Verwertungsgruppenklasse VG 4 nur den Weg RFA 3 beinhaltet, erfolgt an dieser Stelle aus stofflichen und verwertungsrelevanten Gründen gleichzeitig auch die Potentialabschätzung für den Weg WA 3. An entsprechender Stelle in VG 5 wird daher auf diese Stelle verwiesen.

werk in der Region WT 2 produziert (BD, 1990). In Baden-Württemberg werden Putze und sonstige Mörtel ausschließlich in Trockenmörtelwerken produziert. Daher erfolgt der Einsatz von WA auch nur dort. Da von einer möglichen mittleren Einsatzmenge der RFA und WA in den Mörteln von ca. 100 kg/m³ bzw. 75 kg/m³ ausgegangen werden kann und eine Verwertung von Steinkohlenflugaschen aus dem Bereich Großfeuerungsanlagen soweit bekannt nicht erfolgt, errechnen sich die in den Abbildungen 35 und 36 angegebenen Verwertungspotentiale. In den Anhängen 9 und 10 sind die entsprechenden Regionen abgegrenzt.

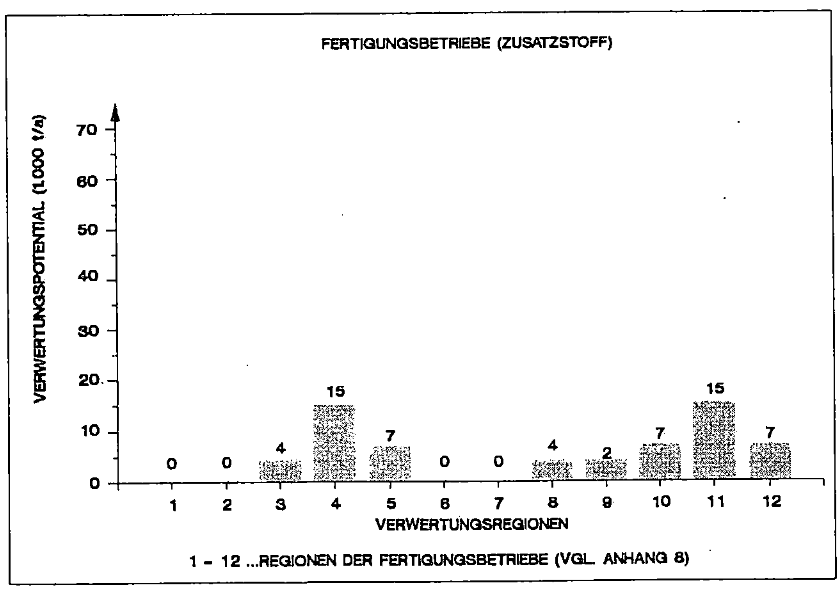

Abbildung 34: Regionale Verteilung der Potentiale bei der Verwertung von RFA als Zusatzstoff (Zementersatz) in Fertigungsbetrieben

Wie zum Teil im Bereich Zumahlstoff zu Zement sowie Zuschlag und Zusatzstoff zu Beton konzentriert sich der Schwerpunkt bei Werkfrischmörteln (Einsatz von RFA) auf die *nördliche und nordwestliche Landeshälfte bzw. die Gebiete WF 1 und WF 3* (vgl. dazu Anhang 9). Demgegenüber zeigt die regionale Verteilung der Potentiale für Werktrockenmörtel (RFA und WA) aufgrund der teilweise abweichenden geographischen Lage der Trockenmörtelwerke auch größere Potentiale im *Osten und Südwesten, und zwar in den Gebieen WT 4 und WT 6* (vgl. dazu Anhang 10).

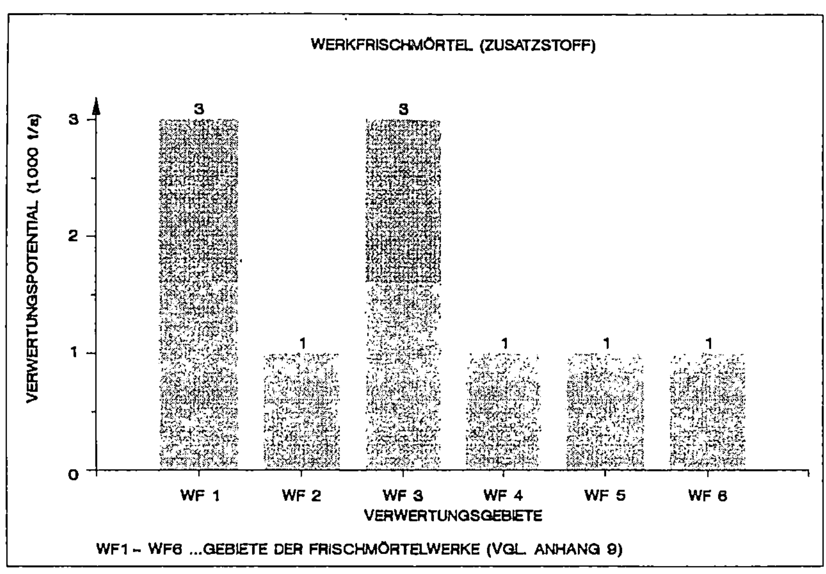

Abbildung 35: Regionale Verteilung der Potentiale bei der Verwertung von RFA als Zusatzstoff zu Werkfrischmörtel (Mauermörtel)

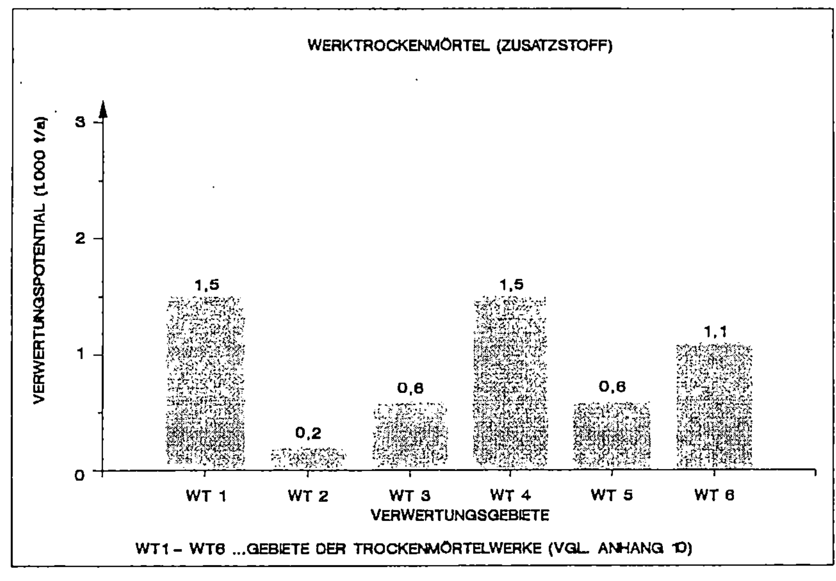

Abbildung 36: Regionale Verteilung der Potentiale bei der Verwertung von RFA und WA als Zusatzstoff zu Werktrockenmörtel (alle Mörtelarten, bei WA ohne Mauer- und Zementmörtel)

Bei der Verwertung im Bereich **Zuschlag zu Kalksand- und Gasbetonsteinen**[140] kann die mögliche Einsatzmenge von RFA, WA, SAR und KWR im Mittel mit 60 kg/m³ bzw. 80 kg/m³ angegeben werden. Die Hauptpotentiale liegen gemäß der Abbildung 37 und Anhang 11 in der *westlichen Landeshälfte mit Schwerpunkt im Bereich des Mittleren Oberrheins*. Unter realen Bedingungen wird die überwiegende Anzahl der Kalksandsteinregionen aufgrund der sehr geringen Potentiale für eine Verwertung von RFA und WA jedoch nicht in Betracht kommen.

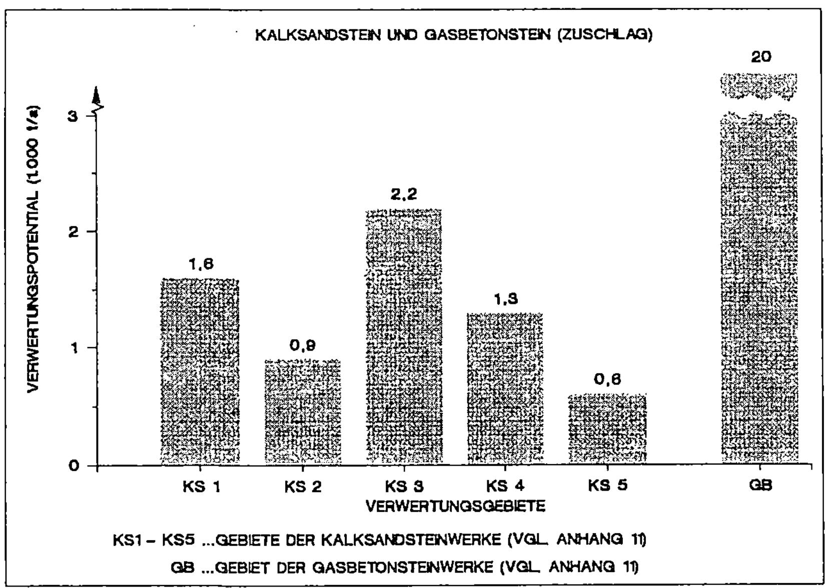

Abbildung 37: Regionale Verteilung der Potentiale bei der Verwertung von RFA, WA, SAR und KWR als Zuschlag zu Kalksand- und Gasbetonsteinen

---

[140]Obgleich die Verwertungsgruppenklasse VG 4 nur den Weg RFA 3 beinhaltet, erfolgt an dieser Stelle aus stofflichen und verwertungsrelevanten Gründen gleichzeitig auch die Potentialabschätzung für die Wege WA 3, SAR 1A und KWR 1A. An entsprechender Stelle in VG 5 wird daher auf diese Stelle verwiesen.

Verwertungsgruppenklasse VG 5

(enthält die Entsorgungswege WA 3, SAR 1 A und KWR 1 A)[141]

VG 5 umfaßt 4 Verwertungsoptionen mit einem theoretischen Gesamtpotential von ca. **180.000 t/a.**

Sofern WA bei der **Zementherstellung** verwertbar ist, dient sie primär als Erstarrungsregler, und zwar als Gipsersatz. Gips wird in Baden-Württemberg im Mittel zu etwa 2,5 Gew.-% dem Zementklinker bei der Vermahlung zugesetzt. Dementsprechend ergeben sich unter Beachtung bereits jetzt verwerteter REA-Gipsmengen aus Großfeuerungsanlagen die in Abbildung 38 verdeutlichten theoretischen Potentiale für WA.

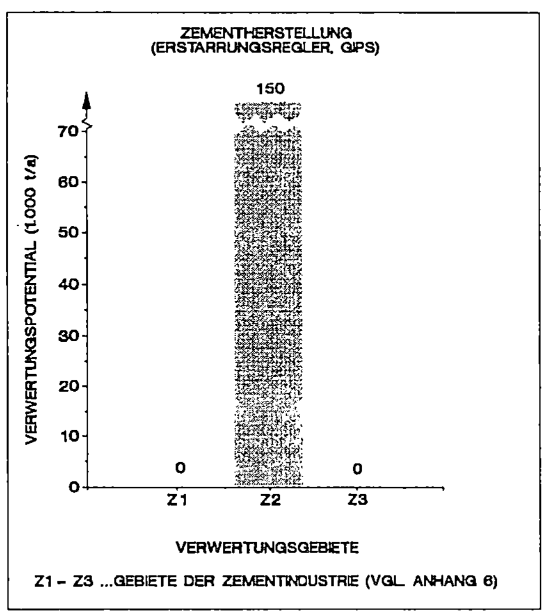

Abbildung 38: Regionale Verteilung der Potentiale bei der Verwertung von WA beim Einsatz als Zumahlstoff (Erstarrungsreglerersatz) zur Zementherstellung

Da der REA-Gipsanfall in den Großkraftwerken der Gebiete K 1 und K 2 (vgl. dazu Anhang 5) die für die Verwertung zur Verfügung stehenden Potentiale der Zementwerke des Gebietes Z 1 (vgl. dazu Anhang 6) vollständig abdeckt (UMBW, 1988) und gleichzeitig in Z 3 kein Potential besteht, liegt das *Gesamt-*

---

[141]Der Einsatz von WA in Mörteln und Kalksand- und Gasbetonsteinen sowie SAR/KWR in Kalksand- und Gasbetonsteinen ist im Rahmen der Verwertungsgruppenklasse VG 4 angesprochen.

potential bei den Zementwerken der Region Z 2, obgleich diese die gesammte anfallende REA-Gipsmenge der Kraftwerksregion K 4 aufnehmen (UMBW, 1988). Ein Potential ist in Z 3 deshalb nicht vorhanden, da die dort ansässigen Zementwerke überwiegend Ölschieferzement produzieren. Dieser enthält keine Erstarrungsregler.

In bezug auf den Einsatz von WA bei **Putzmörteln und Estrichen** sowie WA, SAR und KWR bei **Kalksand- und Gasbetonsteinen**, gelten die entsprechenden Angaben und Potentiale bei VG 4. Im Hinblick auf den Bergbau gelten die Angaben bei VG 2.

Verwertungsgruppe VG 6
(enthält die Entsorgungswege SAR 3 und KWR 3)

VG 6 beinhaltet nur 2 Verwertungsoptionen, die jedoch ein Gesamtpotential von ca. 550.000 t/a aufweisen.

Sofern aufbereitete SAR und KWR als **Erstarrungsregler- und Gipsersatz bei der Zementherstellung** einsetzbar sind, können sie ebenfalls in Gehalten von bis zu 2,5 Gew.-% dem Zementklinker bei der Vermahlung zugegeben werden. Abbildung 39 verdeutlicht die geographische Verteilung der Potentiale, wobei auffällt, daß relevante Gebiete (vgl. dazu Anhang 6) aufgrund der Verwertungsoption mit denen von WA (vgl. dazu VG 5 und Tab. 32) übereinstimmen. Das gilt aber nicht für die Höhe der Potentiale[142]. In bezug auf die Potentialausschöpfung gelten die entsprechenden Angaben bei VG 5.

Baugipse, Gipsplatten, Gipsspanplatten und Anhydrit können zu 100 % aus aufbereiteten SAR und KWR hergestellt werden und Naturgips vollständig ersetzen. Das Verwertungspotential für REA-Gips konzentriert sich, wie die Abbildung 39 zeigt, *fast vollständig auf die Region G 2 und G 3* (vgl. dazu Anhang 12). Das Verwertungspotential von G 1 wird zu 75 % durch die Verwertung des Anfalls der Kraftwerksregion K 2 (vgl. dazu Anhang 5) ausgeschöpft (UMBW, 1988).

---

[142]Diese sind beim Einsatz von aufbereiteter WA im Mittel um den Faktor 2,5 - 3 höher, weil der Sulfatanteil in diesen Reststoffen nur bei maximal 40 Gew.-% liegt und der Rest durch Asche repräsentiert wird.

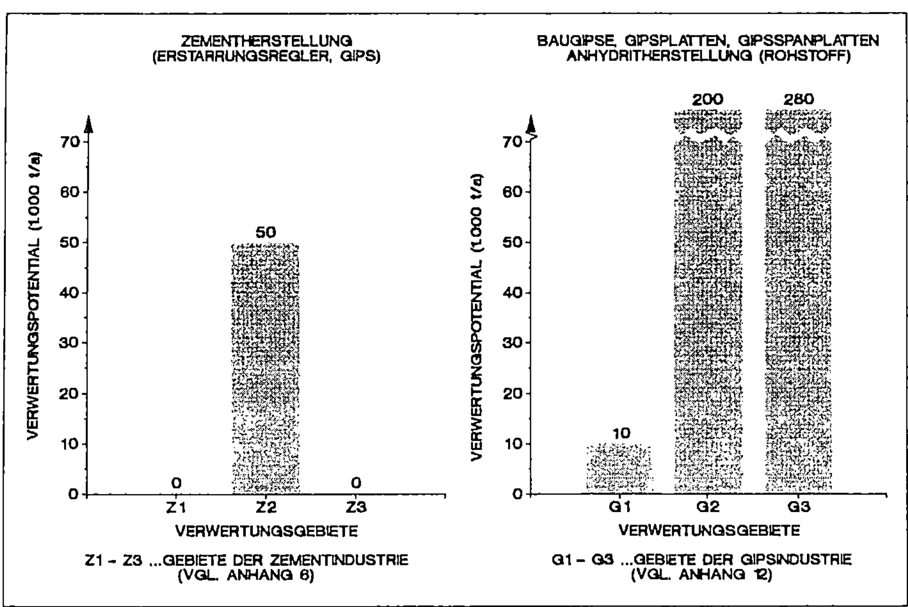

Abbildung 39: Regionale Verteilung der Potentiale bei der Verwertung von SAR und KWR als Zumahlstoff (Erstarrungsreglerersatz, Gips) bei der Zementherstellung sowie als Rohstoff für Gipsprodukte

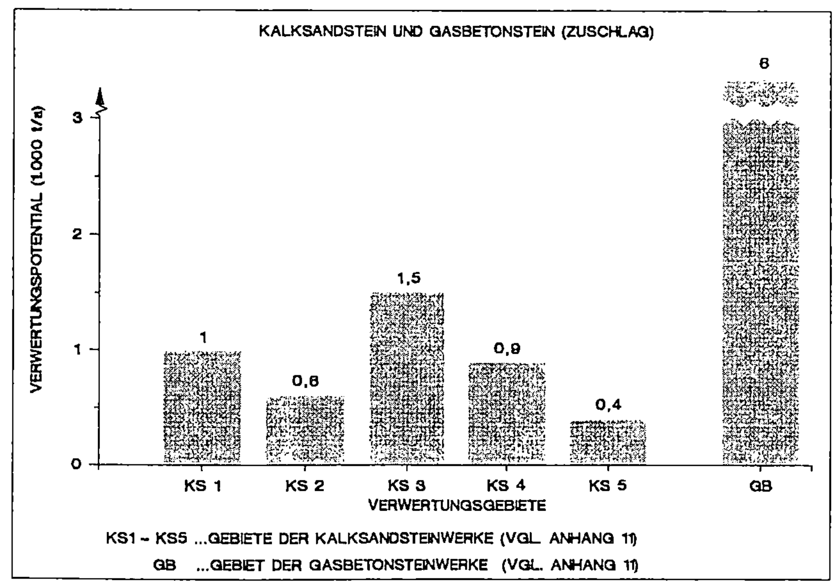

Abbildung 40: Regionale Verteilung der Potentiale bei der Verwertung von SAR und KWR als Zuschlag zu Kalksand- und Gasbetonsteinen

Sofern der Einsatz bei der Produktion von **Kalksand- und Gasbetonsteinen** erfolgen soll, ist eine Reststoffzugabe von bis zu 30 kg in bezug auf Rohstoffeinsatzmenge für beide Optionen möglich. Potentialverteilung und geographische Lage der Verwertungsgebiete (vgl. dazu Anhang 11) entsprechen den Angaben bei VG 4, jedoch zeigt Abbildung 40, daß aufgrund der geringeren spezifischen Verwertungsmengen die Potentiale bei SAR und KWR noch kleiner sind als die von RFA und WA. Auch hier ist die Verwertung daher sehr kritisch zu beachten.

Verwertungsgruppenklasse VG 7
(enthält die Entsorgungswege SAR 2 und KWR 2)

Die einzige Option dieser Verwertungsgruppe ermöglicht den Einsatz von aufbereitetem SAR und KWR als **Erstarrungsregler bei der Zementherstellung,** und zwar als Anhydritersatz, und beinhaltet ein theoretisches Verwertungspotential in Höhe von **120.000 t/a.**

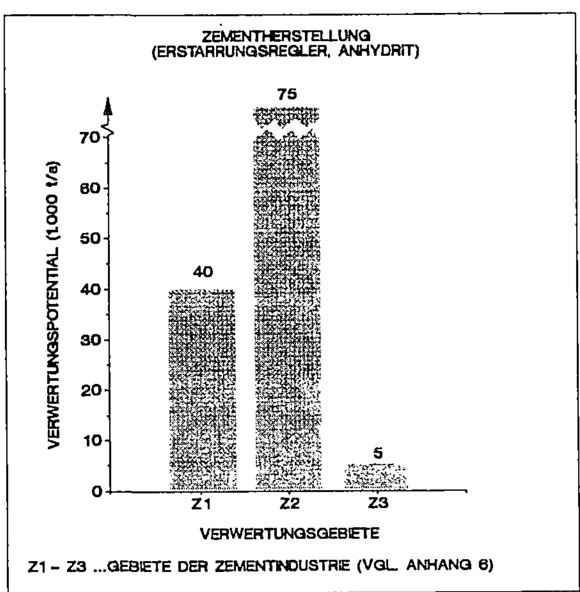

Abbildung 41: Regionale Verteilung der Potentiale bei der Ver wertung von SAR und KWR als Zumahlstoff (Erstarrungsreglerersatz, Anhydrit) bei der Zementherstellung

Dieser Anhydritersatz wird in Baden-Württemberg wie Gips in Gehalten von ca. 2,5 Gew.-% dem Zementklinker bei der Vermahlung zugegeben. Im Gegensatz zu REA-Gips steht dem Anhydrit in den relevanten Verwertungsregionen (vgl. dazu Anhang 6) das *maximale Potential zur Verfügung*. Dabei entfallen auf die *Zementwerke der Region Z 2* gemäß Abbildung 41 *über 60 %*. Das Potential von Z 3 ist deshalb so niedrig, weil dort überwiegend Ölschieferzement hergestellt wird und dieser keine Erstarrungsregler benötigt.

Verwertungsgruppenklasse VG 8
(enthält die Entsorgungswege SAR 4 und KWR 4)

Wie bei VG 2 ist auch die Abschätzung des Potentials für diese VG bzw. Verwertungsoptionen nicht möglich und darüber hinaus auch nicht sinnvoll. Das betrifft die Optionen

- Gipsformsteine,

- Bergbaumörtel sowie

- Spezialgipse,

und zwar aus folgenden Gründen:

- Gipsformsteine aus α-Halbhydrat existieren z. Zt. nicht, da ihre Eignung nur im Rahmen eines Patentes nachgewiesen ist. Welches Marktpotential sie erreichen können, ist derzeit ungewiß.

- Der Bergbau ist, wie bei VG 2 bereits erwähnt, in Baden-Württemberg nicht von Bedeutung.

- Das Gesamtpotential für α-Halbhydrat erreicht in Baden-Württemberg die für diese VG in Tabelle 30 vorgegebene notwendige minimale Höhe von 35.000 t/a nicht. Aus diesem Grunde ist eine genauere Abschätzung nicht sinnvoll.

6.3 UMWELTFAKTOR DER TECHNISCHEN ENTSORGUNGSWEGE

Bei der Bewertung und Auswahl der TEW kommt der Umweltbelastung eine besondere Bedeutung zu. Dabei ist grundsätzlich davon auszugehen, daß *Emissionen in Boden und Wasser*[143] *sowohl bei der Aufbereitung als auch bei der Verwertung nicht zu vermeiden* sind. Umweltrelevante Stoffströme, im wesentlichen Chloride, Sulfate und Schwermetalle, werden zwar von der Aufbereitungstechnik und den Verwertungsoptionen hinsichtlich

- Ort (Umlenkung und Aufspaltung von Stoffströmen),

- Zeit und

- Qualität (durch Änderung der Bindungsform; Fixierung)

beeiflußt, nicht jedoch hinsichtlich ihrer Quantität. Die Gesamtmenge an löslichen Reststoffanteilen und auch die Reststoffe selbst, unabhängig von der Aufbereitung und/oder dem Verwertungsort, werden letztendlich wieder in die Umwelt gelangen[144].

Folgende Arten von Emissionen sind zu unterscheiden:

Bei der Aufbereitung[145]: Feste Emissionen in Form von nicht verwertbaren Abfällen. Diese fallen bei der Abwasserbehandlung nasser Aufbereitungen an und gelangen in der Folge auf eine Deponie.

Flüssige Emissionen in Form von Abwasser nach der Abwasserbehandlung. Dieses Abwasser enthält einerseits noch Restmengen an gelösten Reststoffanteilen (Sulfate, Schwermetalle), andererseits ist die Gesamt-

---

[143]Gemäß der Einschränkung von Kapitel 6.1 werden gasförmige Emissionen bei der Aufbereitung, wie z. B. SO_2 oder NO_x, nicht beachtet.
[144]Produkte, die Reststoffe enthalten oder aus Reststoffen bestehen, müssen, wie alle anderen Baustoffe, nach Beendigung der Nutzungsdauer z. B. in Form von Bauschutt auf geeignete Weise entsorgt werden. Das kann durch Deponierung oder Aufbereitung und Verwertung geschehen. Im ersten Fall gelangen die Reststoffe in Form von Abfall durch Deponierung direkt in den Boden, im zweiten Fall stellt sich nur die Frage, wie oft eine Aufbereitung möglich ist und wieviel Abfall bei jedem Aufbereitungszyklus anfällt.
[145]Bei der Aufbereitung treten nur dann bewertbare Emissionen auf, wenn nasse Aufbereitungsschritte enthalten und dementsprechend Abwasserströme zu behandeln sind. Demgegenüber führt die Aufspaltung der Reststoffströme durch trockene Verfahren zu keinen hier wichtigen Emissionen.

menge an Chloriden enthalten. Chlorid ist durch chemische Abwasseraufbereitung nicht abtrennbar.

Bei der Verwertung[146]: <u>Flüssige Emissionen</u> in Form gelöster Reststoffanteile (Chloride, Sulfate, Schwermetalle). Diese Emissionen treten vor allem bei der Verwertung im Bereich Boden (Landverfüllung, Straßenbau, etc.) auf. Bei dieser Art der Verwertung ist keine vorgeschaltete nasse Aufbereitung installiert und aufgrund der Art der Verwertung ist ein direkter Kontakt mit Wasser nicht zu vermeiden.

6.3.1 Definition des Umweltfaktors

Um Umweltbelastungen durch Entsorgungswege bewerten zu können, ist es notwendig, eine geeignete Kenngröße einzuführen, und zwar einen neu definierten **Umweltfaktor U_{EW}**, welcher auf Stoffströmen basiert. Dieser Faktor wird als Indikator für die ökologische Güte eines Entsorgungsweges herangezogen und dient zum Vergleich der Entsorgungswege untereinander; er ist nicht als absolute Größe zu verstehen.

Der Umweltfaktor U_{EW}[147] setzt sich zusammen aus einem **Verwertungsfaktor V_j** (bezeichnet die Menge an wasserfreiem Reststoff, der verwertet wird) und einem **Belastungsfaktor B_j** (bezeichnet die Qualität der Emission bei der Aufbereitung oder Verwertung). Zusätzlich ist ein **Gewichtungsfaktor G_i**[148] für die Schadenswirkung von Stoffen enthalten.

$$U_{EW} = \sum V_j + \sum B_i \cdot G_i$$

---

[146]Ohne Beachtung der Tatsache, daß die Reststoffe nach Beendigung der Produktnutzungsdauer früher oder später ebenfalls als feste Emissionen in Form von Abfällen zu beseitigen sind.

[147]Ein anderer Ansatz zur Bewertung der Umweltrelevanz von Produktionen wurde von Müller-Wenk (1978) in seinem Konzept der ökologischen Buchführung entwickelt, indem er einen Äquivalenzkoeffizienten (ÄeK) definierte. Dieser drückt die relative ökologische Knappheit eines Rohstoffes oder eines Auffangmediums aus. Multipliziert z. B. mit der Menge an emittierten Stoffen resultiert eine allgemeine Maßzahl für Umweltwirkungen, ausgedrückt in Rechnungseinheiten (Zusammenfassende Darstellungen in bezug auf die "Knappheit" von z. B. Ressourcen sind in Senn (1986) und Simonis (1986) enthalten.). Nach Mierheim (1986) ist bei diesem Ansatz vor allem kritisch anzumerken, daß exakte Werte für die "Knappheit" für die meisten Stoffe derzeit nicht existieren und darüber hinaus nur schwer bestimmbar sind. Dementsprechend problematisch erweist sich die Festlegung des Äquivalenzkoeffizienten.

[148]Ob und inwieweit dieser zur Bewertung herangezogen werden kann, wird an entsprechender Stelle diskutiert.

mit

$$V_j = \frac{m_E + m_N}{m_R} \quad \text{und} \quad B_i = \frac{m_{i8} - m_{i6}}{m_{i7}}$$

Emissionen und Produktflüsse von der Aufbereitung bis zur Verwertung stellen Stoffströme dar. Verwertungs- und Belastungsfaktor sind in den Abbildungen 42 und 43 veranschaulicht.

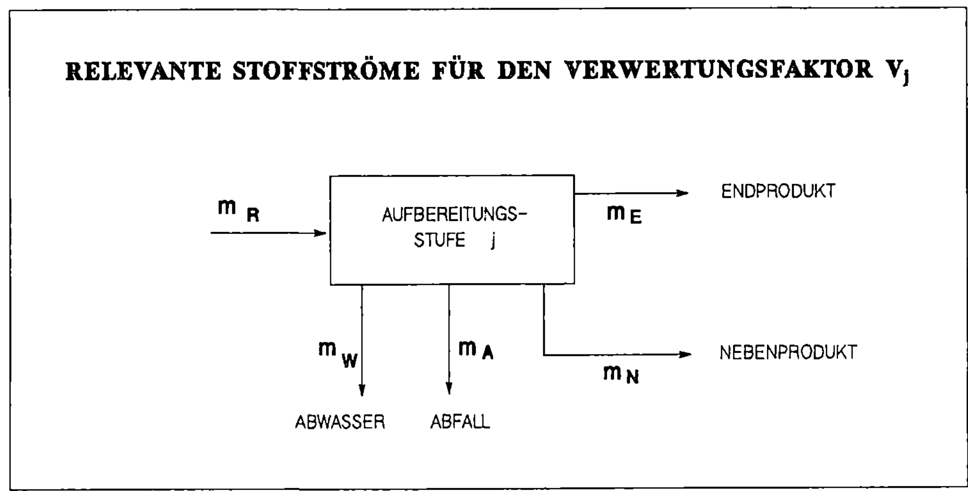

Abbildung 42: Relevante Stoffströme für den Verwertungsfaktor V_j

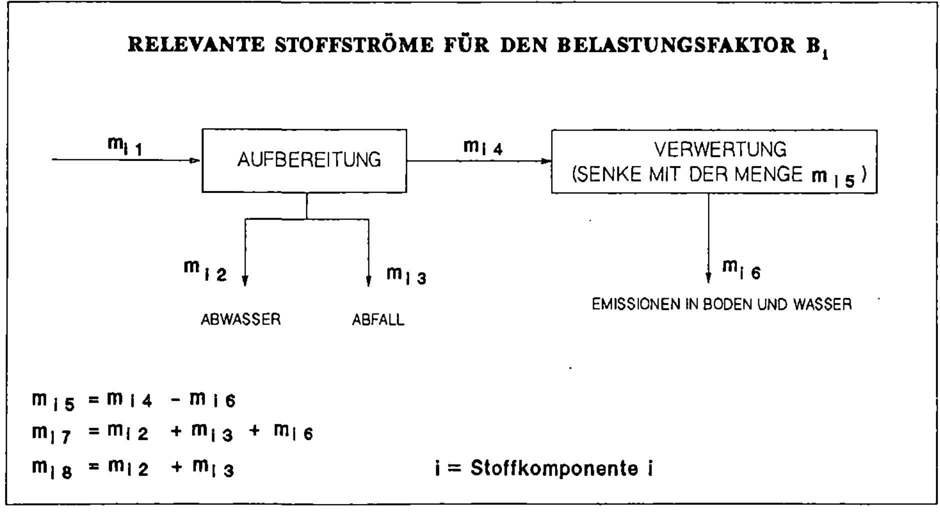

Abbildung 43: Relevante Stoffströme für den Belastungsfaktor B_i

Dabei haben die Abkürzungen folgende Bedeutung:

i : = Stoffkomponente i

j : = Aufbereitungsstufe j

U_{EW} : = Umweltfaktor des Entsorgungsweges

V_j : = Verwertungsfaktor der Aufbereitungsstufe j

B_i : = Belastungsfaktor der Stoffkomponente i

G_i : = Gewichtungsfaktor für die Schadenswirkung der Stoffkomponente i

m_{i1} : = Menge der Stoffkomponete i im anfallenden Reststoff

m_{i2} : = Menge der Emissionen der Stoffkomponente i in den Vorfluter

m_{i3} : = Deponiemenge der Stoffkomponente i

m_{i4} : = Menge der Stoffkomponente i vor der Verwertung

m_{i5} : = Menge der Stoffkomponente i (bei der Verwertung nicht emittiert)

m_{i6} : = Menge der Stoffkomponente i (bei der Verwertung emittiert)

m_R : = Menge des wasserfreien Reststoffes

m_E : = Menge des Endproduktes

m_N : = Menge des Nebenproduktes

m_W : = Menge des Reststoffes im Abwasser

m_A : = Menge des Reststoffes im Abfall

Für die Höhe des U_{EW} ist vor allem der Belastungsfaktor von Bedeutung, da mit ihm eine umweltbezogene Unterscheidung zwischen den Emissionen bei der Aufbereitung einerseits und bei der Verwertung andererseits möglich ist. Bei der Berechnung von B_i wird von dem Ansatz ausgegangen, daß *Emissionen bei der Aufbereitung ein geringeres Belastungsrisiko darstellen als solche bei der Verwertung* (in bezug auf die zu Beginn des Kapitels genannten drei Faktoren). Das läßt sich wie folgt begründen:

- Ort und Zeitpunkt von festen und flüssigen Emissionen bei der Aufbereitung sind im Gegensatz zur Verwertung fixiert, da Aufbereitungsstandorte in diesem Fall definiert sind. Darüber hinaus ist eine kontrollierte Behandlung und Überwachung der anfallenden Abfälle (Schlamm aus der Abwasseraufbereitung und Abwasser[149]) möglich.

- Es existieren Unterschiede hinsichtlich der Qualität von Emissionen. Dabei spielt vor allem die Veränderung der Bindungsformen von bei der nassen Aufbereitung gelösten Schwermetallen durch die Abwasserbe-

---

[149]Durch eine der Abfallzusammensetzung angepaßten Deponierung, vgl. dazu UMBW (1990), können diese Stoffe weitgehend umweltunschädlich entsorgt werden.

handlung eine überragende Rolle. Sie werden in diesem Falle in schwer löslichc Hydroxide umgewandelt. Dies hat in den meisten Fällen auch eine Verringerung der möglichen schädigenden Wirkung der betreffenden Elemente zur Folge. Demgegenüber werden Schwermetallemissionen bei der Verwertung durch die gute Löslichkeit relevanter Verbindungen hervorgerufen, deren toxisches Potential größer ist.

Anmerkungen zu den Faktoren:

Verwertungsfaktor V_j

Er bezieht sich auf den wasserfreien Reststoff; sein Wertebereich liegt zwischen 0 und 1 und bezeichnet den Anteil der nach der Aufbereitung zur Verfügung stehenden Reststoffmenge. Seine Ermittlung geschieht auf der Basis der Stoffbilanzen der Aufbereitungen der Kapitel 5.4.2 - 5.4.4.

Gewichtungsfaktor G_i für die Schadenswirkung von Stoffen

Im Hinblick auf die Bewertung von Emissionen der Entsorgungswege *muß dieser Faktor unberücksichtigt* bleiben, da zu seiner Berechnung eine Skalierung der biotischen und abiotischen toxischen Wirkung von Chlorid, Sulfat und Schwermetallen notwendig wäre. Um diese Mechanismen zahlenmäßig ausdrücken zu können, wäre außerdem ein exakter qualitativer und quantitativer Vergleich dieser Stoffe in ihrer Wirkung in bezug auf Pflanzen, Tiere und Menschen unumgänglich.

Nach Koch (1989) und Klöpfer (1989) stehen folgende wesentliche Kenntnislücken in den Bereichen Chemie, Biologie und Ökotoxikologie diesen Forderungen und damit der Berechnung des Gewichtungsfaktors G_i entgegen:

- theoretische und praktische Methoden zur Ermittlung von Wirkungen sind nur in Ansätzen entwickelt.

- Gefährdungspotential und mögliche Risiken sind nur für wenige Stoffe und auch nur für Pflanzen und Tiere bekannt. Beim Menschen sind Wirkungsmessungen vor allem von Schwermetallen in Abhängigkeit der Dosis, der Bindungsform und der akkumulierten Stoffmenge aus verständlichen Gründen kaum möglich[150]. Dabei ist jedoch auch zu beachten, daß eine Reihe von Schwermetallen (z. B. Zink und Kupfer) als essentielle Spurenelemente wirkt [151].

- Unzureichend sind die Fortschritte im Verständnis struktureller und funktioneller Zusammenhänge von Ökosystemen und möglicher Veränderungen unter dem Einfluß von Emissionen.

- Die molekular-chemischen und -biologischen Grundlagen derartiger Veränderungen sind weitestgehend unbekannt.

- Wirkungsketten und Wirkungsstärkungen der emittierten Stoffe untereinander oder mit nicht anthropogenen Materialien sind nahezu unerforscht.

Darüber hinaus ist jedoch von weitaus größerer Bedeutung, daß

- die Schwermetallgehalte der Reststoffe[152] und die Bindungsform relevanter Elemente nicht bekannt sind und dementsprechend die Aufspaltung der Stoffströme zwischen Aufbereitung und Verwertung nicht angegeben werden kann.

Belastungsfaktor B_i

Dieser Faktor kann entweder den Wert +1 oder -1 annehmen. +1, wenn die Emissionen nur bei der Aufbereitung auftreten und -1, wenn Stoffe nur bei der Verwertung freigesetzt werden. Seine Berechnung erfolgt ebenfalls auf Basis der Stoffbilanzen der Kapitel 5.4.2 - 5.4.4.

---

[150]Ausnahmen bilden solche Fälle, vorwiegend in den 50-er und 60-er Jahren, in denen es durch extreme Emissionen u. a. aufgrund von Unfällen zu einer chronischen Aufnahme von Schwermetallen kam. Zu nennen sind dabei vor allem die Minamata-Krankheit (durch Aufnahme und Akkumulation von Methylenquecksilber) und Itai-Itai-Krankheit (durch Aufnahme und Akkumulation von Cadmium). Beide Krankheiten verliefen in den meisten Fällen tödlich. Als akute Dosis wurde ein Wert im Bereich mg/kg Körpergewicht ermittelt. Eine Zusammenfassung über erste Ansätze zu einer Abschätzung von Dosis - Wirkungsbeziehungen sowie über Zusammenhänge zwischen z. B. Luftgüte und Sterblichkeit wurden u. a. von Pflügner (1988) veröffentlicht.

[151]Die Diskussion um den essentiellen Charakter von Schwermetallen wird schon seit Jahren kontrovers geführt und wird aus heutiger Sicht auch noch andauern. Da Analysemethoden ständig verfeinert und damit auch unbekannte Wirkungsmechanismen entschlüsselt werden, steigt jedoch seit Jahren die Zahl der Elemente, die bei Tieren, Menschen und Pflanzen von physiologischer Bedeutung sind.

[152]Resultiert u. a. aus dem unzureichenden Analysenumfang.

Umweltfaktor des Entsorgungsweges U_{EW}

Der Wertebereich von U_{EW} liegt zwischen 0 und 2, wobei für die *Auswahl der TEW U_{EW} >0 gefordert wird*. Folgende Zahlenwerte kann U_{EW} annehmen:

1. U_{EW} = 2,   d. h. V_j = +1; B_i = +1
   Keine Emissionen bei Aufbereitung und Verwertung.

2. U_{EW} = 1 - 2,   d. h. V_j = <1; B_i = +1
   Emissionen bei der Aufbereitung.

3. U_{EW} = 0,   d. h. V_j = +1; B_i = -1
   Emissionen bei der Verwertung.

6.3.2 Umweltfaktoren U_{EW} der technischen Entsorgungswege

In Tabelle 33 sind die Verwertungs-, Belastungs- und Umweltfaktoren der technischen Entsorgungswege zusammengefaßt, wobei auffällt, daß bei KWR die Faktoren jeweils den gleichen Wert annehmen, U_{EW} für alle TEW dieses Reststoffes also immer gleich ist. Der Grund dafür ist, daß KWR im Anfallzustand einen relativ hohen Prozentsatz an Wasser enthält, der in jedem Fall, d. h. bei allen Aufbereitungen, abgetrennt werden muß.

Tabelle 33: Umweltfaktoren U_{EW} der technischen Entsorgungswege

technische Entsorgungswege	Verwertungsfaktor V_j	Belastungfaktor B_i	Umweltfaktor U_{EW}
RFA 1 A	1	+1	2
1 B	1	-1	0
2	1	+1	2
3	0,95	+1	1,95
4	0,95	+1	1,95
WA 1 A	1	+1	2
1 B	1	-1	0
2	1	+1	2
3	0,85	+1	1,85
SAR 1 A	1	+1	2
1 B	1	-1	0
2	0,85	+1	1,85
3	0,95	+1	1,95
4	0,95	+1	1,95
KWR 1 A	0,98	+1	1,98
1 B	0,98	+1	1,98
2	0,98	+1	1,98
3	0,98	+1	1,98
4	0,98	+1	1,98

6.4 KOSTEN DER TECHNISCHEN ENTSORGUNGSWEGE

Grundlage der in der Folge gewählten *Kostenvergleichsrechnung* zur Bewertung und Auswahl der TEW - *als ein Verfahren der statischen Investitionsrechnung*[153] - sind die sich aus den jährlichen Gesamtkostenfunktionen einer Aufbereitung ergebenden spezifischen Gesamtkosten in DM/t Reststoff [154] (vgl S. 120). Der statischen Investitionsrechnung mit durchschnittlichen Periodenkosten wurde deshalb der Vorzug gegeben, da davon ausgegangen wurde, daß sich alle relevanten Daten im Betrachtungszeitraum nicht verändern.

Bezugsgrößen für die Kostenvergleichsrechnung sind definierte und von der jährlich zu verarbeitenden Reststoffmenge abhängige *Kapazitätsbereiche der Aufbereitungen (t Reststoff/h) und deren festgelegte Betriebsstundenzahl (h/a)*. Unberücksichtigt bleiben müssen dagegen Folgekosten, die einer möglichen Umweltbeeinflussung/-schädigung durch Emissionen (Luft, Wasser und Boden) der Aufbereitungen zugerechnet werden können[155].

Die geschätzten *spezifischen Gesamtkosten (KG_E)* eines technischen Entsorgungsweges ergeben sich gemäß folgender Beziehung, welche sich an der in VDI (1979), Rentz (1979) und IIP (1989) vorgeschlagenen Vorgehensweise zur Kostenermittlung u. a. von Anlagen zur Emissionsminderung orientiert:

$$KG_E = (K_I + K_B + K_P + K_A - E)/m$$

Hierin bedeuten:

KG_E	: =	spezifische Gesamtkosten eines technischen Entsorgungsweges in [DM/t Reststoff]
K_I	: =	investitionsabhängige Kosten in [DM/a]
K_B	: =	betriebsmittelverbrauchsabhängige Kosten in [DM/a]
K_P	: =	Personalkosten in [DM/a]
K_A	: =	Abfallentsorgungskosten in [DM/a]
E	: =	Erlöse für die aufbereiteten Reststoffe in [DM/a]
m	: =	aufzubereitende Reststoffmenge [t/a]

---

[153]Die verschiedenen Ansätze der Investitionsrechnung für einen wirtschaftlichen Vergleich von z. B. Umweltschutz- Investitionen werden u. a. bei Rentz (1970) auf ihre Eignung hin überprüft.

[154]Diese verhältnismäßig einfache Methode bietet sich für die Auswahl an, da bei Aufbereitungen mit keinen nennenswerten Einnahmen oder Ausgaben zu rechnen ist. Erlöse aus dem Verkauf der aufbereiteten Reststoffe sind wesentlich niedriger als die Aufbereitungskosten (vgl. dazu Tab. 35). Schon daher ist eine Gewinnvergleichsrechnung nicht sinnvoll.

[155]Auf die der Monetarisierung von Umweltbeeinflussungen/-schädigungen wurde schon in Kapitel 2.2 eingegangen.

6.4.1 Vorgehensweise zur Kostenermittlung

Zur Ermittlung der spezifischen Gesamtkosten ist in einem ersten Schritt die Berechnung der investitionsabhängigen Kosten vorzunehmen. Dazu muß die für eine Aufbereitungsanlage zu erbringende Gesamtinvestition geschätzt werden.

6.4.1.1 Investitionen

Grundsätzlich enthalten die Investitionen die kumulierten Ausgaben bis zur Inbetriebnahme der Aufbereitung für deren Errichtung und die Erbringung immaterieller Leistungen (z. B. Engineering), die damit direkt in Verbindung stehen. Es handelt sich dabei im wesentlichen um Ausgaben für folgende **Hauptpositionen**[156]:

- Apparate und Maschinen,

- Bau (Gebäude, Stahlbau, Fundamente, etc.),

- Montage,

- Anstriche und Isolierung,

- Elektrische Installationen, Meß- und Regeltechnik,

- Engineering und Consulting,

- Versorgungseinrichtungen (Strom, Wasser, etc.),

- Off-Sites (Straßen, Sozialräume, Kanalisation, etc.),

- Grundstück.

Zusätzlich sind neben den eigentlichen Aufbereitungsaggregaten/-maschinen folgende Positionen berücksichtigt:

- Pufferbunker/-silos innerhalb der Aufbereitung,

- Fördereinrichtungen innerhalb der Aufbereitung,

---

[156]Ihr Umfang erklärt sich aus der Forderung heraus, daß jede Aufbereitung von der Ausstattung her in der Lage sein muß, die Reststoffbehandlung ohne Einbindung in eine größere Unternehmenseinheit und Nutzung dort vorhandener Einrichtungen durchzuführen. Von der Problematik her würde sich prinzipiell auch die Möglichkeit ergeben, derartige Anlagen in Verbindung mit z. B. stationären Bauschuttaufbereitungen zu erstellen und zu betreiben.

- Staub- und Lärmschutzeinrichtungen (bei Mühlen),

- Fallrohre, Aufgabe- und Abwurfrutschen,

- Pumpen und Rohrleitungen.

6.4.1.2 Kosten

Investitionsabhängige Kosten

Die *investitionsabhängigen Kosten* K_I [DM/a] ergeben sich in Abhängigkeit von der Investition I [DM] gemäß:

$$K_I = I_0 \cdot a + I_0 \cdot (s + v + r)$$

Hier bedeuten:

I_0	: =	Investition in [DM]
a	: =	Satz für kalkulatorische Abschreibung[157] und
		kalkulatorische Zinsen, 11 %/a[158]
s	: =	Satz für investitionsabhängige Steuern in [1/a]
v	: =	Satz für sonstige investitionsabhängige Kostenarten [1/a]
r	: =	Satz für Wartung, Instandhaltung und Reparatur in [1/a]

Für s, v und r gelten:

s	:	für Anlagen und /-zuschläge = 0,03
	:	für Versorgungseinrichtungen und Off-sites = 0,02
v	:	für Anlagen und /-zuschläge = 0,03
	:	für Versorgungseinrichtungen und Off-sites = 0,02
r	:	für Anlagen und /-zuschläge = 0,05 - 0,1[159]
	:	für Versorgungseinrichtungen und Off-sites = 0,02

---

[157]Abschreibungszeitraum für die Reststoffaufbereitung = 15 a. Bei Bauschuttaufbereitungen wird in der Regel ein Abschreibungszeitraum von maximal 10 a zugrundegelegt (BBA, 1987). Diese Aufbereitungen enthalten jedoch fast ausschließlich mechanische Aggregate mit geringer Nutzungsdauer (z. B. Brechanlagen, Lader, Bagger). Die hier konzipierten teilmechanischen Aufbereitungen enthalten demgegenüber Apparate längerer Nutzungsdauer.

[158]Anlagenlaufzeit maximal 40.000 h; 2-Schichtbetrieb mit 3.000 Anlagenbetriebsstunden (bezogen auf 75 % Anlagenverfügbarkeit).

[159]Diese Werte orientieren sich im Falle mechanischer Aggregate an Angaben für Bauschuttrecyclinganlagen (z. B. BBA, 1987; Härtle et al., 1988; Offermann, 1988).

Betriebsmittelverbrauchsabhängige Kosten

Bei Aufbereitungen von Reststoffen ergeben sich folgende Kostenarten für *betriebsmittelverbrauchsabhängige Kosten K_B [DM/a]*, wobei für K_{BM} von gemittelten Einheitspreisen ausgegangen wird.

$$K_B = (K_{BE} \cdot b_{BE} + K_{BM} \cdot b_{BM}) \cdot T$$

Dabei gilt:

K_{BE} : = <u>Energiekosten</u> für:
  Strom
  Wärmeenergie
  Niederdruckdampf

K_{BM} : = <u>Betriebsmittelkosten</u> für:
  Zement
  konz. Schwefelsäure
  Chemikalien für Flotation
  Chemikalien für Abwasserbehandlung[160]:
    $FeCl_3$ (40%ig)
    TMT15 (15%ig)
    FHM (98%ig)
    $Ca(OH)_2$ (>99%ig)

T : = jährliche Betriebsstundenzahl in [h/a]
b_{BE} : = Energieverbrauchsmenge in [kWh/h]
b_{BM} : = Betriebsmittelverbrauchsmenge in [kg/h]

Für die Berechnung der betriebsmittelverbrauchsabhängigen Kosten wurden die in Tabelle 34 angegebenen Einheitspreise frei Verbraucher angesetzt.

---

[160]TMT 15 = Trimercapto-s-triazin-trinatriumsalz (Fällungsmitttel); FHM = Flockungshilfsmittel.

Tabelle 34: Basisdaten für die Ermittlung der betriebsmittelverbrauchsabhängigen Kosten

```
ENERGIE:
    Strom                                      0,2 DM / kWh
    Wärmeenergie                               0,2 DM / kWh
    Niederdruckdampf ·                        35   DM / t

BETRIEBSMITTEL:
    Zement                                   130   DM / t
    konz. Schwefelsäure                        0,2 DM / kWh
    Chemikalien für die Flotation              1   DM / kg

CHEMIKALIEN (ABWASSERBEHANDLUNG):
    FeCl₃ (40%ig)                    0,6 -   1 DM / kg
    TMT 15 (15%ig)                    4   -   6 DM / kg
    FHM (98%ig)                              10 DM / kg
    Ca(OH)₂ (>99%ig)              135 - 150 DM / t
```

Personalkosten

Die *Personalkosten K_P [DM/a]* für Aufbereitungen sind abhängig von der Anlagengröße, der Anlagenart und der erforderlichen Qualifikation der Arbeitskräfte und setzen sich wie folgt zusammen:

$$K_P = K_{PMF} \cdot [N_{F1} + N_{F2} \cdot (1 + z)] + K_{PMH} \cdot [N_{H1} + N_{H2} \cdot (1 + z)]$$

mit:

$$
\begin{array}{lll}
K_{PMF} & := & 80.000 \text{ [DM/Mann} \cdot \text{a] für Fachkräfte} \\
K_{PMH} & := & 40.000 \text{ [DM/Mann} \cdot \text{a] für Hilfskräfte} \\
N_{F1} & := & \text{Anzahl der Arbeitskräfte für Facharbeiter der 1. Schicht} \\
N_{F2} & := & \text{Anzahl der Arbeitsplätze für Facharbeiter der 2. Schicht} \\
N_{H1} & := & \text{Anzahl der Arbeitsplätze für Hilfskräfte der 1. Schicht} \\
N_{H2} & := & \text{Anzahl der Arbeitsplätze für Hilfskräfte der 2. Schicht} \\
z & := & \text{Schichtzuschlag für 2. Schicht in [\%]}
\end{array}
$$

Abfallentsorgungskosten

Abfallentsorgungskosten K_A [DM/a] variieren mit der Anlagenart und sind vor allem bei nassen Verfahren nicht zu vernachlässigen. Die Kosten für die Entsorgung (Deponierung) der festen Abfälle sind gemittelt. Abfallentsorgungskosten ergeben sich gemäß der Beziehung

$$K_A = (K_{AW} \cdot b_{AW} + K_{AA} \cdot b_{AA}) \cdot T$$

mit:

K_{AW} : = Einleitkosten für Abwasser (4 DM/m^3)

K_{AA} : = Entsorgungskosten (Deponiekosten) für Abfälle aus der
Abwasserbehandlung (300 DM/t)

T : = jährliche Betriebsstundenzahl in [h/a]

b_{AW} : = Abwassermenge in [m^3/h]

b_{AA} : = Abfallmenge in [t/h]

Erlöse für die aufbereiteten Reststoffe

Die Gesamtkosten jedes technischen Entsorgungsweges vermindern sich um die Erlöse aus dem Verkauf der aufbereiteten Reststoffe. Dabei können z. Zt. (Mitte 1990) die in Tabelle 35 zusammengefaßten durchschnittlichen Verkaufserlöse erzielt werden.

Tabelle 35: Erzielbare Verkaufserlöse für aufbereitete Reststoffe (Stand Mitte 1990)

technische Entsorgungswege	Erlös (DM/t) aus der Verwertung
RFA 1 A	bis 50
1 B	" 10
2	" 20
3	" 50
4	" 20
WA 1 A	bis 10
1 B	" 10
2	" 20
3	" 20
SAR 1 A	bis 10
1 B	" 10
2	" 50
3	" 20
4	" 100
KWR 1 A	bis 10
1 B	" 10
2	" 50
3	" 20
4	" 100

Der Erlös orientiert sich im wesentlichen an den Preisen vergleichbarer Naturrohstoffe, korrigiert um mögliche Zusatzkosten bzw. Einsparungen bei der Produktion auf Reststoffbasis.

Der erzielbare Erlös für die Reststoffe liegt jedoch in der Regel unter den entsprechenden Kosten der Naturrohstoffe, da keine rechtliche Abnahmeverpflichtung besteht und u. a. ein finanzieller Anreiz für den Aufbau und die Realisierung einer Verwertung vorhanden sein muß.

Dementsprechend kommt in bezug auf den Erlös der Reststoffe den Naturrohstoffkosten eine maßgebende Bedeutung zu. Prinzipiell ist im Laufe der Zeit aus folgenden Gründen mit zunehmenden Rohstoffkosten zu rechnen:

- Mit fortschreitendem Rohstoffbedarf verlagert sich die Gewinnung auf immer schwieriger abbaubare Lagerstätten bzw. auf solche mit geringerer Rohstoffkonzentration (GJ, 1986).

- Die dadurch in Zukunft steigenden Extraktionskosten werden in den gegenwärtigen Rohstoffpreisen nicht reflektiert (Faber et al., 1983).

- Die Erteilung von Abbaugenehmigungen erfolgt immer restriktiver.

6.4.2 Investitionen und Kosten der technischen Entsorgungswege

6.4.2.1 Durchführung der Investitionsschätzung

Grundlagen für die Schätzung der Investition sind Angebote/Informationen der in Anhang 1 aufgeführten Anbieter/Hersteller von Aufbereitungsapparaten/-maschinen. Vorausgesetzt ist dabei eine definierte *spezifische Aufbereitungsleistung in [t/h]*. Die Höhe der Investition resultiert aus der Auslegung der Aufbereitung, welche sich aus der *jährlich anfallenden/zu verarbeitenden Reststoffmenge*[161] und den *jährlichen Betriebsstunden* ergibt und durch *Kapazitätsklassen* ausgedrückt wird (vgl. dazu Kapitel 5.4.1)[162]. Darüber hinaus beziehen sich die Investitionsschätzungen auch auf nicht anfallmengenbezogene Kapazitätsklassen (vgl. dazu Kapitel 5.4.1). Das ist zur Berechnung von Kostenfunktionen notwendig.

In Tabelle 36 sind die gewählten Kapazitätsklassen angegeben, wobei die anfallmengenbezogenen Werte gleichzeitig auch die Gesamtanlagenkapazität bezeichnen und für jede Aufbereitung bzw. TEW eines Reststoffes Gültigkeit besitzen.

---

[161]Reststoffmengen aus dem Geltungsbereich der GFAVO und der TA Luft.
[162]Demgegenüber erfolgt die Abschätzung der minimal notwendingen theoretischen Verwertungspotentiale über die nach der Aufbereitung zur Verfügung stehenden Reststoffmengen.

Tabelle 36: Kapazitätsklassen der Aufbereitungen zur Schätzung der Investition

Reststoff	Kapazitätsklassen (t/h)	
	anfallmengen-bezogen	nicht anfallmengen-bezogen
RFA	17	10
WA	10,5	5
SAR	9	5
KWR	2,5	5

Zusätzlich wurden den Berechnungen folgende Annahmen zugrundegelegt, welche z. T. auch von der Anlagenkapazität abhängen:

- Gesamtlänge pneumatischer Förderwege zwischen Lagerung und Aufbereitung 100 - 150 m,

- Gesamtlänge mechanischer Förderwege zwischen Lagerung und Aufbereitung 50 - 200 m,

- Kapazität der Vorratslager wie Silos und Hallen vor und nach der Aufbereitung 1 Woche; Abweichungen davon sind gesondert angegeben,

- Kapazität für Pufferlager (Halle) innerhalb der Aufbereitung 4 Tage (gilt nur für RFA 2 und WA 2) und

- Grundstücksgrößen je nach Aufbereitung zwischen 5.000 und 12.000 m^2, wobei ein Preis von 15 DM/m^2 angenommen wurde.

Da die von den Anbietern/Herstellern abgegebenen Angebote nur Apparate/Maschinen umfaßten, mußten für die Ermittlung der Gesamtanlageninvestitionen die in Kapitel 6.4.1.1 neben den Aggregaten/Maschinen zusätzlich aufgelisteten *Hauptpositionen der Investitionen geschätzt* werden. Dazu wurden sie in Kapitalbedarfspositionen zusammengefaßt und folgende Einteilung gewählt:

- Anlageninvestitionen (Apparate und Maschinen),

- Zuschläge auf die Anlageninvestition (Bau, Montage, Engineering und Consulting, elektrische Installationen, Meß- und Regeltechnik, etc.),

- Investitionen für Versorgungseinrichtungen,

- Investitionen für Off-sites sowie

- Investitionen für Grundstücke.

Als Basis zur Berechnung der übrigen mit den Firmenangeboten nicht erfaßten Kapitalbedarfspositionen dienten die *Anlageninvestitionen*, da zwischen ihnen eine relativ konstante Beziehung besteht (Lang, 1948; Prinzing et al., 1985; Nill, 1986). Dieser Zusammenhang wird durch *prozentuale Zuschlagsätze*[163] *auf die Anlageninvestition* ausgedrückt. In der Literatur (z. B. Helfrich & Schubert, 1973; Engel, 1975; Burgert, 1979; Prinzing et al., 1985) ist eine Reihe von Zuschlagsätzen (Gesamtfaktoren) veröffentlicht, welche jedoch in Abhängigkeit vom Prozeßtyp der Anlage starken Schwankungen unterliegen. Sofern die Anlageninvestition gleich 100 gesetzt wird, variieren die Zuschlagsätze für die übrigen Hauptpositionen im Bereich zwischen 80 und 380. Für Aufbereitungsanlagen für Hausmüll wurden ähnliche Werte ermittelt (Bilitewski, 1978). Die genauere Schätzung über *Einzelfaktoren ist aus Datengründen nicht möglich* und sollte sich darüber hinaus an *mindestens einer Vergleichsanlage orientieren* (Muthmann, 1984).

Entgegen den veröffentlichten Angaben wurde den Berechnungen der Gesamtinvestitionen für die Aufbereitungen ein **Gesamtfaktor von 175** zugrundegelegt. Dieser relativ niedrige Faktor läßt sich wie folgt begründen:

- überwiegend mechanische Verfahren,

- geringer Anteil an Verfahren, die mit nassen und/oder aggressiven Medien arbeiten,

- sehr geringer Anteil an Verfahren, die mit Druck arbeiten,

- fast ausschließlich Einstranganlagen.

Gesamtinvestitionen für die Aufbereitungen der technischen Entsorgungswege

Tabelle 37 enthält mit Ausnahme von KWR 2 die geschätzten Gesamtinvestitionen aller Aufbereitungen der TEW. Die Gesamtinvestitionen für die Aufbereitung gemäß KWR 2 sind nicht angegeben, da, wie bereits in Kapitel 5.4.4 er-

---

[163]Diese Zuschlagsätze beruhen im wesentlichen auf Analysen der Investitionen für Chemieanlagen.

wähnt, die Aufbereitung dieses Reststoffes für beide Kapazitätsklassen aus technischen Gründen nicht mehr sinnvoll ist.

Tabelle 37: Gesamtinvestitionen für die Aufbereitungen der technischen Entsorgungswege

technische Entsorgungswege	GESAMTINVESTITIONEN (1.000 DM)	
	Kapazitätsklassen (t/h)	
	17	10
RFA 1 A	7.800 - 8.200	5.100 - 6.000
1 B	7.000 - 8.200	5.100 - 6.000
2	10.700 - 14.200 (Pellets)	7.900 - 10.400 (Pellets)
	13.700 - 17.600 (Splitt)	10.000 - 12.900 (Splitt)
3	33.900 - 42.200	24.700 - 30.800
4	ca. 30.000 (Kapazität 30 - 45 t/h)[1]	
	Kapazitätsklassen (t/h)	
	10,5	5
WA 1 A	4.000 - 4.600	2.700 - 3.700
1 B	4.000 - 4.600	2.700 - 3.700
2	7.600 - 10.200 (Pellets)	5.700 - 7.700 (Pellets)
	10.400 - 12.700 (Splitt)	7.000 - 9.800 (Splitt)
3	17.700 - 21.300	9.800 - 13.000
	Kapazitätsklassen (t/h)	
	9	5
SAR 1 A	1.500 - 1.900	1.000 - 1.200
1 B	1.500 - 1.900	1.000 - 1.200
2	23.500 - 26.900	16.500 - 18.900
3	14.100 - 18.400	9.800 - 12.400
4	25.800 - 30.100	17.100 - 19.700
	Kapazitätsklassen (t/h)	
	5	2,5
KWR 1 A	2.700 - 3.300	1.800 - 2.200
1 B	2.700 - 3.300	1.800 - 2.200
2	2)	2)
3	10.700 - 13.600	7.100 - 8.900
4	15.200 - 18.100	9.400 - 10.200

[1] Nur Sinteranlage gemäß Kapitel 5.3; Investitionen beziehen sich auf eine Einzelanfertigung. Kleinere Anlagen existieren nach Angaben des Herstellers (Krupp-Koppers, vgl. Anhang 1) nicht und werden auch auf dem Markt nicht angeboten.

[2] Nach Angaben des Anbieters des Wirbelbettreaktors (Fläkt, vgl. Anhang 1) ist in diesen Kapazitätsklassen die Aufbereitung aus technischen Gründen nicht mehr sinnvoll (vgl. dazu Kapitel 5.4.4).

Aus Tabelle 37 ist ersichtlich, daß der summierte Investitionsbedarf für alle Aufbereitungen (1 Aufbereitung je Reststoff) in weiten Bereichen variiert. Für kleinere Kapazitäten schwankt der Gesamtinvestitionsbedarf zwischen ca. **10 und 70 Mio. DM** und für größere Kapazitäten zwischen ca. **15 und 110 Mio. DM.**

Im Falle der niedrigen Investitionen sind es bei beiden Kapazitätsklassen die Aufbereitungen der Wege 1A oder 1B, wohingegen der größere Investitionsbedarf aus den aufwendigeren Aufbereitungen der Wege RFA 3/WA 3 sowie SAR 4/KWR 4 resultiert.

6.4.2.2 Durchführung der Kostenschätzung

Die Kosten der TEW sind als *spezifische Gesamtkosten (DM/t Reststoff)* bei einer *jährlichen Anlagenlaufzeit von 3.000 h und in Abhängigkeit vom Anlagendurchsatz (t/h)* in den Abbildungen 44 - 46 angegeben. Darüber hinaus werden in Tabelle 38 zum Vergleich der absoluten Höhe der Kosten zusätzlich die jährlichen Gesamtkosten angegeben.

Beachtet wurden gemäß Kapitel 6.4.1.2 folgende Kosten:

- investitionsabhängige Kosten (Abschreibungen und Zinsen, Steuern und Versicherungen, Wartung, Instandhaltung, Reparatur),

- betriebsmittelverbrauchsabhängige Kosten (Energie, Betriebsmittel),

- Personalkosten und Abfallentsorgungskosten.

Die Erlöse aus dem Verkauf der aufbereiteten Restsoffe sind nur tabellarisch erfaßt und in den Kostenkurven der Abbildungen 44 - 46 nicht enthalten.

Die Gesamtkosten setzen sich zusammen aus fixen[164] und variablen Kostenanteilen, wobei die fixen Kosten im wesentlichen die Kosten für

- Aufbereitungsaggregate/-maschinen,

- Lager- und Fördereinrichtungen,

- Versorgungseinrichtungen und Off-sites und

- Personal (anteilig)

---

[164]Streng betrachtet, sind die fixen Kosten nicht absolut fix, da beispielsweise durch eine Erhöhung der jährlichen Betriebsstunden einer Anlage, deren Lebensdauer durch eine bestimmte Vollastbetriebsstundenzahl begrenzt ist, die Kapitalkosten je Leistungseinheit sinken. Dementgegen stehen gewisse Mehrkosten bei den variablen Kosten infolge von Mehrarbeitszuschlägen. Solche nichtlinearen Effekte können jedoch aufgrund der verfügbaren Datenqualität hier nicht berücksichtigt werden.

und die variablen Kosten die Kosten für

- Betriebsmittel,

- Personal (anteilig) sowie

- Abfall- und Abwasserentsorgung

enthalten.

Die dargestellten Funktionen der spezifischen Gesamtkosten betreffen aus schon genannten Gründen für jeden Entsorgungsweg den *Kapazitätsbereich von 2,5 - 17,5 t/h, was einer jährlichen Verarbeitungsmenge von 7.500 - >51.000 t je Reststoff entspricht.* Aufbauend auf den Berechnungen für die bekannten Kapazitätsklassen wurde sowohl zwischen den erhaltenen Wertepaaren als auch unterhalb und oberhalb von diesen extrapoliert. Dieses geschah über einen *Größendegressionsansatz.* Dafür wurde ein durchschnittlicher *Degressions-Faktor von 0,6* zugrundegelegt, und zwar unter Beachtung von Angaben aus Engel (1975) über Mühlen sowie Sortier- und Klassiergeräte.

Gesamtkosten für die Aufbereitungen der technischen Entsorgungswege[165]

In Tabelle 38 sind mit Ausnahme von RFA 4, SAR 4 sowie KWR 2 und 4 die jährlichen und spezifischen Gesamtkosten für die Aufbereitungen der technischen Entsorgungswege zusammengefaßt. Darüber hinaus sind separat die möglichen Erlöse (DM/t) aus dem Verkauf der aufbereiteten Reststoffe angegeben.

Die graphische Darstellung der Verläufe der spezifischen Gesamtkosten über den Kapazitätsbereich 2,5 - 17,5 t/h ist für RFA aus Abbildung 44, für WA aus Abbildung 45 und für SAR und KWR aus Abbildung 46 ersichtlich.

---

[165]Ohne Beachtung der Erlöse aus dem Verkauf der aufbereiteten Reststoffe.

Tabelle 38: Jährliche und spezifische Gesamtkosten der Aufbereitungen

technische Entsorgungswege	GESAMTKOSTEN (1.000 DM/a) bei 3.000 Anlagenbetriebsstunden/a		SPEZIFISCHE GESAMTKOSTEN (DM/t) bei 3.000 Anlagenbetriebsstunden		ERLÖSE (DM/t)
	Kapazitätsklassen (t/h)				
	17	10	17	10	
RFA 1 A	2.200 - 2.900	1.800 - 2.400	45 - 55	60 - 80	bis 50
1 B	2.200 - 2.900	1.800 - 2.400	45 - 55	60 - 80	" 10
2	3.500 - 4.900 (Pellets)	2.700 - 3.900 (Pellets)	70 - 95 (Pellets)	90 - 130 (Pellets)	" 20
	4.400 - 6.000 (Splitt)	3.400 - 4.700 (Splitt)	85 - 115 (Splitt)	115 - 155 (Splitt)	" 20
3	11.300 - 15.200	8.100 - 10.900	220 - 300	270 - 365	" 50
4	1)	1)	1)	1)	-
	Kapazitätsklassen (t/h)				
	10,5	5	10,5	5	
WA 1 A	1.800 - 2.500	1.400 - 2.000	55 - 80	95 - 135	bis 10
1 B	1.800 - 2.500	1.400 - 2.000	55 - 80	95 - 135	" 10
2	3.200 - 4.600 (Pellets)	2.400 - 3.500 (Pellets)	100 - 145 (Pellets)	160 - 235 (Pellets)	" 20
	3.900 - 5.200 (Splitt)	2.800 - 4.000 (Splitt)	125 - 165 (Splitt)	185 - 265 (Splitt)	" 20
3	6.200 - 7.400	3.900 - 5.000	195 - 235	260 - 335	" 20
	Kapazitätsklassen (t/h)				
	9	5	9	5	
SAR 1 A	1.300 - 1.800	1.200 - 1.700	50 - 65	80 - 115	bis 10
1 B	1.300 - 1.800	1.200 - 1.700	50 - 65	80 - 115	" 10
2	7.100 - 8.500	4.900 - 5.800	265 - 315	325 - 385	" 50
3	5.900 - 8.200	4.000 - 5.300	220 - 305	265 - 355	" 20
4	1)	1)	1)	1)	-
	Kapazitätsklassen (t/h)				
	5	2,5	5	2,5	
KWR 1 A	1.500 - 2.000	1.200 - 1.700	100 - 135	160 - 225	bis 10
1 B	1.500 - 2.000	1.200 - 1.700	100 - 135	160 - 225	" 10
2	2)	2)	2)	2)	-
3	5.300 - 7.400	3.600 - 4.800	355 - 495	480 - 640	" 20
4	1)	1)	1)	1)	-

1) Nicht abschätzbar, weil Aufbereitung in bestehende Produktionsanlage integriert ist. Da diese Aufbereitung eine Weiterführung der Aufbereitung gemäß RFA 3 bzw. SAR 3 darstellt, werden die spezifischen Gesamtkosten jedoch erheblich über derjenigen von RFA 3 und SAR 3 liegen.

2) Nach Angaben des Anbieters des Wirbelbettreaktors (Fläkt, vgl. Anlage 1) ist in diesen Kapazitäsklassen eine Aufbereitung aus technischen Gründen nicht mehr sinnvoll (vgl. dazu Kapitel 5.4.4).

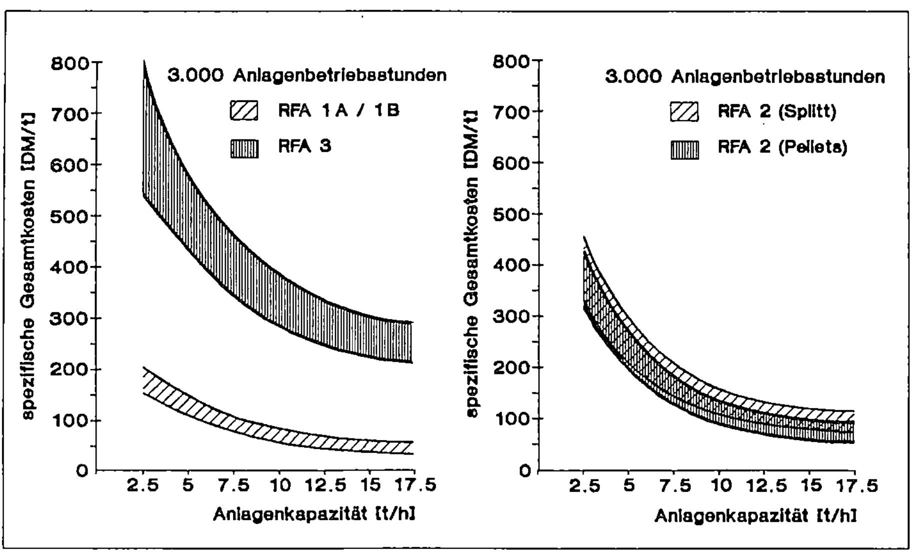

Abbildung 44: Spezifische Gesamtkosten der Aufbereitungen für die technischen Entsorgungswege von Rostfeuerungsflugaschen

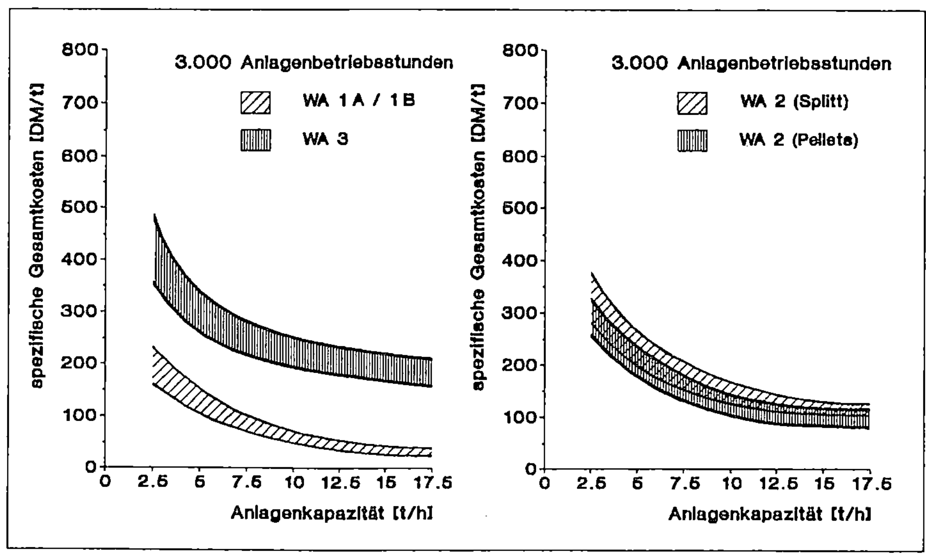

Abbildung 45: Spezifische Gesamtkosten der Aufbereitungen für die technischen Entsorgungswege von Wirbelschichtaschen

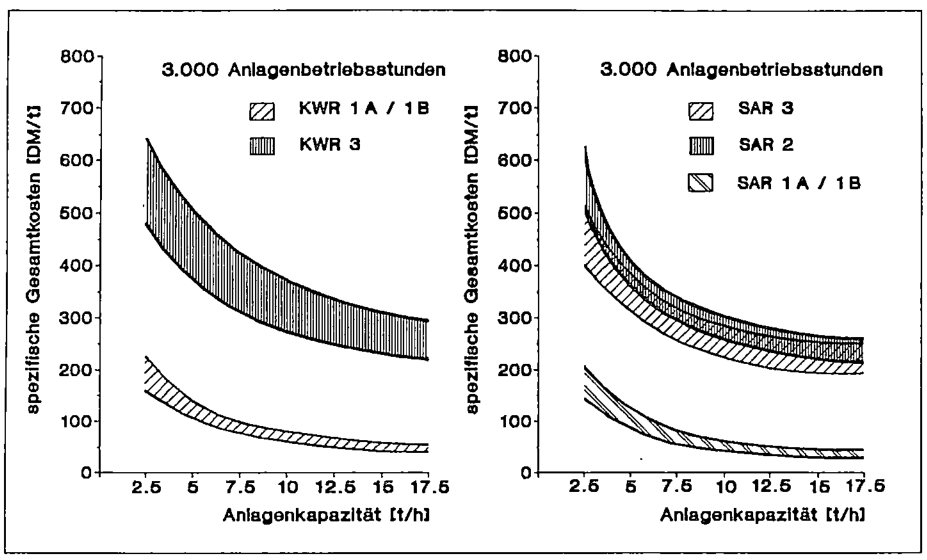

Abbildung 46: Spezifische Gesamtkosten der Aufbereitungen für die technischen Entsorgungswege von Sprühabsorptionsreststoffen und Calciumsulfit-/Calciumsulfatschlämmen

Bei den fixen als auch bei den variablen Kosten besteht eine mehr oder weniger starke Abhängigkeit vom TEW. Darauf aufbauend erhebt sich die Frage, ob und inwieweit es Interdependenzen der Kosten gibt, wenn man in die Betrachtung mehrere TEW simultan einbezieht. Dabei zeigt sich für den Fall von mehr als einem TEW bzw. einer Aufbereitung an einem Standort, daß dies einen erheblichen Einfluß auf die Aufbereitungskosten haben kann.

Dazu betrachte man für zwei unterschiedliche technische Entsorgungswege die Aufbereitungsfunktionen zweier beliebiger Kapazitätsbereiche. Jede dieser beiden Kostenfunktionen besteht sowohl hinsichtlich der fixen als auch der variablen Kosten aus einem vom jeweiligen technischen Entsorgungsweg abhängigen und unabhängigen Anteil[166]. Durch gemeinsame Errichtung und gemeinsamen Betrieb der beiden Aufbereitungen an einem Standort bestehen im Vergleich zur getrennten (voneinander isolierten) Errichtung und getrenntem Betrieb in jedem Fall Kostenreduktionen bezogen auf die von den TEW abhängigen Kostenanteile[167].

---

[166]Das Verhältnis der vom Entsorgungsweg unabhängigen zu den abhängigen Kosten liegt in der Regel in der Größenordnung von 1 : 10.
[167]Pauschal können diese Kostenanteile als von der verarbeiteten Gesamtreststoffmenge abhängig bezeichnet werden.

Die Auswirkung einer Zusammenlegung von Aufbereitungen auf die Kosten wird in Kapitel 7 ausführlich behandelt.

6.5 AUSWAHL DER TECHNISCHEN ENTSORGUNGSWEGE FÜR BADEN-WÜRTTEMBERG

Gemäß der Zielsetzung dieser Arbeit soll die Auswahl der TEW so erfolgen, daß die *Verwertung der aufbereiteten Reststoffe langfristig gesichert werden kann*, und zwar unter Beachtung ökologischer, technischer und wirtschaftlicher Rahmenbedingungen. Dazu wurden die TEW in bezug auf folgende Kriterien quantitativ bewertet:

- verfügbares reales Verwertungspotential,

- Umweltfaktor,

- Kosten der Aufbereitung.

Eine qualitative Bewertung erfolgte in Hinblick auf:

- Entwicklungsstand der Aufbereitung und

- Stand der Reststoffverwertung (Verwertungssicherheit).

In Tabelle 39 ist das Ergebnis der quantitativen Bewertung zusammengefaßt, außerdem sind in der rechten Spalte die für die Reststoffverwertung in Baden-Württemberg in Betracht kommenden TEW angegeben.

Daraus ergibt sich die für Baden-Württemberg in Abbildung 47 dargestellte Verwertungsstruktur, welche, mit Ausnahme des Nebenproduktstromes aus RFA 2, eine Reststoffverwertung ausschließlich in den Industriebereichen Zement (SAR 2/KWR 2) und Beton (RFA 2/WA 2) ermöglicht.

Tabelle 39: Zusammengefaßte quantitative Bewertung und Auswahl der technischen Entsorgungswege für Baden-Württemberg

technische Entsorgungswege	Verwertungs-potential[1] (1.000 t/a)	ausge-schlossen	Umweltfaktor U_{EM}	ausge-schlossen	spezifische Gesamtkosten[8] (DM/t)	Erlös (DM/t)	spez. Gesamt-kosten[8]- Erlös (DM/t)	ausge-schlossen	ausgewählter technischer Entsorgungsweg
					QUANTITATIVE BEWERTUNGSKRITERIEN				
RFA 1 A	330	(X)	2		45 - 55	bis 50	±0		-
1 B	-	X	0	X	45 - 55	" 10	35 - 55		-
2	700 - 750		2		70 - 95 (Pellets)	" 20	50 - 75 (Pellets)		RFA 2
					85 - 115 (Splitt)	" 20	65 - 95 (Splitt)		
3	450		1,95		220 - 300	" 50	170 - 250	X	-
4	700 - 750[2]		1,95		-	-	-		-
WA 1 A	330[1]	(X)	2		55 - 80	" 10	45 - 70		-
1 B	-	X	0	X	55 - 80	" 10	45 - 70		-
2	700 - 750[2]		2		100 - 145 (Pellets)	" 20	80 - 125 (Pellets)		WA 2
					125 - 165 (Splitt)	" 20	105 - 145 (Splitt)		
3	550[3]	(X)	1,85		195 - 235	" 20	175 - 215	X	-
SAR 1 A	180[4]	(X)	2		50 - 65	" 10	40 - 55		-
1 B	-	X	0	X	50 - 65	" 10	40 - 55		-
2	120		1,85		265 - 315	" 50	215 - 265		SAR 2
3	550		1,95		220 - 305	" 20	200 - 285	X	-
4	-	X	1,95		-	-	-		-
KWR 1 A	180[5]	(X)	1,98		160 - 225	" 10	150 - 215		-
1 B	-	X	1,98		160 - 225	" 10	150 - 225		-
2	120[6]		1,98		-	-	-		(KWR 2)
3	550[7]		1,98		480 - 640	" 20	460 - 620	X	-
4	-	X	1,98		-	-	-		-

1) nur in Verbindung mit RFA 1A
2) nur in Verbindung mit RFA 2
3) nur in Verbindung mit SAR 1A und KWR 1A
4) nur in Verbindung mit WA 1A und KWR 1A
5) nur in Verbindung mit WA 1A und SAR 1A
6) nur in Verbindung mit SAR 2
7) nur in Verbindung mit SAR 3
8) für anfallmengenbezogene Kapazitätsklassen gemäß Tabelle 36

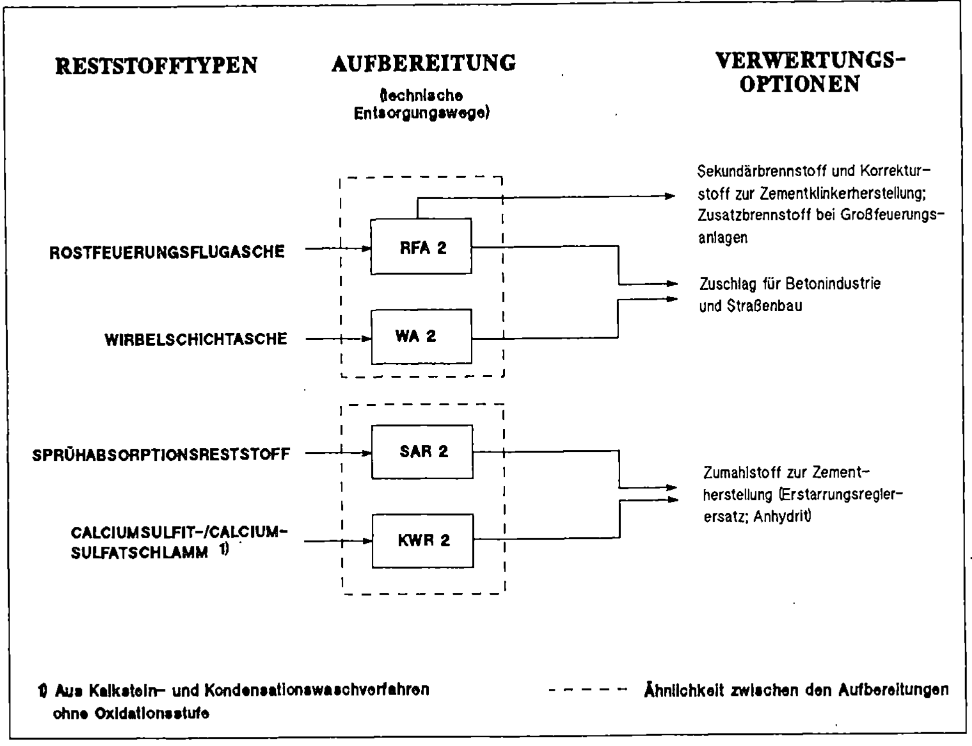

Abbildung 47: Verwertungsstruktur für ausgewählte Reststoffe aus der Rauchgasreinigung von Feuerungen in Baden-Württemberg

Diese Verwertungsstruktur bzw. die Auswahl der TEW je Reststoff resultiert aus der nachfolgend diskutierten Bewertung.

Rostfeuerungsflugaschen (RFA)

Eine langfristig gesicherte Verwertung von Rostfeuerungsflugasche ist mit Hilfe des **technischen Entsorgungsweges RFA 2** möglich. Aus dieser Aufbereitung resultiert ein kompaktierter Zuschlag, der in der Betonindustrie sowie im Straßenbau Verwendung findet[168]. Die Auswahl wird dadurch unterstützt, daß diese

---

[168] 30 - 50 Gew.-% der jährlichen Anfallmenge in Höhe von 51.000 t, d. h. ca. 15.000 - 25.500 t, werden als ein kohlenstoffreiches Nebenprodukt aus der Aufbereitung ausgeschleust (vgl. dazu Kap. 5.4.2) und können als Sekundärbrennstoff oder Zusatzbrennstoff bei der Zementklinkerherstellung oder bei Großfeuerungen eingesetzt werden. Obgleich diese Verwertungsmöglichkeiten denjenigen gemäß RFA 1A entsprechen und dieser Weg aus genannten Gründen nicht zum Einsatz kommt, kann aufgrund der relativ geringen Nebenproduktmenge in Höhe von maximal 36 %, bezogen auf das minimal notwendige Potential, von einer zukünftigen Verwertung ausgegangen werden.

Art der Aufbereitung bereits erprobt ist, die aufbereiteten Reststoffe bauaufsichtlich zugelassen sind und Eignungsprüfungen erfolgreich verliefen (ETH, 1988; vgl. dazu Kapitel 4.2.2.1 und 5.3.1).

Dieses Ergebnis wird wesentlich bestimmt durch:

- große Unsicherheiten in bezug auf eine zukünftige Verwertung nach RFA 1A aufgrund der stofflichen Zusammensetzung des Reststoffes nach Aufbereitung (vgl. dazu die Angaben der Kapitel 4.2.1, 4.2.2.1 und 4.2.6). Möglicherweise sinkt dadurch das reale Potential von rund 330.000 t/a unter das für eine gesicherte Verwertung minimal notwendige von 68.000 t/a.

- Für RFA 1B ist das Verwertungspotential aufgrund standortabhängiger Faktoren (vgl. dazu Kapitel 6.1) nicht abschätzbar. Das gilt für die Bereiche Landschaftsbau, Deponie- und Straßenbau. Darüber hinaus ist der Bergbau in Baden-Württemberg ohne Bedeutung. Der Umweltfaktor ist niedrig ($U_{EW} = 0$).

- Im Vergleich zu RFA 2 hat RFA 3 höhere spezifische Gesamtkosten.

- Die spezifischen Gesamtkosten sind für RFA 4 nicht abschätzbar. Da die enthaltene Aufbereitung eine Weiterführung der Aufbereitung gemäß RFA 3 darstellt, dürften die Kosten jedoch erheblich höher liegen.

Wirbelschichtasche (WA)

Die Bewertung der TEW für Wirbelschichtasche führt zur Auswahl des **technischen Entsorgungsweges WA 2**, welcher ebenfalls die Verwertung des Reststoffes als kompaktierten Zuschlag vorsieht. Dieses Ergebnis basiert in bezug auf die Wege WA 1A und 1B auf der gleichen Bewertung, die für die entsprechenden Wege der Rostfeuerungsflugasche von Bedeutung ist.

Für die Streichung des Weges WA 3 ist neben den höheren Gesamtkosten ebenfalls die Unsicherheit in bezug auf zukünftige Verwertungschancen maßgebend. Das für eine gesicherte Verwertung notwendige minimale Potential von ca. 56.000 t/a (vgl. dazu Tabelle 31) könnte daher unterschritten werden.

Sprühabsorptionsreststoff (SAR)

Die Anwendung der Bewertungsmethode führt für die langfristig gesicherte Verwertung in Baden-Württemberg zum **technischen Entsorgungsweg SAR 2.** Er ermöglicht den Einsatz als technischen Anhydrit und Erstarrungsreglerersatz bei der Zementherstellung. Für seine Auswahl ist (im Vergleich zu SAR 3) jedoch auch ausschlaggebend, daß eine vergleichbare Aufbereitung bereits großtechnisch existiert und die entsprechende Verwertung ebenfalls z. Zt. schon möglich ist (vgl. dazu Kapitel 5.3.1 und 5.4.4)[169]. Die übrigen Bewertungskriterien spielen in diesem speziellen Fall (Wahl zwischen SAR 2 und SAR 3) nur eine untergeordnete Rolle.

Im einzelnen ergibt sich für die Bewertung folgendes Bild, wobei für SAR 1A die Ausführungen bei WA 3 ebenfalls gelten:

- Die Standortabhängigkeit der Verwertungsoptionen gemäß SAR 1B verhindert eine Abschätzung der möglichen Einsatzpotentiale, da die Verwertung als Zuschlag zu Kalksand- und Gasbetonsteinen in großem Maß von der Rohstoffbasis der jeweiligen Produktionsbetriebe sowie der Rezeptur der herzustellenden Steinarten abhängt. Außerdem spielt der Bergbau in Baden-Württemberg keine Rolle. Der Umweltfaktor ist niedrig (U_{EW} = 0).

- Obgleich die Umweltfaktoren und die Kosten für SAR 2 und 3 nahezu identisch sind, wird letzterer nicht weiterverfolgt, weil die für die geforderte Produktqualität notwendige verfahrenstechnische Aufbereitung komplex ist (vgl. dazu Kapitel 5.4.4). Diese muß ferner erst noch in Labor- und Pilotversuchen erprobt und optimiert werden, so daß sie zumindest mittelfristig noch nicht zum Einsatz kommen wird. Demgegenüber sind Aufbereitung und Verwertung gemäß SAR 2 bereits Stand der Technik und sofort verfügbar. Darüber hinaus ist wichtig, daß eine gemeinsame Aufbereitung mit KWR erfolgen muß, was gleichzeitig zu einer Kostenreduktion im Vergleich zu SAR 3 führt.

- Das Verwertungspotential der Optionen gemäß SAR 4 erreicht die für diesen Weg minimal notwendige Höhe von 35.000 t/a nicht (vgl. dazu die Angaben des Kapitels 6.2.3.3 über die Verwertungsgruppenklasse VG 8). Gleichzeitig sind die Gesamtkosten für die Aufbereitung nicht abschätzbar. Da sie eine Weiterführung der Aufbereitung gemäß SAR 3

---

[169]Unterstützt wird die Auswahl zusätzlich dadurch, daß in der Bundesrepublik bzw. in Baden-Württemberg natürliche Anhydritvorkommen begrenzt sind (vgl. dazu Kap. 6.2.1) und dieser Erstarrungsregler daher in der Zementindustrie ein begehrter Rohstoff ist.

darstellt, dürften die Kosten jedoch erheblich über denjenigen von SAR 2 liegen.

Calciumsulfit-/Calciumsulfatschlamm (KWR)

Wie bei SAR wird auch für KWR Weg KWR 2 gewählt, wofür jedoch nicht die Bewertungskriterien[170] allein ausschlaggebend sind, sondern auch die Notwendigkeit einer gemeinsamen Aufbereitung mit SAR gemäß SAR 2. Die Auswahl resultiert aus folgender Bewertung:

- Die Gründe für die Streichung der Wege KWR 1A und 1B sowie KWR 4 sind mit denjenigen von SAR identisch.

- Für die verbleibenden Wege KWR 2 und 3 ist die Auswahl von SAR 2 bestimmend. Die Kosten von KWR 3 spielen keine Rolle. Wie bereits in Kapitel 5.4.4 angesprochen, ist bei der Aufbereitung gemäß KWR 2 aus technischen Gründen eine minimale Aufbereitungsmenge von 3 t/h (gilt für den Wirbelbettreaktor) notwendig. Aufgrund der Anfallzusammensetzung und der daher vorgeschalteten Wasserabtrennung wird diese Menge aber nicht erreicht. Eine alleinige Aufbereitung von KWR wäre demnach nicht möglich, kann aber durch gemeinsame Behandlung mit SAR erfolgen, was zusätzlich mit einer Kostenreduktion verbunden ist[171].

Ergebnisse und Anmerkung zur Auswahl

Die Bewertung führt zur Auswahl technischer Entsorgungswege, deren Aufbereitungen keine oder nur geringe Emissionen freisetzen. Weiterhin sind diese Aufbereitungen durch einen *mittleren technischen Aufwand und mittlere spezifische Gesamtkosten* charakterisiert.

Zusätzlich führte die Bewertung aus stofflichen, technischen und verwertungsspezifischen Gründen zur Auswahl solcher Wege, die *fast identische Aufberei-*

---

[170]Der Umweltfaktor spielt bei der Auswahl keine Rolle. Das liegt in der Anfallzusammensetzung von KWR begründet und der Notwendigkeit, vor jeder Aufbereitung Wasser und damit gelöste Reststoffanteile abzutrennen.
[171]Welche konkreten Auswirkungen eine Zusammenlegung dieser Aufbereitungen und auch der übrigen auf Technik und Kosten hat, ist Thema von Kapitel 7.

tungen enthalten. Für eine weitergehende Konzeption resultieren daraus einerseits *Möglichkeiten einer gemeinsamen Aufbereitung von RFA 2 und WA 2 sowie SAR 2 und KWR 2 und andererseits Potentiale für eine Kostenreduktion* durch Nutzung von Größendegressionseffekten.

Für diese in Abbildung 47 verdeutlichte Verwertungsstruktur ergeben sich:

- minimale Gesamtinvestitionen (der anfallmengenbezogenen Kapazitätsklassen) in einer Höhe von **41,8 - 51,3 Mio. DM** (ohne KWR 2) und

- jährliche Gesamtkosten von minimal **15,4 - 20,3 Mio. DM**, wovon allein rund 40 - 45 % auf SAR 2 entfallen.

- Die spezifischen Gesamtkosten liegen zwischen **50 - 75 DM/t** für RFA-Pellets (RFA 2) und **215 - 265 DM/t** für technischen Anhydrit (SAR 2).

Das reale theoretische zur Verfügung stehende Gesamtverwertungspotential dieser Verwertungsstruktur beträgt in Summe *minimal 820.000 t/a*, dem etwa *117.000 t/a an anfallenden* und rund *105.000 - 140.000 t/a* (inklusive ca. 10.000 - 20.000 t/a an notwendigen Zusatzstoffen und Chemikalien) an *aufbereiteten Reststoffen* gegenüberstehen (inkl. KWR 2). Davon entfallen etwa 90.000 - 115.000 t/a auf Hauptprodukte wie Pellets/Splitt und technischen Anhydrit und etwa 15.000 - 25.500 t/a auf verwertbare Nebenprodukte (C-reiche Flugasche gemäß RFA 2). Das Gesamtverwertungspotential wird nur zu *13 - 17 %* ausgeschöpft.

Mit dieser Verwertungsstruktur sind außerdem

- Gesamtemissionsmassenströme bei der Aufbereitung in Höhe von **3.200 - 5.400 t/a** verbunden (inkl. KWR), wovon allein 95 Gew.-% auf Abwasser aus der Aufbereitung gemäß SAR 2 entfallen. Diese flüssigen Emissionen enthalten gelöste Chloride, Sulfate, sonstige lösliche Reststoffanteile und Feststoffe[172]; d. h.

- **94 - 97 Gew.-%** der Reststoffanfallmenge werden verwertet.

---

[172]Schwermetalle sind nicht erfaßt, da deren Gehalte in den Reststoffen unbekannt sind.

7 EINBINDUNG DER AUSGEWÄHLTEN TECHNISCHEN ENTSORGUNGSWEGE IN EIN VERWERTUNGSKONZEPT UNTER KOSTENASPEKTEN

Von entscheidender Bedeutung für die zukünftige Reststoffverwertung und damit für die Installierung und Durchführung der für Baden-Württemberg ausgewählten TEW einschließlich der notwendigen Aufbereitung sind neben ökologischen und technischen Aspekten auch ökonomische Randbedingungen, d. h.

- Kosten der Aufbereitung sowie

- Kosten einer alternativen, reststoffspezifischen Beseitigung bzw. Deponierung[173].

7.1 EINFLUSS DER DEPONIERUNGSPREISE AUF DIE VERWERTUNG

Wie das Kapitel 6.4.2.2 zeigt, ist bei der Reststoffverwertung eine marktwirtschaftliche Lösung in dem Sinne, daß die Verwertungskosten[174] durch die Erlöse abgedeckt sein müssen, nicht möglich. Die anfallenden Mehrkosten müßten dann entsprechend dem Abfallgesetz vom Verursacher, d. h. Betreiber einer Feuerungsanlage, getragen werden.

Dementsprechend kommt innerhalb von Wirtschaftlichkeitsbetrachtungen den Deponiepreisen eine entscheidende Steuerungsfunktion zu, denn in Abhängigkeit der Deponiepreise verändern sich die finanziellen Spielräume für die Erfüllung der Verwertungsfunktionen und der Aufbereitung. Diese Steuerungsfunktion beschränkt sich hier nur auf eine Wirtschaftlichkeitsbetrachtung, denn wegen des Verwertungszwanges ist die Deponierung nur eine fiktive Alternative, wenn die Möglichkeit einer Verwertung auch mit relativ hohen Kosten besteht.

---

[173]Diese Thematik ist auf stofflich-technisch-rechtlicher Basis in UMBW (1990) ausführlich behandelt worden.

[174]Verwertungskosten enthalten neben den reinen Aufbereitungskosten auch Kosten für den Transport.

Dies ist in § 3 Abs. 2 Abfallgesetz (AbfG, 1986) als Teil des Verwertungsgebotes[175] näher quantifiziert, und zwar hat die Verwertung Vorrang vor der sonstigen Entsorgung, sofern *die dabei entstehenden Mehrkosten im Vergleich zu anderen Entsorgungsverfahren zumutbar sind*[176]. Zur Schaffung eines wirtschaftlichen Anreizes zur Verwertung wäre es hingegen notwendig, daß keine Mehrkosten anfallen, d. h. daß die Kosten der Aufbereitung bzw. der Verwertung in der gleichen Höhe oder niedriger als die Deponierungskosten sein müßten.

Die Deponiepreise sind zur Zeit regional sehr unterschiedlich, aber aufgrund der immer knapper werdenden Umweltressource "Deponie" besteht allgemein eine stark steigende Tendenz. Wie steil die Preisentwicklung in den nächsten Jahren verlaufen wird, ist aus heutiger Sicht schwer abzuschätzen. Eine Untersuchung für das Land Baden-Württemberg (UMBW, 1988a) spricht von zukünftigen Deponiepreisen in der Größenordnung von **250 DM/t und mehr (bis zu 500 DM/t)**. Derzeit liegen die Deponiepreise für *Reststoffe aus der Rauchgasreinigung* etwa zwischen **50 - 200 DM/t** (Roeder, 1988), wobei drei Kategorien zu unterscheiden sind:

Kategorie I: Abfälle mit geringen auslaugbaren Anteilen und latent hydraulischen Eigenschaften, wie z. B. Wirbelschichtaschen: 40 - 80 DM/t.

Kategorie II: Abfälle mit geringen auslaugbaren Anteilen, die aber nicht vollständig oxidiert sind, wie z. B. Sprühabsorptionsreststoffe: 60 - 120 DM/t.

Kategorie III: Abfälle mit hohen auslaugbaren Anteilen: > 150 DM/t.

Steigende Deponiepreise sind schon mittel- bis kurzfristig wahrscheinlich und werden angestrebt, u. a. bedingt durch Inkrafttreten der TA Abfall, Teil I und II (TA Abfall, 1990)[177]. In ihr wird bundeseinheitlich die Entsorgung **besonders überwachungsbedürftiger Abfälle**[178] und deren Deponierung rechtlich und tech-

---

[175]Dieser Teilaspekt ist in Kapitel 3.2.2 ausführlich dargestellt.

[176]Diese Formulierung gründet sich auf Entwicklungen bzw. Einschätzungen vergangener Jahre, in denen von hohen Verwertungs- bzw. Aufbereitungskosten und niedrigen Deponierungspreisen ausgegangen wurde.

[177]Teil I, Technische Anleitung zur Lagerung, chemisch/physikalischen und biologischen Behandlung und Verbrennung, wurde im Frühjahr 1990 vom Bundesrat verabschiedet und tritt Ende 1990 in Kraft. Teil II über die Ablagerung von Abfällen soll im Lauf des Jahres 1991 in Kraft treten.

[178]Früher wurden diese Abfälle unter dem Begriff "Sonderabfälle" zusammengefaßt, für den jedoch keine bundeseinheitliche und allgemeingültige Definition existierte.

nisch geregelt (vgl. dazu Kapitel 3.2.2)[179]. Mit Hilfe dieser Anleitung wird im Rahmen des AbfG eine rechtliche Grundlage zur Festlegung technischer Mindeststandards sowie Anforderungen an Abfallbehandlungsanlagen geschaffen, und zwar orientiert an der Abfallzusammensetzung bzw. an den Abfallschlüsseln der betroffenen Stoffe (vgl. dazu Kap. 3.2.2). Die dann erforderlichen Maßnahmen zur Abfallbehandlung gehen überwiegend *erheblich über den heutigen technischen Standard errichteter Anlagen* hinaus und sind mit erheblichen Kostensteigerungen verbunden. Sofern sich in naher Zukunft die Deponierungspreise, im Gegensatz zur derzeitigen Situation, an Kosten orientieren, ist eine Anhebung der Deponierungspreise (-kosten) im o. a. Rahmen möglich.

7.2 ZUSAMMENLEGUNG VON AUFBEREITUNGEN DER TECHNISCHEN ENTSORGUNGSWEGE

Der wirtschaftliche Anreiz zur Verwertung kann jedoch auch zusätzlich oder ergänzend zur Gestaltung der Deponiepreise durch *gleichzeitige Reduktion der Aufbereitungskosten* erhöht werden. Da die Aufbereitungstechnik bzw. die Verfahren zur Aufbereitung weitgehend festliegen und diesbezügliche Änderungen und mithin auch Kostenänderungen im notwendigen großen Rahmen nicht erfolgen, ergeben sich ausschließlich Möglichkeiten durch *Zusammenlegung technischer Entsorgungswege bzw. Aufbereitungen.*

Eine Reduktion der Kosten der Aufbereitungen ist erreichbar, indem die in einer Anlage jährlich und stündlich verarbeitete Reststoffmenge erhöht wird. Da jedoch die Jahresanfallmengen für jeden Reststofftyp als gegeben vorausgesetzt werden, ist eine derartige Erhöhung prinzipiell nur durch die *Aufbereitung mehrerer Reststofftypen in einer Aufbereitung* bzw. in Teilen einer Aufbereitung erreichbar. Dies bedingt die Zusammenlegung von Aufbereitungen mehrerer TEW an einen Standort.

Abbildung 48 verdeutlicht, daß für die Zusammenlegung an einem Standort prinzipiell folgende Möglichkeiten gegeben sind, wobei für die weitere Konzeption jedoch nur noch die Variante 2 von Interesse ist[180]:

---

[179]Unter diese Definition fallen z. B. auch WA und SAR als "feste Reaktionsprodukte aus der Abgasreinigung von Feuerungsanlagen ohne REA-Gips" mit dem Abfallschlüssel 313 14.
[180]Variante 3 kommt deshalb für eine weitergehende Konzeption nicht mehr in Betracht, weil gemäß Kapitel 8.3 die Aufbereitungen aschereicher (RFA und WA) und sulfitreicher (SAR und KWR) Reststoffe verschiedene Standorte haben.

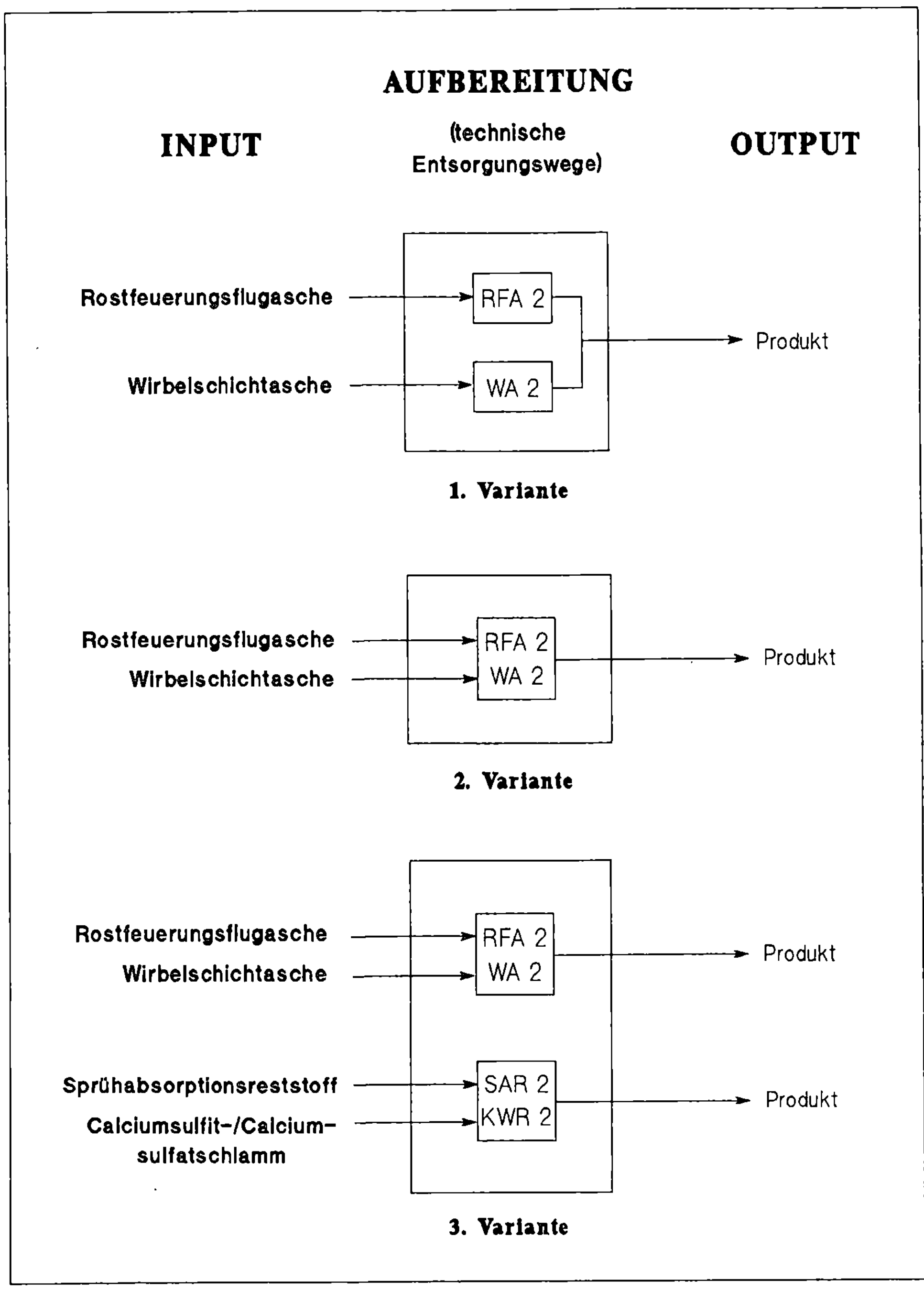

Abbildung 48: Prinzipiell mögliche Strukturen für die Zusammenlegung von Aufbereitungen

1. Variante: Zwei (oder mehr) Reststoffe werden kontinuierlich in mehreren parallelen Aufbereitungen behandelt.

2. Variante: Zwei (oder mehr) Reststoffe werden chargenweise in einer Aufbereitung behandelt.

3. Variante: Alle relevanten Reststoffe werden parallel und/oder chargenweise in einer Aufbereitung behandelt.

Neben Unterschieden in der technischen Ausstattung differieren die in Abbildung 48 angegebenen prinzipiell möglichen Varianten auch hinsichtlich der Kosten, d. h. in den *Kosteneinsparpotentialen im Vergleich zur getrennten Aufbereitung*. Dabei ist die Höhe des maximalen Einsparpotentials in bezug auf die Gesamtkosten entscheidend von der *Aufbereitungstechnik* bzw. von der Ähnlichkeit der Aufbereitungsschritte der Aufbereitungen verschiedener Entsorgungswege abhängig, da dann die Benutzung gleicher Aggregate (z. B. Mischer, Rührwerksbehälter) möglich wird.

7.3 DURCHFÜHRUNG DER ZUSAMMENLEGUNG VON AUFBEREITUNGEN UND KONZEPTION EINES ANLAGENVERBUNDES

Ausgangspunkt für die Konzeption einer Zusammenlegung ist die Gegenüberstellung der technischen Anlageneinheiten der für Baden-Württemberg ausgewählten Entsorgungswege bzw. Aufbereitungen (RFA 2, WA 2, SAR 2 und KWR 2) anhand der Fließbilder der Einzelaufbereitungen des Kapitels 5. Aus dem *Vergleich der einzelnen Verfahrenseinheiten resultiert die Anzahl identischer Aufbereitungsschritte* und letztendlich die Menge kombinierbarer Gesamtaufbereitungen.

Nach der Ermittlung der kombinierbaren Aufbereitungen kann die Konzeption des Gesamtfließbildes der Anlage erfolgen. Damit verbunden ist gleichzeitig die Festlegung ihrer maximalen Gesamtkapazität und die Größe jeder einzelnen Anlageneinheit (durch Analyse der qualitativ und quantitativ veränderten Stoffströme), die stark variieren können. Zu berücksichtigen ist, daß

- nicht vollständig identische Aufbereitungen den Einbau zusätzlicher Aggregate notwendig machen (z. B. Entwässerung von KWR vor der Lagerung),

- gleiche Aufbereitungsfunktionen nicht in jedem Fall auch gemeinsame Nutzung bedeuten (z .B. muß die Lagerung vor der Aufbereitung für jeden Reststoff getrennt erfolgen).

Aus dem Vergleich der Aufbereitungen RFA 2, WA 2, SAR 2 und KWR 2 resultieren zwei Möglichkeiten der Zusammenlegung, und zwar gemäß der in Abbildung 48 dargestellten Variante 2. Aufgrund identischer bzw. weitgehend identischer Aufbereitung können **RFA** und **WA** sowie **SAR** und **KWR** jeweils gemeinsam aufbereitet werden.

Die Gesamtanlagenkapazitäten, bezogen auf den Reststoffdurchsatz, ergeben sich aus der Addition der Kapazitäten der einzelnen Aufbereitungen (vgl. dazu Kapitel 5.4.1 bzw. Tabelle 29), woraus folgende Werte resultieren:

$$RFA/WA \quad : 87.000 \text{ t/a}$$
$$SAR/KWR \quad : 30.000 \text{ t/a}$$

Die Angabe der Kapazitäten der Aggregate und Teilaufbereitungen werden in den Kapiteln 7.3.1 und 7.3.2 angegeben. Sie sind davon abhängig, ob Teile der Aufbereitung nur von einem Reststoff genutzt werden und wieviel Anlagenbetriebsstunden auf jeden Reststoff entfallen. Aus diesem Grunde können die in den Tabellen 16 - 24 angegebenen Werte für die Aggregatdurchsätze für die Berechnung eines Anlagenverbundes nicht verwendet werden. Das gilt z. T. jedoch nicht für die installierten Kapazitäten der Aggregate, da sie in vielen Fällen aufgrund der Angebotspalette (herstellerspezifische Kapazitätsklassen der Aggregate) der Hersteller so weit über dem berechneten Durchsatz liegen, daß sie auch im Falle der gemeinsamen Aufbereitung und damit Durchsatzerhöhung verwendbar sind[181].

7.3.1 Anlagenverbund für Rostfeuerungsflugaschen und Wirbelschichtaschen

Der Vergleich der Aufbereitungen gemäß den Abbildungen 19 und 21 ergibt, daß ein mehr oder weniger großer Teil des Anlagenverbundes bzw. der Gesamtanlage von den beiden Reststoffen alleine und ausschließlich genutzt wird. Das hängt ab von Unterschieden in der Reststoffzusammensetzung und von der

---

[181]Beispielsweise hat ein Hersteller von Mischern folgende Kapazitätsklassen bzw. Baugrößen im Angebot: 4, 9, 18, 36, 60, 90, 120 t/h.

Notwendigkeit, aufgrund von Produktanforderungen die Reststoffe weder vor noch während oder nach der Aufbereitung zu vermischen. Entsprechend diesen Einschränkungen werden folgende Einrichtungen von jedem Reststoff allein beansprucht (Teilaufbereitungen):

RFA: - Lagerung und Förderung (anteilig),
      - 1. Mischer,
      - Sichter.

WA : - Lagerung und Förderung (anteilig),
      - Mühle (nur für Bettasche).

Demgegenüber steht der zentrale Teil der Aufbereitung mit

- Lagerung und Förderung (anteilig)
- 2. Trogmischer,
- Pelletisiertrommel, Sieb (bei Pelletherstellung),
- Kollerstrangpresse, Sieb, Mühle (bei Splittherstellung)

beiden Reststoffen gemeinsam zur Verfügung (Gesamtaufbereitung).

In Abbildung 49 sind der Anlagenverbund inklusive der zugehörigen Stoffströme dargestellt, weiter in Tabelle 40 die Apparateliste sowie Durchsätze und installierte Kapazitäten. Darüber hinaus verdeutlicht Tabelle 41 die wichtigsten Auslegungsdaten für den Anlagenverbund, die Gesamtaufbereitung RFA/WA und die jeweiligen Teilaufbereitungen.

Die Berechnung der Apparatedurchsätze für die Gesamtaufbereitung durch Anpassung der Anlagenlaufzeit pro Reststoff erfolgte so, daß die in Tabelle 40 angegebenen Durchsätze gemeinsam betriebener Apparate für beide Reststoffe gleichermaßen gelten[182]. Ohne Anpassung läge die Anlagenbetriebszeit für RFA bei 1.875 h/a (7,5 h/d) und für WA bei 1.125 h/a (4,5 h/d). Daraus würden für WA im Vergleich zu RFA höhere Durchsätze (geringere Apparateauslastung) resultieren und die Durchsätze für gemeinsam betriebene Apparate hingegen von 22,7 - 28,8 t/h auf 32,9 - 34,4 t/h steigen. Parallel dazu ergab die notwendige Korrektur der Durchsätze der Teilaufbereitungen eine Erhöhung bei RFA von 27,5 auf 32,7 t/h und eine Erniedrigung für WA von 7,8 auf 6,3 t/h (bezogen auf die zu behandelnden Reststoffmengen)[183].

---

[182]Das ist u. a. notwendig, um innerhalb der Aufbereitung, d. h. vor dem 2. Mischer, eine Installierung zusätzlicher Pufferlager zu vermeiden.
[183]Diese Korrekturen wurden vor allem durchgeführt, um bei der Berechnung der Kosten (vgl. dazu Kap. 7.4) eine bessere Zuordnung anteiliger Kosten vornehmen zu können.

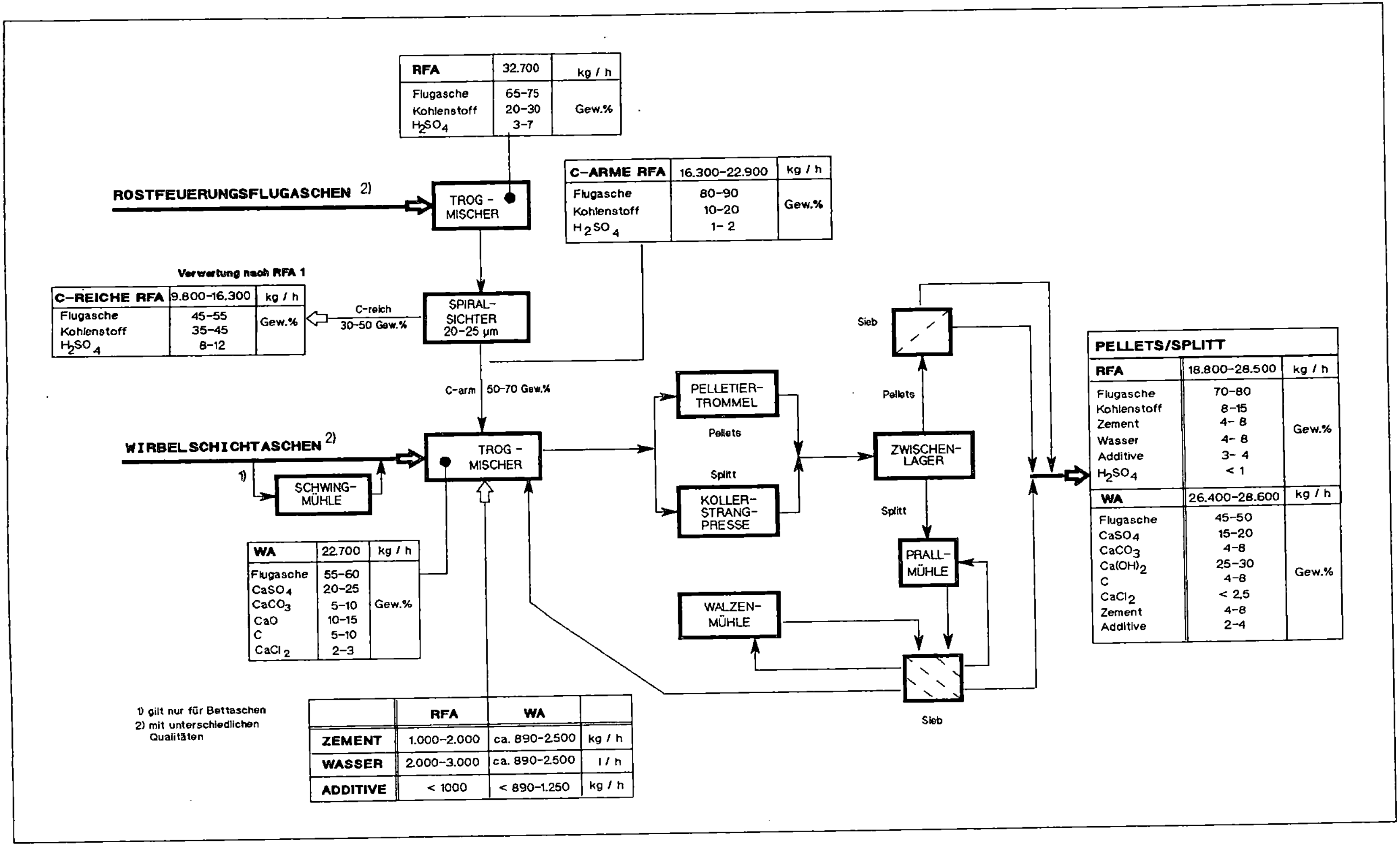

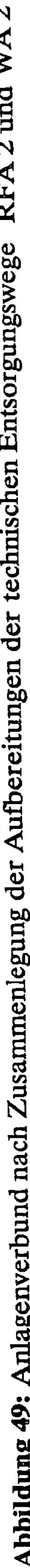

Abbildung 49: Anlagenverbund nach Zusammenlegung der Aufbereitungen der technischen Entsorgungswege RFA 2 und WA 2

Tabelle 40: Apparateliste des Anlagenverbundes der zusammengelegten Aufbereitungen gemäß RFA 2 und WA 2

Apparate	Durchsatz			installierte Kapazität		
	gemeinsame Apparate	nur RFA	nur WA	gemeinsame Apparate	nur RFA	nur WA
1.Trogmischer	-	32,7 t/h	-	-	36 t/h	-
Schwingmühle	-	-	6,3 t/h	-	-	2 X 4 t/h
Spiralsichter	-	32,7 t/h	-	-	5 - 35 t/h	-
2.Trogmischer	22,7 - 28,8 t/h	-	-	36 t/h	-	-
bei Pelletisierung :						
Pelletisiertrommel	22,7 - 28,8 t/h	-	-	20 - 40 t/h	-	-
Sieb	22,7 - 28,8 t/h	-	-	0 - >28,8 t/h	-	-
bei Splittherstellung :						
Kollerstrangpresse	22,7 - 28,8 t/h	-	-	4 X 2,5 - 9 t/h	-	-
Prallmühle	22,7 - 28,8 t/h	-	-	2 X 0 - >15 t/h	-	-
Sieb	22,7 - 28,8 t/h	-	-	0 - >28,8 t/h	-	-
Walzenmühle	< 9 t/h	-	-	2 X 5 t/h	-	-
Lagerung :					insg. ca. 800 - 900 m³	insg. ca. 600 m³
Silos	-	-	-	-	-	-
Halle	-	-	-	insg. ca. 2.800 - 3.100 m³		
Förderung :	Förderlängen:	Förderlängen: 100 - 150 m	Förderlängen: 100 - 150 m			
pneumatisch	-			-	variabel	variabel
mechanisch	150 - 200 m			variabel	-	-
Radlader[1]	-			variabel	-	-

[1] Transport von Zwischenlager (Aushärtung in Halle) zum Sieb oder zur Prallmühle und Transport vom Endlager zur Verladung

Tabelle 41: Auslegungsdaten für den Anlagenverbund der zusammengelegten Aufbereitungen gemäß RFA 2 und WA 2

Gesamtkapazität des Anlagenverbundes	83.000 t/a
Gesamtkapazität des Anlagenverbundes inkl. Zusatzstoffe[1]	87.600 - 94.600 t/a
Gesamtkapazität der Gesamtaufbereitung für RFA / WA	57.500 - 67.700 t/a
Gesamtkapazität der Gesamtaufbereitung für RFA / WA inkl. Zusatzstoffe	68.100 - 86.400 t/a
Gesamtkapazität der Gesamtaufbereitung bezogen auf RFA	25.900 - 36.100 t/a
Gesamtkapazität der Gesamtaufbereitung bezogen auf RFA inkl. Zusatzstoffe	29.700 - 45.100 t/a (18,8 - 28,5 t/h)
Gesamtkapazität der Gesamtaufbereitung bezogen auf WA	32.000 t/a (26,4 - 28,5 t/h)
Gesamtkapazität der Gesamtaufbereitung bezogen auf WA inkl. Zusatzstoffe	38.400 - 41.400 t/a
Kapazität der Teilaufbereitung RFA	51.000 t/a
Kapazität der Teilaufbereitung WA	9.100 t/a (nur Bettasche)
maximale Apparatekapazität	32,7 t/h (Teilaufbereitung RFA)
durchschnittliche Apparatekapazität	22,7 - 28.8 t/h (Gesamtaufbereitung)
Anlagenbetriebsweise	Charge
Anlagenbetriebsweise bezogen auf RFA	kontinuierlich
Anlagenbetriebsweise bezogen auf WA	kontinuierlich
Anlagenlaufzeit	3.000 h/a; d.h. 12 h/d
Anlagenlaufzeit für RFA	1.560 h/a; d.h. 6,3 h/d (52,5%)[2]
Anlagenlaufzeit für WA	1.440 h/a; d.h. 5,7 h/d (47,5%)[2]

[1] Zement, Wasser, Additive
[2] bezogen auf Kapazität der Gesamtaufbereitung

7.3.2 Anlagenverbund für Sprühabsorptionsreststoffe (SAR) und Calciumsulfit-/Calciumsulfatschlämme (KWR)

Im Unterschied zum Anlagenverbund RFA/WA wird derjenige von SAR/KWR zum überwiegenden Teil von beiden Reststoffen gemeinsam genutzt, und zwar sind dies

- Mischer,
- 2. Bandfilter,
- Stromtrockner und
- Wirbelbettreaktor.

Aufgrund der Reststoffzusammensetzung von KWR muß dieser vor der eigentlichen Aufbereitung entwässert werden. Darüber hinaus müssen Lagerung und Förderung z. T. getrennt voneinander erfolgen.

Die gemeinsame Aufbereitung ist in Abbildung 50 verdeutlicht. Tabelle 42 enthält die Apparateliste mit Durchsätzen und installierten Kapazitäten und Tabelle 43 die wichtigsten Auslegungsdaten für den Anlagenverbund.

Tabelle 42: Apparateliste des Anlagenverbundes der zusammengelegten Aufbereitungen gemäß SAR 2 und KWR 2

Apparate	Durchsatz			installierte Kapazität		
	gemeinsame Apparate	nur SAR	nur KWR	gemeinsame Apparate	nur SAR	nur KWR
1.Bandfilter	-	-	14 m³/h[1]	-	-	2 X 10 m³/h[1]
Mischer	28 m³/h[1]	-	-	30 m³/h[1]	-	-
2.Bandfilter	28 m³/h[1]	-	-	3 X 10 m³/h[1]	-	-
Stromtrockner	9,2 - 10 m³/h[2]	-	-	ca. 11 m³/h	-	-
Wirbelbett-Reaktor	7,9 - 8,8 t/h	-	-	10 t/h	-	-
Lagerung :				insg. ca.		
Halle	-	-	-	11.000 m³	-	ca. 500 m³
Förderung :	Förderlängen:	Förderlängen:	Förderlängen:			
mechanisch[3]	-	-	-	variabel	-	variabel

[1] Feststoffanteil = 50 Gew.%
[2] Feststoffanteil = 85 Gew.%
[3] Radlager: Transport von Halle zum Mischer und nach Endlagerung zur Verladung

Es erfolgte ebenfalls eine Anpassung der Apparatelaufzeit pro Reststoff. Ohne Anpassung würde die Laufzeit im Falle der Aufbereitung von SAR bei 2.380 h/a (9,5 h/d) und bei KWR bei 620 h/a (3,5 h/d) liegen. Entsprechend würden sich die Durchsätze verändern und von 28 m³/h (vgl. dazu Tabelle 42) auf 32 m³/h steigen, die Entwässerung von KWR würde von 14 auf unter 8 m³/h sinken.

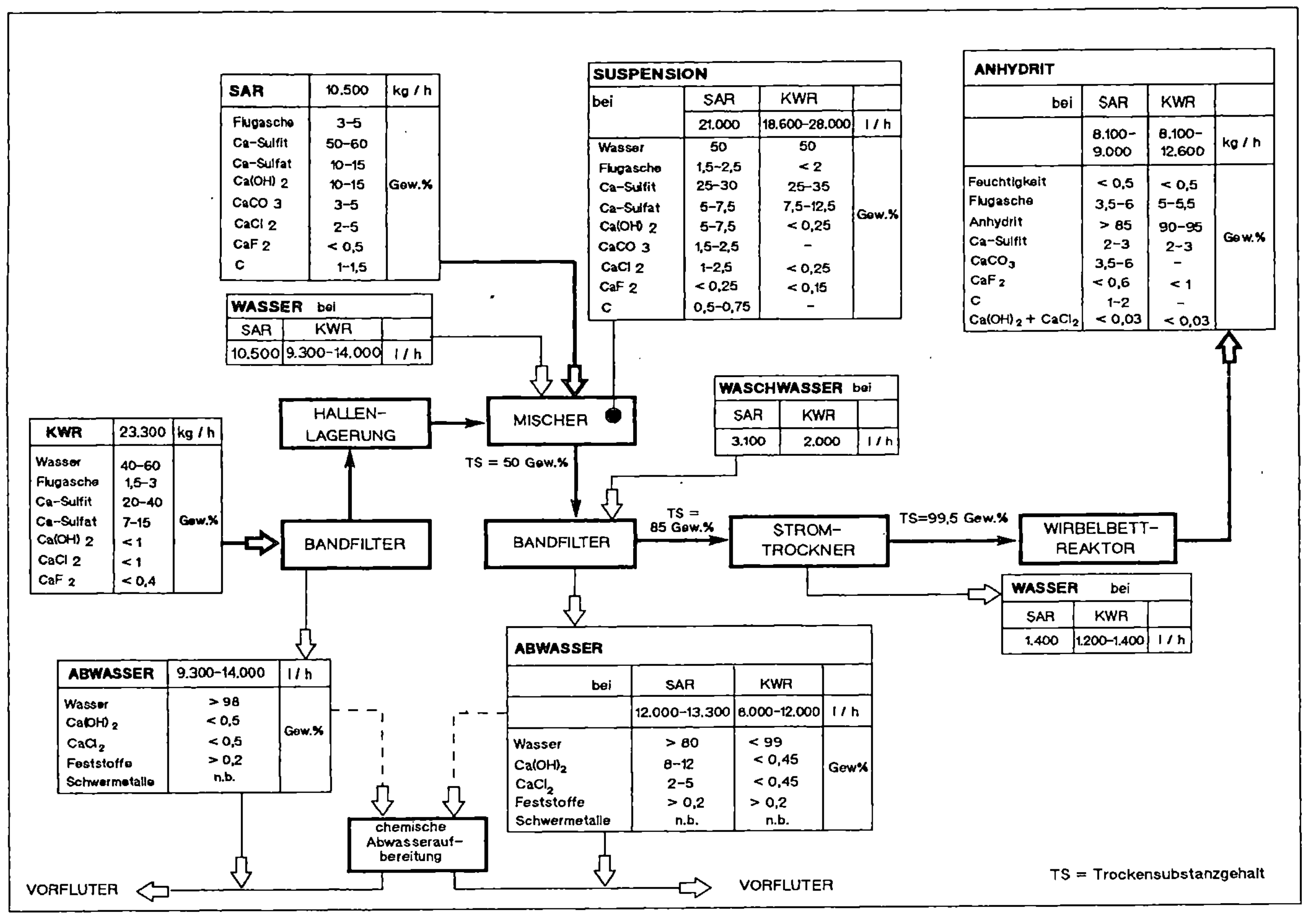

Abbildung 50: Anlagenverbund nach Zusammenlegung der Aufbereitungen der technischen Entsorgungswege SAR 2 und KWR 2

Tabelle 43: Auslegungsdaten für den Anlagenverbund der zusammengelegten Aufbereitungen gemäß SAR 2 und KWR 2

Gesamtkapazität des Anlagenverbundes	34.000 t/a
Gesamtkapazität der Gesamtaufbereitung für SAR/KWR (vor Mischer)	29.800 - 31.200 t/a
Gesamtkapazität der Gesamtaufbereitung bezogen auf SAR[1](vor Mischer)	27.000 t/a
Gesamtkapazität der Gesamtaufbereitung bezogen auf KWR[1](vor Mischer)	2.800 - 4.200 t/a
Kapazität der Teilaufbereitung KWR	7.000 t/a
maximale Apparatekapazität	14 t/h (28 m^3/h)
Anlagenbetriebsweise	Charge
Anlagenbetriebsweise bezogen auf SAR	kontinuierlich
Anlagenbetriebsweise bezogen auf KWR	kontinuierlich
Anlagenlaufzeit	3.000 h/a; d.h. 12 h/d
Anlagenlaufzeit für SAR	2.700 h/a; d.h. 10,8 h/d (90%)[2]
Anlagenlaufzeit für KWR	300 h/a; d.h. 1,2 h/d (10%)[2]

[1] trocken
[2] bezogen auf Kapazität der Gesamtaufbereitung

7.4 AUSWIRKUNGEN DER ZUSAMMENLEGUNG VON AUFBEREITUNGEN AUF DEREN KOSTEN

In den folgenden Abschnitten werden zuerst zusammenfassend die wirtschaftlichen Ergebnisse einer Zusammenlegung der Aufbereitung der für Baden-Württemberg ausgewählten technischen Entsorgungswege RFA 2 und WA 2 sowie SAR 2 und KWR 2 anhand der Gesamtkosten (DM/a) erläutert. Eine Gesamtdarstellung inkl. der Beachtung der Entwicklung des Investitionsvolumens, der betriebsmittelverbrauchsabhängigen Kosten, der Personalkosten und der spezifischen Gesamtkosten (DM/t) erfolgt anschließend für die beiden kombinierten Anlagen getrennt.

Ergebnisse der Zusammenlegung

Die geschätzten Reduktionspotentiale für die Gesamtkosten[184] durch Zusammenlegung zu jeweils einem Anlagenverbund betragen im Vergleich zu einer getrennten Aufbereitung der vier Reststoffe in Summe (vgl. dazu Tab. 44 und 45)

- **4,4 - 5,8 Mio. DM/a[185]** (bei Pelletherstellung gemäß RFA 2/ WA 2), bzw.

- **4,4 - 6,2 Mio. DM/a[185]** (bei Splittherstellung gemäß RFA 2/ WA 2).

Für einen mittel- bis langfristig ausgelegten Planungszeitraum (5 - 10 Jahre) sind mit einer derartigen Konzeption durchschnittliche kumulierte Kosteneinsparungen in Höhe von ca. **22 - 60 Mio. DM** möglich.

Diese Einsparungen, aufgegliedert nach Anlagenverbund, sind (vgl. dazu Tabelle 44 und 45):

Anlagenverbund RFA 2/WA 2[186]: **2,9 - 3,7 Mio. DM/a** (bei Pelletherstellung), entsprechend 63 - 66 %,; **2,9 - 4,1 Mio. DM/a** (bei Splittherstellung), entsprechend 66 %.

Anlagenverbund SAR 2/KWR 2[187]: **1,5 - 2,1 Mio. DM/a**, entsprechend rund 34 - 37 % bei Pellet- oder ca. 34 % bei Splittherstellung.

Für die einzelnen Reststoffe ergaben sich folgende Anteile am Einsparpotential, bezogen auf den jeweiligen Anlagenverbund (vgl. dazu Tab. 44 und 45):

---

[184]Bei einer Anfallmenge von 87.000 t/a für RFA und WA und 30.000 t/a für SAR und KWR.

[185]Dieser Wert ist geschätzt, da eine alleinige Aufbereitung von KWR nicht möglich ist. Es wurde aber angenommen, daß die alleinige Aufbereitung von KWR gegenüber einer gemeinsamen mit SAR um etwa 30 % teurer ist.

[186]Die Gesamtkosten für den Anlagenverbund RFA/WA betragen im Falle der Pelletherstellung 4,5 - 6,4 Mio. DM/a und im Falle der Splittherstellung 5,3 - 7,1 Mio. DM/a. Daran sind die Reststoffe anteilig mit 48 - 50 bzw. 50 % (RFA) und 50 - 52 bzw. 50 % (WA) beteiligt. Diese anteiligen Kosten errechnen sich aus den jeweiligen Anlagenlaufzeiten (vgl. dazu Kap 7.3.1 und Tab. 42).

[187]Die Gesamtkosten für den Anlagenverbund SAR/KWR liegen im Bereich von 7,3 - 8,5 Mio. DM/a. Die Anteile der Reststoffe betragen für SAR 83 % und für KWR 17 %.

RFA (Pellets)   : 1,3 - 1,7 Mio. DM/a, entsprechend ca. 45   %
RFA (Splitt)   : 1,8 - 2,4 Mio. DM/a, entsprechend ca. 58 - 62 %
WA (Pellets)   : 1,6 - 2,0 Mio. DM/a, entsprechend ca. 55   %
WA (Splitt)   : 1,2 - 1,7 Mio. DM/a, entsprechned ca. 38 - 42 %
SAR   : 1,0 - 1,5 Mio. DM/a, entsprechend ca. 66 - 71 %
KWR   : 0,5 - 0,6 Mio. DM/a, entsprechend ca. 29 - 33 %

Die anteiligen Kosteneinsparungen pro Reststoff nach Zusammenlegung im Vergleich zur jeweiligen getrennten Aufbereitung sind in den Tabellen 44 und 45 enthalten.

Gesamtinvestitionen, betriebsmittelverbrauchsabhängige Kosten, Personalkosten und spezifische Gesamtkosten sowie deren Reduktionspotentiale in bezug auf die zusammengelegten Aufbereitungen

Analog zur Vorgehensweise bei Ermittlung der Investitionen und Kosten für die einzelnen Aufbereitungen wurde auf der Grundlage des Kapitels 6.4 das entsprechende Investitions- und Kostengefüge für den jeweiligen Anlagenverbund und die reststoffbezogenen Anteile ermittelt.

Da bei allen vier Reststoffen große Abhängigkeiten der fixen und variablen Kostenanteile (vgl. dazu Kapitel 6.4.2.2) vom technischen Entsorgungsweg bzw. der Aufbereitungstechnik bestehen, resultieren in jedem Fall z. T. erhebliche *Reduktionspotentiale in bezug auf die Gesamtinvestitionen, Gesamtkosten (DM/a) und spezifischen Gesamtkosten (DM/t)*. Die dazugehörigen Werte sind in den Tabellen 44 und 45 enthalten, und zwar aufgeteilt nach den reststoffbezogenen Anteilen je Aufbereitung und Anlagenverbund.

Tabelle 44: Gesamtinvestitionen, Gesamtkosten (DM/a) und spezifische Gesamtkosten (DM/t) der getrennten und zusammengelegten Aufbereitungen sowie die zugehörigen reststoffanteiligen Reduktionspotentiale für RFA 2 und WA 2

		Rostfeuerungsflugasche (RFA)		Wirbelschichtasche (WA)		Anlagenverbund (RFA/WA)	
		Pellets	Splitt	Pellets	Splitt	Pellets	Splitt
Gesamt-investitionen (1.000 DM)	vor Zusammenlegung	10.700 - 14.200	13.700 - 17.600	7.600 - 10.200	10.400 - 12.700	-	-
	nach Zusammenlegung	8.000 - 11.300	9.400 - 12.600	6.000 - 8.000	7.400 - 9.400	14.000 - 19.300	16.800 - 22.000
Reduktion (%)		20 - 25	ca. 30	ca. 20	20 - 25	-	-
Gesamtkosten[1] (1.000 DM/a)	vor Zusammenlegung	3.500 - 4.900	4.400 - 6.000	3.900 - 5.200	3.900 - 5.200	-	-
	nach Zusammenlegung	2.200 - 3.200	2.600 - 3.600	2.300 - 3.200	2.700 - 3.500	4.500 - 6.400	5.300 - 7.100
Kosten-Reduktion (%)		35 - 40	40	40	30 - 35	-	-
spezifische Gesamtkosten[1] inkl. Erlöse[2] (DM/t)	vor Zusammenlegung	50 - 70	60 - 95	80 - 125	105 - 145	-	-
	nach Zusammenlegung	25 - 40	30 - 50	50 - 80	65 - 100	35 - 55	45 - 65
Kosten-Reduktion (%)		45 - 50	ca. 50	ca. 35	35 - 40	-	-

[1] Bei 3.000 Anlagenbetriebsstunden pro Jahr
[2] Erlöse aus dem Verkauf der aufbereiteten Reststoffe siehe Tabelle 39

Tabelle 45: Gesamtinvestitionen, Gesamtkosten (DM/a) und spezifische Gesamtkosten (DM/t) der getrennten und zusammengelegten Aufbereitungen sowie die zugehörigen reststoffanteiligen Reduktionspotentiale für SAR 2 und KWR 2

		Sprühabsorptions-reststoff (SAR)	Calciumsulfit-/ Calciumsulfatschlamm (KWR)	Anlagenverbund (SAR/KWR)
Gesamt-investitionen (1.000 DM)	vor Zusammenlegung	23.500 - 26.900	- 1) .	-
	nach Zusammenlegung	21.000 - 23.900	2.500 - 4.200	23.500 - 28.100 (Anteil SAR = 85-89 %) (Anteil KWR = 11-15 %)
Reduktion (%)		ca. 10	- 1)	-
Gesamtkosten[2] (1.000 DM/a)	vor Zusammenlegung	7.100 - 8.500	1.700 - 2.100[4]	-
	nach Zusammenlegung	6.100 - 7.000	1.200 - 1.500	7.300 - 8.500 (Anteil SAR = ca. 83 %) (Anteil KWR = ca. 17 %)
Kosten-Reduktion (%)		ca. 15	ca. 30	-
spezifische Gesamtkosten[2] inkl. Erlöse[3] (DM/t)	vor Zusammenlegung	215 - 265	195 - 250[4]	-
	nach Zusammenlegung	175 - 210	120 - 165	165 - 200
Kosten-Reduktion (%)		ca. 20	35 - 40	-

[1] Gemäß Tabelle 37 und Kapitel 5.4.4 nicht bestimmbar
[2] Bei 3.000 Anlagenbetriebsstunden pro Jahr
[3] Erlöse aus dem Verkauf der aufbereiteten Reststoffe siehe Tabelle 38
[4] geschätzt

Diese Reduktionspotentiale einer gemeinsamen Aufbereitung im Vergleich zur getrennten Aufbereitung resultieren aus:

Gesamtinvestitionen

Investitionen für den jeweiligen Anlagenverbund vermindern sich aufgrund der *Größendegression* bei den einzelnen Aufbereitungsapparaten durch Erhöhung von deren Kapazität. Daraus ergeben sich auch entsprechende *Vorteile bei den Investitionen für Zuschläge auf Apparate und Maschinen sowie Versorgungseinrichtungen und Off-sites.* Spezifisch für die hier konzipierten Aufbereitungen ist darüber hinaus, daß in vielen Fällen aufgrund der bei den getrennten Aufbereitungen installierten notwendigen großen Mindest-Kapazitäten (vgl. dazu Kapitel 7.3) diese bei Zusammenlegung auch trotz Durchsatzerhöhung ohne Kapazitätserhöhung verwendbar bleiben. Nur deren Auslastung nimmt zu.

Für **RFA** und **WA** ergeben sich durch eine Zusammenlegung der Aufbereitungen folgende geschätzte *Reduktionspotentiale bei den Investitionen* gegenüber der Summe der Investitionen bei getrennter Aufbereitung (vgl. dazu Tab. 44):

Anlagenverbund RFA 2/WA 2[188]: **4,3 - 5,1 Mio. DM** (Pellets), entsprechend
                                   20 - 25 %;
                                   7,3 - 8,3 Mio. DM (Splitt), entsprechend ca.
                                   30 %.

Reststoffabhängig sind die anteiligen Einsparungen (vgl. dazu Tabelle 44):

Gesamtaufbereitung RFA: **2,7 - 2,9 Mio. DM** (Pellets), entsprechend 25 %;
                          4,3 - 5,0 Mio. DM (Splitt), entsprechend ca. 30 %.

Gesamtaufbereitung WA: **1,6 - 2,2 Mio. DM** (Pellets), entsprechend ca. 20 %;
                          3.0 - 3.3 Mio. DM (Splitt), entsprechend 20 - 25 %.

Für **SAR** und **KWR** sind Schätzungen nicht möglich, da die notwendige Investition zur Errichtung einer alleinigen Aufbereitung von KWR nicht bekannt ist. Für SAR sind jedoch folgende geschätzten anteiligen Einsparungen bei einem

---

[188]Die Investitionssumme für den Anlagenverbund RFA/WA ist aus Tabelle 44 ersichtlich und beträgt im Falle der Pelletherstellung 14 - 19,3 Mio. DM und im Falle der Splittherstellung 16,8 - 22 Mio. DM. Diese Summen teilen sich auf die Reststoffe wie folgt auf: RFA 47 - 58 % bei Pellets und ca. 55 % bei Splitt; bei WA sind es entsprechend 42 - 53 % bzw. 45 %.

Anlagenverbund[189] mit KWR gegenüber einer alleinigen Aufbereitung erreichbar (vgl. dazu Tabelle 45):

Gesamtaufbereitung SAR: **2,5 - 3,0 Mio. DM**, entsprechend ca. 20 %.

Im entsprechenden Planungszeitraum können somit ca. **12,5 - 30 Mio. DM** an Kosten, bezogen auf SAR, eingespart werden.

Betriebsmittelverbrauchsabhängige Kosten und Personalkosten

Die **betriebsmittelverbrauchsabhängigen Kosten** sind *proportional dem Betriebsmittelverbrauch der getrennten Aufbereitungen* und bleiben in Summe durch die Anlagenzusammenlegung für jeden Anlagenverbund praktisch unverändert. Im Gegensatz dazu werden bei den **Personalkosten** sowohl im Bereich Betrieb als auch vor allem im Bereich Verwaltung *Einsparungen beim Anlagenverbund erreicht*, da bei einer Erhöhung der Anlagenkapazität und/oder der Auslastung einzelner Apparate ein Mehrbedarf an Betriebs- und Verwaltungspersonal nicht erforderlich ist.

Spezifische Gesamtkosten

Die Einsparungen bei den spezifischen Gesamtkosten sind aus den Tabellen 44 und 45 ersichtlich. Daneben zeigt sich, daß die Kosten pro Tonne Reststoff bei **SAR** und **KWR** auch ohne Zusammenlegung der Aufbereitungen durchaus *mit schon kurz- bis mittelfristig zu erwartenden Deponiepreisen zu vergleichen sind* und *nach einer Zusammenlegung weit unter ihnen liegen könnten*. Die geschätzten Kosten pro Tonne **RFA** und **WA** liegen schon bei *getrennter Aufbereitung z. T. erheblich unter heutigen Deponiepreisen*. Beide Situationen werden durch eine Hinzurechnung von notwendigen Transportkosten nicht entscheidend beeinflußt.

---

[189]Die Investitionssumme für den Anlagenverbund SAR/KWR ist in Tabelle 45 enthalten und beträgt 23,5 - 28,1 Mio. DM, wovon auf SAR 85 - 89 % und auf KWR 11 - 15 % entfallen.

8 DURCHFÜHRUNG DER AUFBEREITUNG UND VERWERTUNG SOWIE MÖGLICHE STANDORTE DER AUFBEREITUNGEN IN BADEN-WÜRTTEMBERG

Für eine zukünftige Umsetzung der Ergebnisse dieser Arbeit ist neben den chemisch/technischen und ökonomischen Sachinhalten vor allem auch die Mitwirkung von Entscheidungsträgern (Personen/Gruppen/Institutionen) von besonderer Bedeutung. Im folgenden werden diese Rahmenbedingungen diskutiert.

8.1 TRÄGER DER AUFBEREITUNG UND VERWERTUNG SOWIE DURCHFÜHRUNG VON DEREN PLANUNG

In bezug auf die "Zuständigkeit" ist zu unterscheiden, ob die Reststoffe dem objektiven Abfallbegriff[190] unterliegen oder nicht (vgl. dazu Kap. 3.2.2). Demgemäß liegt die Erstellung von regionalen Entsorgungsplänen entweder bei den Ländern bzw. deren öffentlichen Körperschaften (§ 6 Abs. 1 AbfG) oder bei den an der Entsorgung beteiligten Unternehmen.

Träger der Aufbereitung und Verwertung

Interesse an der Aufbereitung und Verwertung von Reststoffen aus der Rauchgasreinigung haben in erster Linie folgende Gruppen:

- <u>Betreiber von Feuerungsanlagen</u>
  Sie sind an der Erfüllung der Pflichten gemäß BImSchG sowie an einer kostengünstigen und sicheren Entsorgung interessiert.

- <u>Anbieter von Emissionsminderungsanlagen</u>
  Da der Reststofftyp und die damit verbundenen Verwertungsmöglichkeiten wesentlich von der Emissionsminderungstechnik determiniert werden, bestehen nur dann gute Marktchancen für Reststoffe, wenn gleich-

---

[190]In der Regel kann jedoch davon ausgegangen werden, daß diese Art von Reststoffen zukünftig weitgehend verwertet werden und daher Wirtschaftsgüter sind.

zeitig mit der Anlage auch eine praktikable Reststoffverwertung offeriert und sichergestellt werden kann.

- **Brennstoffanbieter**
  Die mit dem Brennstoff eingetragenen Stoffe wie Asche und Schwefel sind die eigentlichen Quellen für den nachfolgenden Reststoffanfall und dementsprechend wird versucht, durch die Übernahme der Verwertung die brennstoffspezifischen Nachteile gegenüber konkurrierenden Energieträgern (Gas, etc.) zu verringern. Darüber hinaus kann der logistische Vorteil bestehen, mit der Brennstoffversorgung gleichzeitig die Reststoffverwertung zu koppeln. Im Falle der Kohle bestehen insbesondere auch verschiedene Möglichkeiten der Reststoffverwertung im Bergbau.

- **Verwertungsunternehmen**
  Mit der Verwertung von Reststoffen und der damit einhergehenden Substitution von primären oder sekundären Rohstoffen sind sowohl Chancen als auch Risiken verbunden. Eine Verbesserung der Chancen und eine Verringerung der Risiken ist die Absicht der Verwertungsunternehmen. Dazu trägt die überregionale Entsorgungsplanung wesentlich bei, weil dadurch eine Berücksichtigung von technischen und wirtschaftlichen Anforderungen in hohem Maße ermöglicht wird.

- **Administrative Instanzen und politische Entscheidungsträger**
  Das primäre Interesse dieser Gruppe ist die Lösung von Abfallproblemen durch weitgehende Verwirklichung der gesetzten Prioritäten und Rahmenbedingungen. Eine überregionale Planung ist dafür unerläßlich. Besonders auch der Anspruch nach langfristig sicheren Lösungen kann am ehesten mit einer effizienten und wirtschaftlich selbsttragenden Verwertung erfüllt werden. Nicht zuletzt sollen die Interdependenzen zwischen Luftreinhaltung und Reststoffverwertung ermittelt werden, um möglichen Problemverschiebungen vorzubeugen bzw. Entscheidungsgrundlagen bereitzustellen.

- **Stadt- und Landkreise**
  Gemäß Abfallentsorgungsplan Baden-Württemberg, Teilplan Hausmüll (MELUW, 1987)[191], haben Stadt- und Landkreise als zuständige Körperschaften im Sinne von § 3 Abs. 2 Satz 1 AbfG die in ihrem Gebiet anfallenden Abfälle/Reststoffe zu entsorgen. Sie sind Träger von Entsorgungsanlagen im Sinne von § 6 AbfG, jedoch können sie sich gemäß § 3 Abs. 2 AbfG zur Erfüllung der Pflichten Dritter bedienen.

---

[191]Sein Planungszeitraum erstreckt sich bis 1995; darüber hinaus soll dieser Plan unter Einbeziehung von Reststoffen aus der Rauchgasreinigung von Feuerungsanlagen verabschiedet werden.

Die Durchführung eines Gesamtplanungsprozesses, der unter Beteiligung der
genannten Gruppppen erfolgt, kann in vier Schritte gegliedert werden[192]:

1. Schritt: Formulierung der Ziele und Konkretisierung der Rahmenbedingungen (Planungsrestriktionen).

2. Schritt: Analyse, Konzeption und Bewertung von technischen Entsorgungswegen.

3. Schritt: Formalisierung der Problemstruktur und Erstellung eines
quantitativen Planungsmodelles.

4. Schritt: Auswahl potentieller Standorte für Aufbereitungsanlagen
und Entwicklung regionaler Entsorgungsalternativen mit
Hilfe des Planungsmodelles.

Die einzelnen Schritte sind als logische Schritte zu verstehen und nicht als eine
strenge zeitliche Stufenfolge, obgleich im Zeitablauf der Planung sich verschie-
bend Schwerpunkte auf den einzelnen Schritten liegen (Patzak, 1982; Daenzer,
1986/87)[193].

Detaillierter wird hier auf den Planungsprozeß nicht eingegangen, da diese Problematik von Hammerschmid (1990) ausführlich bearbeitet wurde.

Durchführung der Aufbereitung und Verwertung

Die Anfallcharakteristik der Reststoffe aus Rauchgasreinigungsanlagen kleiner
und mittlerer Feuerungsanlagen einer abgegrenzten Region ist im wesentlichen
geprägt durch:

- verschiedene Reststoffarten,

- unterschiedliche Qualitäten der jeweiligen Stoffarten,

- kleine Mengen pro Feuerungsanlagen,

---

[192]Diese Vorgehensweise wird gegenwärtig auch für die Planung in Baden-Württemberg angewendet (UMBW, 1990).
[193]Es sei darauf hingewiesen, daß im allgemeinen der Planungsprozeß erst nach mehrmaligem
Durchlaufen der Planungsstufen , d. h. Rücksprünge zu vorstehenden Schritten, abgeschlossen ist.
Dies erfolgt u. a. aufgrund der sich ständig verbessernden Daten- und Informationsbasis.

- verschiedene, regional verstreute Anfallorte sowie

- saisonale Schwankungen der feuerungsanlagenbezogenen Anfallmengen bzw. der anfallenden Reststoffqualitäten.

Da eine Entsorgung für jeden einzelnen Reststoffanfall sowohl technisch als auch wirtschaftlich nicht sinnvoll ist, muß sie über *Entsorgungs- oder Verwertungsunternehmen* regional organisiert werden. Diese Vorgehensweise besitzt dabei folgende Vorteile:

- erhöhte Flexibilität bei der Distribution; das Entsorgungsunternehmen ist organisatorisch in der Lage, sowohl sehr große Abnehmer (Reststoffe von mehreren Quellen zusammen) als auch kleine Abnehmer oder solche mit unregelmäßigem Bedarf zu versorgen. Dadurch sind sie in der Lage, ein wesentlich größeres Verwertungspotential zu aktivieren.

- Know-how über alle Verwertungsmöglichkeiten.

- Marktpflege zur Überwindung von Akzeptanzschwierigkeiten sowie Beratung. Dabei gilt es, durch gezielte Marketingaktivitäten einen "Umdenkprozeß" in der Form zu bewirken, daß die Verwendung aufbereiteter Reststoffe als *"aktiver Umweltschutz"* angesehen wird. Zugleich muß verdeutlicht werden, daß aus Reststoffen bestehende oder reststoffenthaltende Produkte den herkömmlichen aus natürlichen Rohstoffen produzierten Produkten qualitativ gleichwertig sind.

- Berücksichtigung unterschiedlicher Qualitätsanforderungen der Abnehmer durch den Einsatz unterschiedlicher Reststoffe aus verschiedenen Quellen und entsprechender Verfahrensführung bei der Aufbereitung.

Darüber hinaus tragen die Entsorgungs-/Verwertungsunternehmen aus der Sicht des Recyclings wesentlich dazu bei, Anpassungsprozesse zwischen der Reststoffanfallseite und der Verwerterseite zu beschleunigen und innovationsfördernde Effekte im Hinblick auf die Aufbereitungstechnik durch unternehmerische Interessen zu entfalten.

Die technische Seite der Durchführung, d. h. die Planung, Installierung und Optimierung der Aufbereitungen, sollte zweckmäßigerweise durch die Anbieter/Hersteller der Aufbereitungsaggregate erfolgen[194]. Zusätzlich können Anbieter von Emissionsminderungsanlagen eingebunden werden, da Teile der geplanten Aufbereitungen von diesen am Markt angeboten werden. Eine Zusam-

---

[194]Dazu sind in Kapitel 5.3 und Anhang 1 Vorschläge enthalten.

menarbeit dieser Gruppen ist vor allem auch vorteilhaft im Hinblick auf eine wünschenswerte kurze Labor- und/oder Pilotphase vor einem Testbetrieb und Betriebsbeginn.

8.2 GESETZLICHE VORGABEN UND ANFORDERUNGEN IN BEZUG AUF DIE ERRICHTUNG UND DEN BETRIEB VON AUFBEREITUNGEN

8.2.1 Bundes-Immissionsschutzgesetz (BImSchG, 1985) und Abfallgesetz (AbfG, 1986)

Reststoffaufbereitungsanlagen können nach § 4 BImSchG (1985) in Verbindung mit der 4. BImSchV (1985) immissionsschutzrechtlich genehmigungsbedürftige Anlagen sein. Falls Reststoffe behandelt werden, die dem Abfallbegriff unterliegen, ist die Aufbereitungsanlage eine Abfallentsorgungsanlage und unterliegt auch dem AbfG (1986). In diesem Fall ist eine Planfeststellung erforderlich. Diese kann aber bei unbedeutenderen Anlagen durch eine wesentlich einfachere Genehmigung von der zuständigen Behörde ersetzt werden (§ 7 AbfG). Weitergehende Anforderungen an Entsorgungswege und Entsorgungsanlagen sowie eine allgemeinverbindliche Klassifizierung von Abfällen auf der Grundlage eines überarbeiteten Abfallartenkatalogs werden durch die TA Abfall geregelt (Henselder-Ludwig, 1988).

Die abfallrechtliche Planfeststellung bzw. die immissionsschutzrechtliche Genehmigung entfaltet Konzentrationswirkung (mit Ausnahme einer wasserrechtlichen Erlaubnis) und erfordert daher grundsätzlich keine weiteren behördlichen Genehmigungen; im einzelnen sind somit auch die Anforderungen nach

- Bauordnungsrecht,

- Bauplanungsrecht (insbesondere werden darin die Flächennutzungs- und Bebauungspläne berücksichtigt),

- Naturschutzrecht und

- Gewerberecht

abgedeckt.

Im 1. Entwurf der Verwaltungsvorschrift nach § 5 Abs. 1 Nr. 3 BImSchG (VV, 1989) ist als weitere Bedingung für die Erteilung der Betriebsgenehmigung eine **Stoffbilanz** zu erstellen, und zwar bezogen auf die Einsatzstoffe, Zwischen-, Neben- und Endprodukte und anfallenden Abfälle. Gefordert sind Angaben über Art, Beschaffenheit und Menge dieser Stoffe.

Zusätzlich ist eine Umweltverträglichkeitsprüfung (UVP) durchzuführen. Die möglichen Auswirkungen einer UVP auf die Errichtung von Reststoffaufbereitungsanlagen ist Thema von Kapitel 8.2.4.

8.2.2 Wasserhaushaltsgesetz (WHG, 1986)

Die Standortentscheidung (vgl. dazu Kapitel 8.3) wird des weiteren auch aus wasserwirtschaftlicher Sicht beeinflußt. Prinzipiell ist für die Zwischenlagerung der Reststoffe auch die Lagerung im Freien in Betracht zu ziehen. Dementsprechend ist davon auszugehen, daß eine Aufbereitungsanlage nicht im Bereich festgesetzter oder geplanter Zonen I bis III für Trinkwasser- und Zonen I bis III für Heilquellen-Schutzgebiete errichtet und betrieben werden darf (Haverkamp, 1988)[195].

Außerdem kommt im Zusammenhang mit dem Betrieb von naßarbeitenden Aufbereitungsanlagen auch die Benutzung von Gewässern im Sinne von § 3 WHG, z. B. für die Entnahme von Grundwasser oder das Einleiten von Abwasser, in Betracht. Dies erfordert eine wasserrechtliche Erlaubnis nach § 7 WHG. Dazu werden in § 7a Abs. 1 WHG Anforderungen an die Direktleitung geregelt, die für einzelne Herkunftsbereiche durch Verwaltungsvorschriften in Form von Mindestanforderungen präzisiert werden. Für die Indirekteinleitung ist abzusehen, daß in Zukunft ebenfalls die erhöhten Anforderungen der Direkteinleitung übertragen werden (§ 7a Abs. 1 Satz 3 WHG).

Darüber hinaus ist noch die Lagerung wassergefährdender Stoffe zu bedenken, die auch für den Betrieb der einzelnen Maschinen und Aggregate erforderlich sind. Anforderungen an Tankanlagen finden sich bis ins einzelne geregelt in den Länderbestimmungen über Anlagen zum Lagern, Abfüllen und Umschlagen wassergefährdender Stoffe (Klett, 1988).

---

[195]Je nach hydrologischen Verhältnissen kann im Einzelfall gemäß § 34 Abs. 2 WHG zum Schutz des Grundwassers auch die Überwachung des Oberflächen- und Sickerwassers bzw. die Versiegelung der Oberfläche zur Ableitung des gefaßten Niederschlagwassers gefordert werden.

8.2.3 Bodenschutzkonzeption (BSK, 1985)

Bodenschutzanforderungen sind in besonderem Maße am Vorsorgeprinzip ausgerichtet und zukunftsorientiert. Dazu geht die Bundesregierung in ihrer Bodenschutzkonzeption von zwei zentralen Handlungsansätzen aus:

- Minimierung von qualitativ oder quantitativ problematischen Stoffeinträgen aus Industrie, Gewerbe, Verkehr, Landwirtschaft und Haushalten. Daher sind u. a. verschärfte Anforderungen an Deponien zu stellen.

- Eine Trendwende im Landverbrauch muß erreicht werden. Das zielt ebenfalls auf eine sparsamere Bereitstellung von Deponieflächen, aber ebenso auf restriktive Erteilung von Abbaugenehmigungen für natürliche Rohstoffe ab. Die Abgabe von unerwünschten Stoffen in den Boden soll soweit wie möglich durch Kreislaufführung und Reststoffmanagement ersetzt werden.

Da die Deponierung zwar eine Komponente innerhalb der Entsorgungsalternativen darstellt, aber nur dann relevant ist, wenn alle anderen Möglichkeiten ausgeschöpft sind und dementsprechend kein dispositives Planungselement im eigentlichen Sinne ist, wird hinsichtlich Deponieanforderungen auf TVAB (1986) verwiesen.

8.2.4 Umweltverträglichkeitsprüfung (UVPG, 1990)

Nach § 2 UVPG ist die UVP, welche im August 1990 in Kraft trat, ein unselbständiger Teil verwaltungsbehördlicher Verfahren, die der Entscheidung über die Zulässigkeit von Vorhaben dient. Dazu sollen die Auswirkungen eines Vorhabens auf

- Menschen, Tiere, Pflanzen, Boden, Wasser, Luft, Klima und Landschaft, einschließlich der jeweiligen Wechselwirkungen, sowie auf

- Kultur- und Sachgüter

ermittelt, beschrieben und bewertet werden[196], und zwar unter folgenden drei strategischen Gesichtspunkten (Marx, 1990):

- Prüfung der Frage, ob die vorgesehene Maßnahme im Hinblick auf ihre ökologischen Schäden im Auswirkungsbereich bei Bau, Betrieb, Störfall und Abbruch zu vertreten sind, wobei selbstverständlich auch das Problem zu erörtern ist, welche ökologischen Schäden die Null-Variante, also Nichtstun, hervorruft und wie sich die Schäden der Null-Variante zu den Schäden der geplanten Maßnahme verhalten.

- Beantwortung der Frage, wie die zu erwartenden ökologischen Schäden bei Bau, Betrieb, Störfall und Abbruch durch technische Optimierung minimiert werden können.

- Schließlich ist, nachdem eine gewisse technische Optimierung planerisch erreicht wurde, zu fragen, wie die technisch gefundene Lösung der Maßnahme im Hinblick auf ihren Standort optimiert werden kann.

In bezug auf die Errichtung und den Betrieb von Reststoffaufbereitungen hat die Durchführung einer UVP u. a. folgende wichtige Auswirkungen (Marx, 1990):

- Es kann nachvollziehbar aufgezeigt werden, wie eine solche Reststoffaufbereitungsanlage nach dem Stand der Technik aussehen sollte und mit welchen Emissionen voraussichtlich gerechnet werden muß (technische Optimierung).

- Es kann weiterhin nachvollziehbar aufgezeigt werden, wo der optimale Standort für die nach dem Stand der Technik konzipierte Aufbereitung liegen kann (Standort-Optimierung)[197].

---

[196]Ein sehr wichtiger Bestandteil ist die Forderung der Einbeziehung der Öffentlichkeit, um den Entscheidungsvorgang bei einem genehmigungsfähigen Projekt transparent zu machen.
[197]Für die letztendliche Errichtung und den Betrieb sind darüber hinaus neben der ökologischen Seite auch noch weitere wichtige Gesichtspunkte zu beachten. Darauf wird in Kapitel 8.3.1 ausführlich eingegangen.

8.3 STANDORTFAKTOREN UND MÖGLICHE STANDORTE FÜR AUFBEREITUNGEN IN BADEN-WÜRTTEMBERG

Die Ausweisung von Standorten für Reststoffaufbereitungen wird im planerischen Gesamtrahmen zukünftig ein erhebliches Problem darstellen, da jede diesbezügliche Entscheidung zu Bürgerprotesten und komplizierten rechtlichen Verfahren führen wird[198]. Denkbar wäre daher, daß das hier erstellte Verwertungskonzept, in dem die Aufbereitung im Hinblick auf die Verwertung eine unverzichtbare Forderung darstellt, nur in einem langwierigen Prozeß umgesetzt werden kann, wenn keine **akzeptablen und realisierbaren** Standorte für die Aufbereitung zur Verfügung gestellt werden[199].

8.3.1 Relevante Standortfaktoren

Für die Errichtung und den Betrieb von Aufbereitungsanlagen müssen Standorte hinsichtlich ihrer Eigenschaften untersucht werden. Dabei interessieren jedoch nicht alle Eigenschaften, sondern nur jene, die in bezug auf

- anlagenrelevante Anforderungen,

- genehmigungsrechtliche Anforderungen und

- raumordnerische Anforderungen

von Bedeutung sind. Diese Eigenschaften werden allgemein auch als Standortfaktoren bezeichnet[200].

Zur Durchführung der Standortwahl durch Bewertung der Standortfaktoren ist eine Reihe von Planungsgrundlagen erforderlich. Neben Daten aus der eigenen Planung (d. h. Anlagendaten zu den Aufbereitungen) muß die Orientierung primär an den im Rahmen der Genehmigungen gültigen Grundlagen erfolgen.

---

[198]Vgl. dazu die Angaben in Kapitel 8.1 in bezug auf die Stadt- und Landkreise in Baden-Württemberg.

[199]Beispielsweise sind in Baden-Württemberg die entsorgungspflichtigen Körperschaften aufgefordert, Standorte von Abfallentsorgungsanlagen, die sich aus den in einem Abfallwirtschaftskonzept vorgeschlagenen Maßnahmen ergeben, in einem festgelegten Einzugsbereich auszuweisen (Rapp, 1990). Die Akzeptanz dieser Standortwahl ist damit nicht automatisch verbunden und aus vergangenen und gegenwärtigen Erfahrungen eher unwahrscheinlich.

[200] Bei Rohrbeck (1979) und Tietz (1988) sind zur Standortwahl von Abfallentsorgungsanlagen detaillierte und umfangreiche Standortfaktorenkataloge dargestellt. Diese sind jedoch nicht allgemein gültig, sondern müssen für einen konkreten Planungsfall kritisch geprüft und durch Elimination bzw. Hinzufügung von Standortfaktoren angepaßt werden.

Die Genehmigung umfaßt die Teile Planfeststellungsverfahren, Raumordnungsverfahren und wasserrechtliche Genehmigung zuzüglich der Daten über die Geographie/Geologie und Infrastruktur. Dementsprechend sind folgende Unterlagen als Planungsgrundlagen notwendig[201]:

- Gesetze, wie z. B. BImSchG, AbfG, WHG und dazugehörige Verordnungen und technische Anleitungen,

- Regional- und Flächennutzungspläne,

- Bebauungspläne,

- Abfallentsorgungspläne,

- Straßenbauamts- und Wasserwirtschaftskarten,

- Topographische und geologische Karten und

- Klimakarten.

Nachfolgend werden die o. a. Standortfaktoren in bezug auf die bedeutenden dazugehörigen Teilfaktoren diskutiert.

Anlagenrelevante Anforderungen

Neben den Anforderungen an das Grundstück im engeren Sinne (d. h. Fläche, Zuschnitt, Topographie, geologische Bodenbeschaffenheit) hat die Infrastruktur eine zentrale Bedeutung. Dazu zählen Verkehrsanschlüsse, die Versorgung mit Strom, Wasser und Wärme und vor allem auch die Entsorgungsmöglichkeiten für Abwässer und Abfälle (d. h. Abstand zu Deponien). Desweiteren sind aus betriebswirtschaftlicher Sicht die kostenwirksamen Standortfaktoren wie Grundstückskosten, Erschließungskosten, besondere Lärmschutz- und Emissionsanforderungen sowie Betriebszeiteinschränkungen aufgrund der näheren Standortumgebung (z. B. Wohngebiet) wesentlich.

---

[201]Diese Unterlagen sind allgemein verfügbar. Darüber hinaus existieren in der Bundesrepublik umfangreiche Studien zu ausgewählten Umweltproblemen. Diese werden u. a. von den zuständigen Umweltministerien herausgegeben und beinhalten umfangreiche Datenbasen (z. B. Berichtsreihe Luft Boden Wasser des Umweltministeriums Baden-Württemberg).

Genehmigungsrechtliche Anforderungen

Grundsätzlich darf eine genehmigungsbedürftige Anlage nach BImSchG nur
dort errichtet werden, wo in einem Bebauungsplan nach dem Bundesbaugesetz
und der Baunutzungsverordnung ein Industriegebiet, ein Gewerbegebiet oder
ein Sondergebiet festgesetzt ist (Putz & Buchholz, 1982). Auch wenn alle dem
Stand der Technik entsprechenden Maßnahmen zur Emissions- und Lärmmin-
derung durchgeführt werden, kann es beim Anlagenbetrieb in der unmittelba-
ren Umgebung durchaus zu erheblichen Belästigungen durch Staub und Lärm
kommen. Insofern kommt einem ausreichenden Abstand zwischen Industrie-
und Gewerbegebieten einerseits und Wohngebieten andererseits hinsichtlich
des Standortes besondere Bedeutung zu.

Raumordnerische Anforderungen

Angesichts der zunehmenden Inanspruchnahme von Freiflächen durch bauliche
Maßnahmen kommt der Sicherung solcher Flächen zum Schutz der natürlichen
Lebensgrundlagen Boden, Luft, Wasser innerhalb der Landesplanung und
Raumordnung eine maßgebende Rolle zu. Demnach scheiden Standorte innerhalb von Natur-, Landschafts- und Wasserschutzgebieten aus. Ebenso sind
Überschwemmungsgebiete und Gebiete mit besonderer Schutzfunktion (z. B.
ökologische Vorranggebiete, regionale Grünzüge) ungeeignet. Neben diesen
generellen raumordnerischen Anforderungen in bezug auf die Standortsuche
gibt es noch weitere im konkreten Fall maßgebende Anforderungen. Daher
wird zunehmend gefordert, daß im Rahmen der Raumordnungsplanung bereits
vorsorglich anlagenspezifisch geeignete Standorte ausgewiesen werden (Köhl,
1988).

8.3.2 Mögliche Standorte für Baden-Württemberg

Inhalt dieses Abschnitts ist eine zusammengefaßte Darstellung der Vorgehensweise zur Standortfindung für die in dieser Arbeit konzipierten Anlagenver-
bunde für die Aufbereitungen gemäß RFA 2 und WA 2 einerseits, sowie SAR 2
und KWR 2 andererseits. Darüber hinaus werden Vorschläge für konkrete Aufbereitungsstandorte in Baden-Württemberg unterbreitet.

Diese Vorschläge geben die Ergebnisse der Untersuchungen aus UMBW (1990)[202] und Hammerschmid (1990) wieder. Zur Durchführung dieser Untersuchungen wurde ein umfangreiches EDV-gestütztes Planungsmodell entwickelt.

Vorgehensweise zur Standortfindung

Für die Auswahl potentieller Aufbereitungsstandorte wurden Voruntersuchungen durchgeführt mit dem Ziel, die Zahl möglicher Standorte auf eine begrenzte Anzahl **prinzipiell denkbarer Industriegebiete** einzuengen. Wegen der Vielzahl möglicher Standorte ist aus Kosten-Nutzen-Erwägungen heraus ein stufenweises Vorgehen sinnvoll, in dessen Verlauf die Anzahl relevanter Standorte abnimmt und so die auf jeder Stufe notwendige zusätzliche Informationsbeschaffung begrenzt wird. Dazu wurde eine dreistufige Vorgehensweise mit folgender Gliederung angewandt:

1. Stufe: Ausschluß räumlich festgelegter Bereiche, in denen die Errichtung und der Betrieb von Aufbereitungsanlagen grundsätzlich ausgeschlossen ist.

2. Stufe: Vorauswahl relevanter Standorte, die bestimmten geforderten Standards genügen.

3. Stufe: Endauswahl potentieller Standorte durch vergleichende Bewertung und Berücksichtigung bestimmter struktureller Anforderungen hinsichtlich der Standortanzahl und -verteilung.

Mit dieser schrittweisen Methode scheiden viele Standorte aufgrund bestimmter Eigenschaften bereits in der Vorauswahl aus.

Für jeden dieser Schritte gilt es, auf den Standortfaktoren aufbauende Standortkriterien festzulegen, welche dann als nachvollziehbarer und begründeter Maßstab für das gesamte Verfahren der Standortwahl dienen. Dabei sollen jedoch nur solche Standortkriterien in das Verfahren aufgenommen werden, die sich in bezug auf die Ausprägung wesentlich unterscheiden.

---

[202]Diese Untersuchung wurde im Auftrag des Umweltministeriums Baden-Württemberg am Institiut für Industrielle Produktion der Universität Karlsruhe (TH) in den Jahren 1988 - 1990 durchgeführt und war nicht nur auf die hier behandelten Reststoffe beschränkt.

Eine Analyse führt zum Ergebnis, daß die Standortkriterien in drei Gruppen gegliedert werden können, mit deren Hilfe die Stufen 1 und 2 der vorgenannten dreistufigen Gliederung durchlaufen werden:

- **Strukturbezogenes Ausschlußkriterium:**
  - von den Reststoffanfallstellen und Verwertungsregionen umspanntes "Entsorgungsgebiet"

- **Standortbezogene Ausschlußkriterien:**
  - Industrie-, Gewerbe- und Sondergebiet
  - Verkehrsflächen
  - Straßenanschluß
  - Gebiet mit besonderer Schutzfunktion
  - Überschwemmungsgebiet

- **Anlagenbezogene Ausschlußkriterien**
  - Mindestabstand zu Wohngebieten
  - maximale Geländeneigung
  - Baubeschränkungen

In Stufe 3 wurde eine Aufteilung Baden-Württembergs in etwa gleichgroße Regionen notwendig mit nicht mehr als 3 - 4 potentiellen Standorten. Für diese Regionen kann dann die vergleichende Bewertung jeweils einzeln erfolgen. Die geographische Lage dieser Regionen sowie die der potentiellen Standorte sind aus Abbildung 51 ersichtlich.

Die weitere Einengung der Standortmenge erfolgte dann mit Hilfe des s. g. *interaktiven Entscheidungsverfahrens*, das mit der Zielfunktion "Minimierung der Gesamtentsorgungskosten" unter Einbeziehung von Nebenbedingungen (z. B. Kapazitäten) günstige Standorte ermittelt. Das zu Grunde liegende Modell ist ein gemischt ganzzahliges, lineares Optimierungsmodell mit mehreren tausend Variablen.

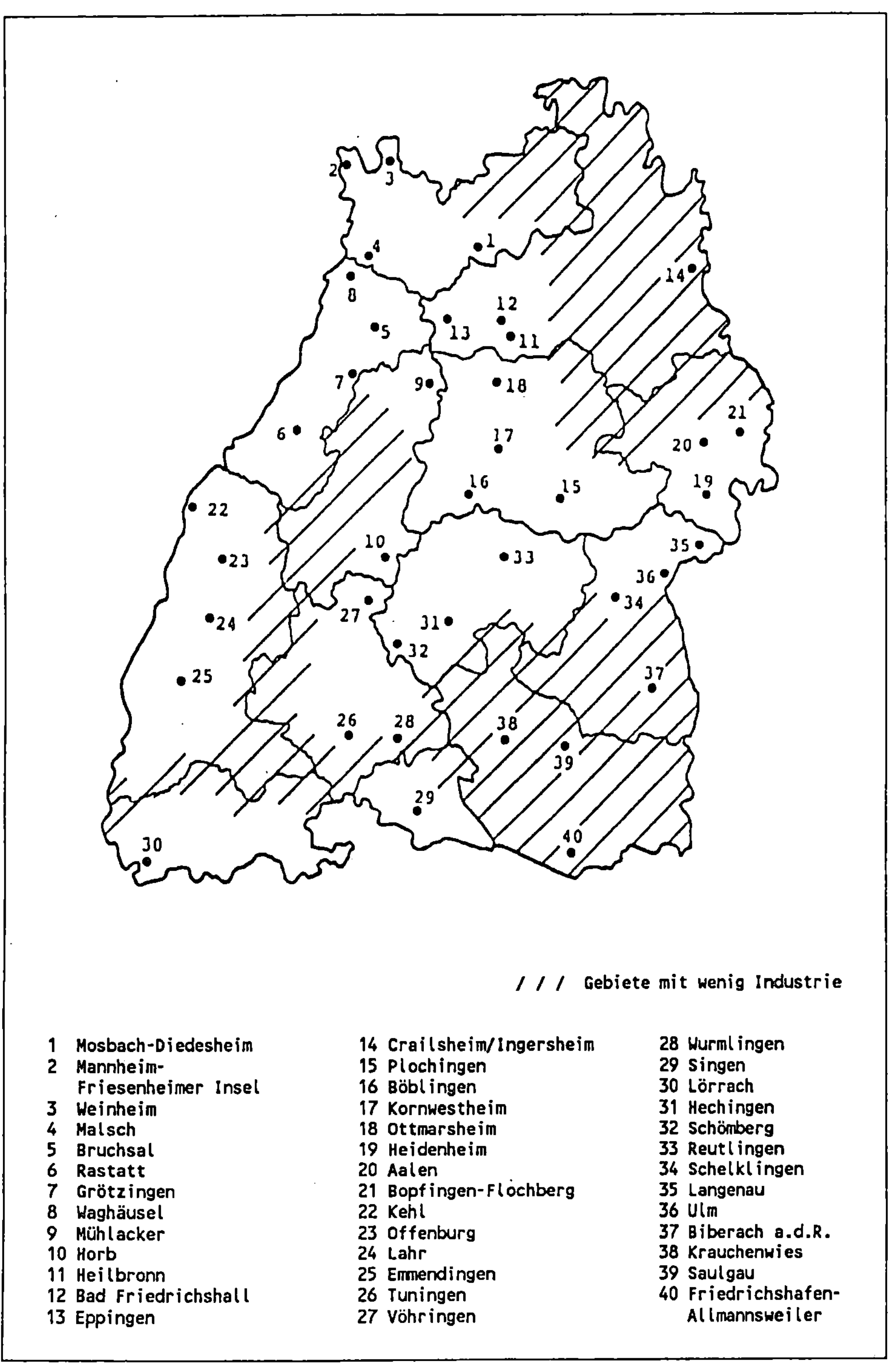

1 Mosbach-Diedesheim	14 Crailsheim/Ingersheim	28 Wurmlingen
2 Mannheim- Friesenheimer Insel	15 Plochingen	29 Singen
	16 Böblingen	30 Lörrach
3 Weinheim	17 Kornwestheim	31 Hechingen
4 Malsch	18 Ottmarsheim	32 Schömberg
5 Bruchsal	19 Heidenheim	33 Reutlingen
6 Rastatt	20 Aalen	34 Schelklingen
7 Grötzingen	21 Bopfingen-Flochberg	35 Langenau
8 Waghäusel	22 Kehl	36 Ulm
9 Mühlacker	23 Offenburg	37 Biberach a.d.R.
10 Horb	24 Lahr	38 Krauchenwies
11 Heilbronn	25 Emmendingen	39 Saulgau
12 Bad Friedrichshall	26 Tuningen	40 Friedrichshafen- Allmannsweiler
13 Eppingen	27 Vöhringen	

Abbildung 51: Potentielle Standorte für Reststoffaufbereitungen in Baden-Württemberg (UMBW, 1990)

Mögliche Standorte in Baden-Württemberg

Das zuvor beschriebene Standortauswahlverfahren führt zum Ergebnis, daß für die zu je einem Anlagenverbund zusammengefaßten Aufbereitungen (RFA 2/WA 2, sowie KWR 2/SAR 2) an nur zwei Standorten erforderlich sind, und zwar

- **Raum Kornwestheim** für RFA und WA und

- **Raum Mühlacker**   für SAR und KWR.

In den Abbildungen 52 und 53 ist die geographische Lage dieser beiden möglichen Standorte angegeben, inklusive der damit verbundenen Hauptstoffströme für die antransportierten Reststoffe und der zu den Verwertungsregionen abtransportierten Produkte.

Wesentlich für die Wahl dieser Standorte ist neben den in Kapitel 8.3.2 angegebenen Standortfaktoren auch die regionale voraussichtliche Reststoffanfallstruktur sowie die geographische Verteilung der potentiellen Verwertungsregionen.

Der überwiegende Anteil von RFA wird voraussichtlich in der Region Mittlerer Neckar anfallen (UMBW, 1990). Darüber hinaus sind die Verwertungsmöglichkeiten für die hergestellten Pellets oder den Splitt in dieser Region ebenfalls gut. WA fällt ausschließlich aus Großfeuerungen in den in Abbildung 52 bezeichneten Regionen Südlicher Oberrhein, Nord-Schwarzwald und Mittlerer Neckar an (UMBW, 1988). Von untergeordneter Bedeutung ist die Verwertung des in der Aufbereitung gemäß RFA 2 anfallenden kohlenstoffreichen Nebenproduktes. Diese Mengen sind in den Kraftwerken Mannheim und Heilbronn oder in den nahegelegenen Zementwerken verwertbar (UMBW, 1990)[203].

Der Standort Mühlacker für die Aufbereitung von SAR und KWR (Abb. 53) wird im wesentlichen durch SAR determiniert und stammt überwiegend aus Großfeuerungen der Region Südlicher Oberrhein und Mittlerer Neckar (UMBW, 1988). Zusätzlich hat die mögliche Verwertung des hergestellten technischen Anhydrits in der Zementindustrie der Region Ost-Württemberg entscheidenden Einfluß auf die Standortwahl.

---

[203]Die alternativen Kraftwerksstandorte Walheim und Karlsruhe liegen zwar geographisch günstig, besitzen jedoch deutliche Nachteile in bezug auf die Verwertungskapazität (UMBW, 1990).

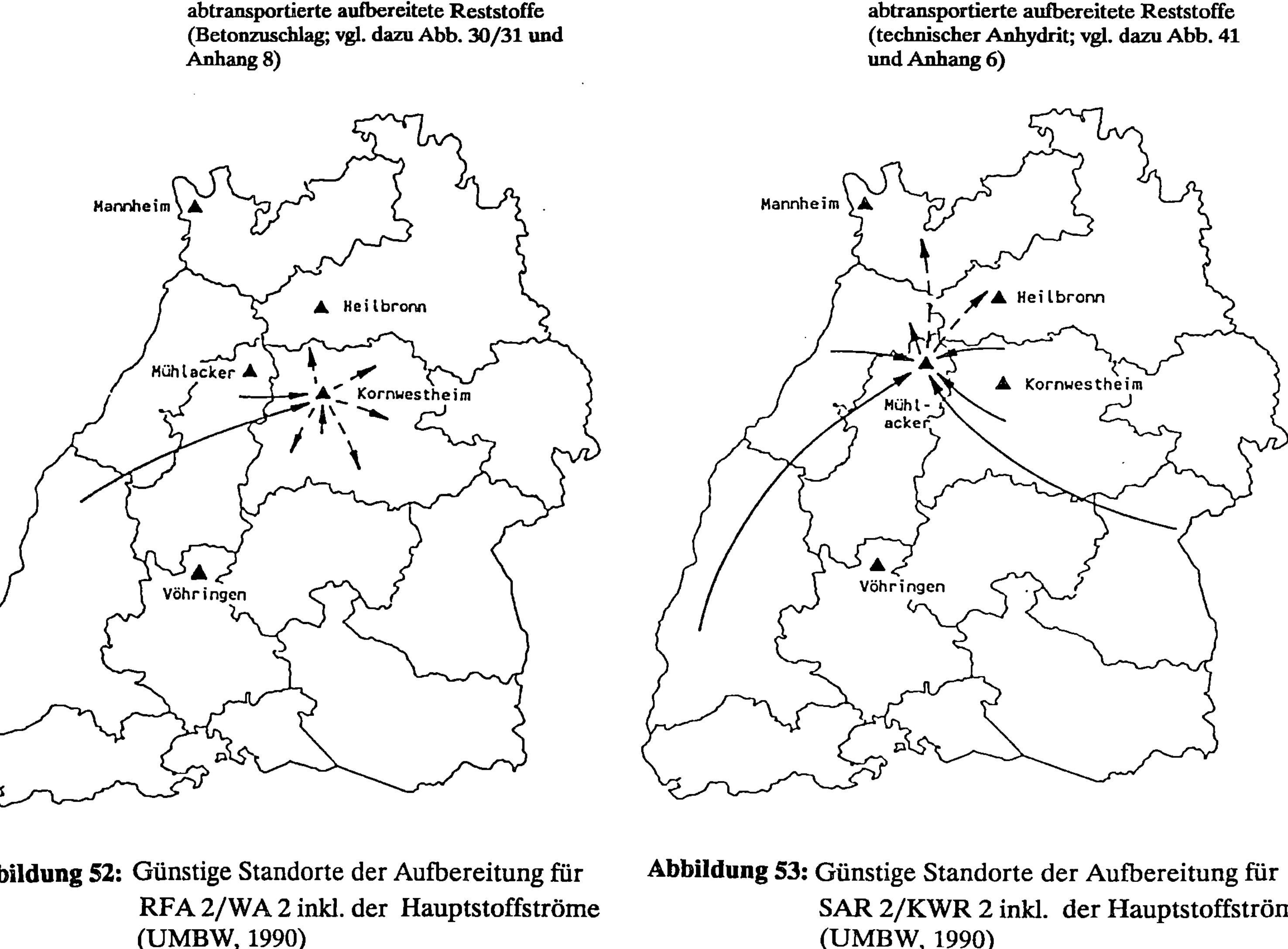

Abbildung 52: Günstige Standorte der Aufbereitung für RFA 2/WA 2 inkl. der Hauptstoffströme (UMBW, 1990)

Abbildung 53: Günstige Standorte der Aufbereitung für SAR 2/KWR 2 inkl. der Hauptstoffströme (UMBW, 1990)

9 SCHLUSSFOLGERUNGEN UND AUSBLICK

Nachfolgend werden einige allgemeine Erkenntnisse und wesentliche Erfahrungen angeführt, die aus der Konzeptentwicklung für eine Verwertung der Reststoffe aus der Rauchgasreinigung von Feuerungsanlagen in Baden-Württemberg resultieren:

- Auf der Grundlage der verfügbaren Datenqualität sowie im Anfangsstadium des Planungsprozesses von Entsorgungsalternativen, bietet die vorgeschlagene Bewertungsmethode eine hinreichende Garantie dafür, den unter ökologischen, technischen und wirtschaftlichen Gesichtspunkten günstigsten Entsorgungsweg für Reststoffe aus der Rauchgasreinigung in Baden-Württemberg auszuwählen.

- Diese entwickelte Methode zur Ermittlung regional günstiger Verwertungsmöglichkeiten ist auf andere Reststoffe/Abfälle übertragbar; es müssen jedoch Anpassungen bei landesspezifischen/regionalen Aspekten erfolgen.

- Ausschlaggebend für die Auswahl der Entsorgungswege war das Kriterium "Verwertungspotential", mit dessen Hilfe insgesamt 11 TEW direkt eliminiert wurden. Demgegenüber konnte die Auswahl hinsichtlich des Umweltfaktors und der Kosten immer nur durch Vergleich der einzelnen TEW erfolgen. Es bestanden zwar ausreichend große Unterschiede, wobei jedoch im Falle der Kosten unter dem Gesichtspunkt der Schätzgenauigkeit Veränderungen möglich sind, welche Einfluß auf die Auswahl nehmen können.

- Es ergaben sich ebenfalls dadurch Unsicherheiten, unabhängig von der Bewertungsmethode und der Vorgehensweise, daß der Entwicklungstand alternativer Aufbereitungen unterschiedlich weit fortgeschritten war. In einigen Fällen existieren schon Pilotanlagen oder es wurden Laborversuche durchgeführt, während für die Mehrzahl der hier konzipierten Aufbereitungen solche Ansätze noch nicht zu erkennen sind. Dies führt zu einem Standardproblem der Verfahrensbewertung: Vergleich unterschiedlich ausgeprägter Techniken oder sogar Vergleich von bekannter Technik "heute" mit Zukunftstechnik.

- Für die Auswahl der technischen Entsorgungswege bzw. für das Ergebnis ist unbedeutend, daß der Gewichtungsfaktor G_i für die Schadenswirkung von Stoffen im Rahmen des Umweltfaktors U_{EW} aus den in Kapitel 6.3.1 genannten Gründen nicht berücksichtigt werden konnte, da sich bei seiner Kenntnis der Umweltfaktor für jeden TEW nahezu um den gleichen Betrag verändern würde. Darüber hinaus ist er nur bei nassen Aufbereitungen von Bedeutung oder in den Fällen, in denen eine Verwertung im Bereich Boden erfolgt. Maßgebend ist vor allem der Belastungsfaktor B_i.

- Im Falle von KWR 2 spielten die Kriterien keine Rolle. Ausschlaggebend waren für diesen TEW verfahrenstechnische Restriktionen bei der Aufbereitung und die Möglichkeit einer gemeinsamen Behandlung mit SAR.

Neben diesen Erkenntnissen und Erfahrungen ergeben sich folgende Ansatzpunkte für eine Verfeinerung der Bewertung und Auswahl für notwendige Maßnahmen im Bereich Forschung und Entwicklung zur Schließung von Kenntnislücken sowie Anregungen für die wissenschaftliche Weiterentwicklung:

Bewertungs- und auswahlorientiert

- Notwendig ist eine Verfeinerung der Bewertungskriterien, vor allem in bezug auf technische Parameter der Aufbereitungen. Das ist jedoch für die konzipierten Aufbereitungen in den meisten Fällen erst nach der Pilotphase möglich.

- Desweiteren wäre es bei einer zukünftigen breiteren Daten- und Informationsbasis sinnvoll, die Bewertung und Auswahl in Form eines Planungsmodells durchzuführen oder aber in bestehende Modelle (z. B. Hammerschmid, 1990) zu integrieren. Damit wäre im letzteren Fall gleichzeitig eine Erweiterung um einen ökologisch-stofflichen und einen technischen Teil verbunden, da die Lösungsfindung derartiger Modelle primär unter Kostenaspekten verläuft.

Reststoff- und verwertungsorientiert

- Für Rostfeuerungsflugaschen sind weitergehende gezielte stoffliche Untersuchungen zur Bestimmung der repräsentativen chemischen und mineralogischen Zusammensetzung sowie verwertungsrelevanter physikalischer Eigenschaften erforderlich.

- Darüber hinaus sollten alle betrachteten Reststoffe (im Hinblick auf den Umweltfaktor des TEW) adäquaten Analysen zur Bestimmung der Schwermetallgehalte und des Elutionsverhaltens unterworfen werden. Realistische Methoden und Vorgehensweisen müßten weiterentwickelt und/oder verbessert werden.

- Alle in Kapitel 4 konzipierten und nicht ausgewählten Aufbereitungen sollten für den praktischen Einsatz entwickelt bzw. weiterentwickelt werden. Das gilt insbesondere für die Techniken zur weitergehenden Kohlenstoffabtrennung aus RFA und WA sowie zur Umfällung zu Gips für SAR und KWR. Dazu sind Untersuchungen im Labor- und Pilot-maßstab erforderlich.

- Produktanforderungen für aufbereitete Reststoffe sollten einerseits anwendungsspezifisch weiter differenziert werden und andererseits die Bedingungen für den Reststoffeinsatz festlegen.

- Notwendig sind baustofftechnische Untersuchungen zur Bestimmung der Qualität von mit aufbereiteten Reststoffen hergestellten Produkten. Daraus können insbesondere auch Rückschlüsse im Hinblick auf eine Optimierung der Aufbereitung gezogen werden.

- Methoden zur Eignungsprüfung von Reststoffen sind anwendungsorientiert zu entwickeln bzw. bestehende Methoden sind anzupassen.

- Zum Nachweis der Umweltvertäglichkeit bei der Reststoffverwertung im Bodenbereich sind praxisorientierte Prüfverfahren notwendig; darüber hinaus ist auch eine Festlegung von prüfverfahrensbezogenen Grenz-werten erforderlich.

Bei der Umsetzung des entwickelten Verwertungskonzeptes ist u. a. zu beachten:

- Einer konsequenten Realisierung der Reststoffverwertung, vorgegeben im Bundes-Immissionsschutz- und Abfallgesetz, wäre ein Deponiepreis für die Ablagerung der Reststoffe in Höhe von über 300 DM/t dienlich. Die Verwertung wäre dann auch wirtschaftlich vorteilhaft.

- Für die konzipierten Aufbereitungsverbunde sollte eine nochmalige und detailliertere Standortwahl erfolgen. Dabei sollten auch bestehende Industriestandorte im Kraftwerks-/Baustoffbereich einbezogen werden.

10 LITERATURVERZEICHNIS

AbfG (1986): Gesetz über die Vermeidung und Entsorgung von Abfällen - Abfallgesetz, vom 27.08.1986, BGBL. I S. 1410

AGGTELEKY, B. (1973): Systemtechnik in der Fabrikplanung, Carl Hauser Verlag, München

AMBERGER., A. (1983): Pflanzenernährung - Ökologische und physiologische Grundlagen, Verlag Eugen Ulmer, Stuttgart

BAHR, A. ; LEGNER, K. ; LÜDKE, H. ; MEHRHOFF, F.-W. (1987): 5 Jahre Betriebserfahrung mit der pneumatischen Flotation in der Steinkohlenaufbereitung, in: Aufbereitungs-Technik, 28. Jahrgang (1987), Heft 1, 1 - 9

BANNWARTH, H. ; HANSEN, B. ; HUCKENBROICH, U. ; MAISS, B. (1986/87): Untersuchungen zum Einfluß von REA-Gips auf das Wachstum von Pflanzen, in: Umwelt & Gesundheit, Heft 2, 1986/87, 2 - 12

BASSIER, F. K. (1984): Die Verwendung von Alpha-Halbhydrat aus der Rauchgasreinigung als Baustoff Untertage, in: Erzmetall, 37 (1984) 2, 79 - 83

BBA (Bundesverband der Baustoff-Aufbereiter, Hrsg.) (1987): Recycling von Baustoffen im Hochbau, Köln

BD (Fa. Baustoffwerke Durmersheim GmbH) (1990): Schriftliche Mitteilungen

BDZ (Bundesverband der Deutschen Zementindustrie e. V. , Hrsg.) (1987/89): Jahresberichte 1986/87 und 1988/89, Köln

BGI (Bundesverband der Gips- und Gipsbauplattenindustrie e. V.) (1990): Mündliche Mitteilungen, Darmstadt

BILITEWSKI, B. (1978): Ansatz zum wirtschaftlichen Vergleich von mechanischen Sortierverfahren für Haushaltsabfälle, in: THOME-KOZMIENSKI, K. J. (HRSG.): Materialrecycling aus Haushaltsabfällen, Reihe Abfallwirtschaft an der TU Berlin, Berlin

BImSchG (1974): Gesetz zum Schutz vor schädlichen Umwelteinwirkungen durch Luftverunreinigungen, Geräusche, Erschütterungen und ähnliche Vorgänge (Bundes-Immissionsschutzgesetz) vom 15.03.1974, BGBL. I S. 721

1. BImSchV. (1985): Erste Verordnung zur Durchführung des Bundes-Immisssiosschutzgesetzes (Verordnung über Feuerungsanlagen) BGBL. I S. 165, geändert durch VO v. 24.7.1985, BGBL. I S. 1586

4. BImSchV (1985): Vierte Verordnung zur Durchführung des BImSchG (Verordnung über genehmigungsbedürftige Anlagen) vom 24.07.1985, BGBL. I S. 1586, geändert BGBL. I 1988, S. 633

BKS (Bundesverband der Kalksandsteinindustrie e. V.) (1988): Möglichkeiten zur Reduzierung des Kalk- und Energiebedarfs bei der Kalksandsteinherstellung durch den Zusatz von Flugasche, Forschungsbericht Nr. 68, Hannover, Februar 1988

BMFT (Bundesministerium für Forschung und Technologie, Hrsg.) (1987): Verwertung von Produkten aus der Wirbelschichtfeuerung für Dampfkessel, Forschungsbericht, Bonn

BMFT (Bundesministerium für Forschung und Technologie, Hrsg.) (1984): Untersuchungen zur Entwicklung von Baustoffen und Bauelementen aus Rückständen der Rauchgasentschwefelung, Untersuchungsbericht T 84 - 188, Bonn

BMFT (Bundesministerium für Forschung und Technologie, Hrsg.) (1982): Untersuchungen zur Weiterverwendung der Endprodukte aus Waschverfahren zur Rauchgasentschwefelung, Forschungsbericht T 82 - 193, Bonn

BOTT-EDER (Fa. Ziegelwerke Bott-Eder GmbH) (1989): Mündliche Mitteilungen, Rauenberg

BR (Barbara Rohstoffbetriebe GmbH) (1988): Mündliche Mitteilungen, Wülfrath

BREUER, R. (1985): Die Abgrenzung zwischen Abwasserbeseitigung, Abfallbeseitigung und Reststoffverwertung, C. F. Müller Juristischer Verlag, Heidelberg

BSE (Bundesverband Steine und Erden e. V. , Hrsg.) (1989): Konjunkturperspektiven 1988/1989, Frankfurt

BSK (1985): Bodenschutzkonzeption der Bundesregierung, Bundestagsdrucksache 10/2977 vom 07.03.1985

BURGET, W. (1979): Kostenschätzungen mit Hilfe von Kostenstrukturanalysen, in: Chem.-Ing.-Techn. , 51 (1979) Nr. 5, 484 - 487

BWD (Baustoffwerke Durmersheim GmbH) (1988): Mündliche und schriftliche Mitteilungen, Durmersheim

DAENZER, W. F. (Hrsg.) (1986/87): Systems Engineering, Verlag Industrielle Organisation, Zürich

DAVIDS, P. ; LANGE, M. (1986): Die Großfeuerungsanlagenverordnung - Technischer Kommentar, VDI-Verlag GmbH, Düsseldorf

DBF (Deutscher Bundestag, Hrsg.) (1989): Schutz der Erdatmosphäre, Zwischenbericht der Enquete-Kommission des 11. Deutschen Bundestages "Vorsorge zum Schutz der Erdatmosphäre", Bonn

DIN 1045 (Deutsches Institut für Normung e. V. , Hrsg.) (1978): Beton und Stahlbeton, Beuth Verlag GmbH, Berlin, Dezember 1978

DIN 1053 (Deutsches Institut für Normung e. V. , Hrsg.) (1987): Mauerwerk, Beuth Verlag GmbH, Berlin, Dezember 1987

DIN 1164 (Deutsches Institut für Normung e. V. , Hrsg.) (1978): DIN 1164, Portland- , Eisenportland- , Hochofen- und Traßzement, Beuth Verlag GmbH, Berlin 30 und Köln 1, November 1978

DIN 1168 (Deutsches Institut für Normung e. V. , Hrsg.) (1975/1986): Baugipse, Beuth Verlag GmbH, Berlin, 1975/1986

DIN 4226 (Deutsches Institut für Normung e. V. , Hrsg.) (1983): Zuschlag für Beton, Beuth Verlag GmbH, Berlin, April 1983

DIN 18550 (Deutsches Institut für Normung e. V. , Hrsg.) (1985): Putz, Beuth Verlag GmbH, Berlin, Dezember 1985

DIN 18650 (Deutsches Institut für Normung e. V. , Hrsg.) (1981): Estriche im Bauwesen, Beuth Verlag GmbH, Berlin, August 1981

DIN EN 197 (Deutsches Institut für Normung e. V. , Hrsg.) (1987): Entwurf DIN EN 197, Zement

DPA (Deutsches Patentamt) (1987): Patentschrift DE 3604450 C1, Mitstrom-Windsichter, Veröffentlichungstag 06.08.1987, München

DPM (Deutsches Patentamt) (1970): Offenlegungsschrift 1 904 496, Verfahren zur Herstellung von Calciumsulfat-Halbhydrat aus verunreinigten Gipsen, insbesondere Phosphorsäure-Abfallgips, Offenlegungstag 06.08.1970, München

DPA (Deutsches Patentamt) (1963): Auslegeschrift Nr. 1 157 128, Verfahren zur Herstellung von α-Calciumsulfat-Halbhydrat aus synthetischem Calciumsulfat-Dihydrat, Auslegetag 07.100.1963, München

ENGEL, O. (1975): Budgetpreisschätzung für Aufbereitungsanlagen, in: Aufbereitungstechnik - Nr. 3/1975, 143 - 148

EP (Europäisches Patentamt, Hrsg.) (1985): Verfahren zur Herstellung von Gipsformsteinen, EP 0054 793, B1, 1985

EPRI (Electric Power Research Institute, ed.) (1988): Laboratory Characterization of Advanced SO_2 Control By-Products: Spray Dryer Wastes, Final Report, Palo Alto, California, May 1988

ETH (Fa. Entsorgung-Transport-Handel GmbH) (1988): Mündliche und schriftliche Mitteilungen, Hamburg

EULER, H. (1984): Umweltverträglichkeit von Energiekonzepten - Planungsgrundlagen für die Erstellung von umweltorientierten örtlichen und regionalen Energieversorgungskonzepten, Bonn

EWERS, H. J. ; SCHULZ, W. (1982): Die monetären Nutzen gewässergüteverbessernder Maßnahmen - dargestellt am Beispiel des Tegeler Sees in Berlin, in: Berichte 3/82 des Umweltbundesamtes, Berlin

FABER, M.; Niemes,H.; Stephan, G. (1983): Entropie, Umweltschutz und Rohstoffverbrauch, Lecture Notes in Economica and Mathematical Systems 214, Springer Verlag, Berlin - Heidelberg - New York

FANDEL, G. (1987): Produktion I - Produktions- und Kostentheorie, Springer-Verlag, Berlin - Heidelberg - New York - London - Paris - Tokyo

FBWL (Forschungsbeirat Waldschäden/Luftverunreinigungen der Bundesregierung und der Länder) (1986): 2. Bericht, Kernforschungszentrum Karlsruhe GmbH, Karlsruhe

FSV (Forschungsgesellschaft für Straßen- und Verkehrswesen, Hrsg.) (1987): Vorläufiges Merkblatt für die Verfestigung von industriellen Nebenprodukten mit hydraulischen Bindemitteln, Köln, August 1987

FSV (Forschungsgesellschaft für Straßen- und Verkehrswesen, Hrsg.) (1986a): Merkblatt über die Verwendung von industriellen Nebenprodukten im Straßenbau, Teil: Steinkohlenflugasche, Köln, Ausgabe 1986

FSV (Forschungsgesellschaft für Straßen- und Verkehrswesen, Hrsg.) (1986b): Technische Lieferbedingungen für Mineralstoffe im Straßenbau TL-Min-StB 83, Ergänzung: Technische Lieferbedingungen für Füller, Köln 1986

GDS (Gesamtverband der Deutschen Steinkohle) (1988): Schriftliche und mündliche Mitteilungen, Essen

GJ (Geologisches Jahrbuch) (1986): Schweizerbart'sche Verlagsbuchhandlung, Reihe D, Heft 82, Hannover

GFAVO (1983): Dreizehnte Verordnung zur Durchführung des Bundes-Immissionsschutzgesetzes (Verordnung über Großfeuerungsanlagen) vom 22.06.1983 (BGBL. I S. 719)

GFR (Gesellschaft zur Aufbereitung und Verwertung von Reststoffen mbH) (1989): Schriftliche Mitteilungen, Iphofen

GRUBER, K. H. (1991): Zur methodischen Auswahl von Emissionsminderungsmaßnahmen, dargestellt für den Anlagenpark kleiner und mittlerer Feuerungen in Baden-Württemberg, Dissertation Universität Karlsruhe (TH), erscheint im Physica-Verlag, Heidelberg

GRUNEWALD, K. H. ; OTTERSTETTER, H. : Untersuchungen zur Aufbereitung von Flugasche aus Kraftwerken mit Hilfe der Flotation, in: Brennstoff-Wärme-Kraft, 42 (1990) 1/2, 61 - 63

GRUPP, H. (1986): Die sozialen Kosten des Verkehrs - Teil I und II, in: Verkehr und Technik 9 und 10/1986, 359 - 366 und 403 - 407

GUMZ, W. ; KIRSCH, H. ; MACKOWSKY, M. Th. (1958): Schlackenkunde, Springer-Verlag

GUNDLACH, H. (1973): Dampfgehärtete Baustoffe, Bauverlag GmbH, Wiesbaden und Berlin

GUTENBERG, E. (1979): Grundlagen der Betreibswirtschaftslehre - Erster Band, Die Produktion, Springer-Verlag, Berlin - Heidelberg - New York

HAIDER, M. (1984): Toxikologie der Stickoxide und ihrer Folgeprodukte, in: Symposium "Stickoxide" -Vorträge-, Technische Universität Wien

HALBWACHS, G. ; BEDNAR, M. (1984): Die Wirkung der Stickoxide und ihrer Folgeprodukte auf die Vegetation, in: Symposium "Stickoxide" -Vorträge-, Technische Universität Wien

HAMM, H. ; HÜLLER, R. (1987): Industrielle Verwertung von Rauchgasgips, in: Sammelband VGB Konferenz "Kraftwerk und Umwelt", Essen 1987, 143 - 147

HAMMERSCHMID, R. (1990): Entwicklung technisch-wirtschaftlich optimierter regionaler Entsorgungsalternativen, dargestellt für Reststoffe aus der Rauchgasreinigung für Baden-Württemberg, Dissertation Universität Karlsruhe (TH) Physica-Verlag Heidelberg, Wirtschaftswissenschaftliche Beiträge 37

HARTJE, V. (1990): Umweltpolitik - Ökonomische Ansätze bei der Zielformulierung, in: WISU, 8-9/90, 512 - 518

HÄRTLE, G. ; MAREK, K. ; BILITEWSKI, B. ; KIJEWSKI, K. (1988): Recycling von Kunststoffabfällen - Grundlagen, Technik und Wirtschaftlichkeit, Beihefte zu Müll und Abfall, Heft 27, 1988

HAUCK, D.; HILKER, E.; RUPPIK, M: Brennbare Massenzusätze bei Vormauer-Ziegeln, in: Mitteilungen des Instituts für Ziegelforschung, Essen

HAVERKAMP (1988): Wasserwirtschaftliche Anforderungen an die Verwertung von Bauschutt im Tiefbau, in: Verwertung von Bauschutt, LWA Materialien Nr. 3/88, Düsseldorf 1988

HEBEL (Fa. Hebel Malsch GmbH & Co.) (1987 & 1990): Mündliche Mitteilungen, Malsch

HEINZ, I. (1986): Zur ökonomischen Bewertung von Materialschäden durch Luftverschmutzung, in: UMWELTBUNDESAMT (Hrsg.) Kosten der Luftverschmutzung, Tagungsband Symposium im Bundesministeriums des Inneren, 12. und 13. September 1985, Berlin, 1985

HEINZE, G. (1987): Neuartige Granuliertrommel zum Agglomerieren von feindispersen Stoffen, in: Aufbereitungs-Technik, 28. Jahrgang (1987), Heft 7, 404 - 409

HELFRICH, F. ; SCHUBERT, W. (1973): Ermittlung von Investitionskosten - Einfluß auf die Wirtschaftlichkeitsberechnung, in: Chem.-Ing.-Techn., 45 (1973) Nr. 13, 891 - 897

HENSELDER-LUDWIG, R. (1988): Die Technische Anleitung Abfall, in: Entsorgungspraxis 11/88, 491 - 493

HOITSCH, H.-J. (1985): Produktionswirtschaft - Grundlagen einer industriellen Betriebswirtschaftslehre, Verlag Franz Vahlen GmbH, München

HOLZAPFEL, Th. ; BAMBAUER, H.-U. (1987): Flugasche-Aufbereitung - neue Rohstoffe und Recycling, in: TIZ-Fachberichte, Vol. 111, No. 2, 1987, 78 - 83

HOMEYER, O. (1989): Soziale Kosten des Energieverbrauchs, Springer-Verlag, Berlin/Heidelberg

HORLITZ, T. (1989): Monetäre Bewertung von Umweltschäden, in: DONNER, H. ; MAGONLOS, G. ; SIMON, J. ; WOLF, R. (Hrsg.) (1989): Umweltschutz zwischen Staat und Markt, Schriftenreihe Recht und Umwelt, Band 1, Nomos Verlagsgesellschaft, Baden-Baden

IfBt (Institut für Bautechnik, Berlin, Hrsg.) (1979): Richtlinie für die Erteilung von Prüfzeichen für Steinkohlenflugaschen als Betonzusatzstoff nach DIN 1045 (Prüfzeichenrichtlinie), Berlin

IIP (Institut für Industriebetriebslehre und Industrielle Produktion) (1989): Skript zur Vorlesung "Industrielle Produktion II", Universität Karlsruhe (TH)

IMHOF, R.:Pneumatische Flotation - eine moderne Alternative, in: Aufbereitungs-Technik, 29. Jahrgang (1988), Heft 8, 451 - 458

ISE (Institut für Steine und Erden der Technischen Universität Clausthal) (1984): Gutachten über die Verwendbarkeit eines nach dem von der Fa. Fläkt Industrieanlagen GmbH entwickelten Rauchgasentschwefelungsverfahren gewonnenen Anhydrits als Erstarrungsregler für Portlandzement, 08.05.1984

ISEBW (Industrieverband Steine und Erden Baden-Württemberg e. V., Hrsg.) (1989): Geschäftsbericht, Stuttgart

ISEBW (Industrieverband Steine und Erden Baden-Württemberg e. V.) (1989):
Schriftliche Mitteilungen, Stuttgart

ISW (International Scoping Workshop) (1989): "Low-waste Manufacturing:
Technological-Ecological Coexistence", Ost-Berlin, 30.11. - 02.12.1989

IZE (Institut für Ziegelforschung Essen e. V.) (1988): Schriftliche Mitteilungen,
Essen

JAHN, P. ; WEIS, P. (1989): Grundlagenuntersuchungen zur Verwertung von
zirkulierenden Wirbelschichtaschen, in: VGB Kraftwerkstechnik 69,
Heft 9, September 1989, 924 - 929

JOHANSEN, V. ; EGELOV, A. H. ; EIRIKSSON, A. O. (1986): Emission of
NO_x and SO_2 from cement clincer burning, in: Zement-Kalk-Gips, Oktober 1986, 39. Jahrgang, 558 - 559

JUNGMANN, A. ; REILARD, U. A. (1988): Untersuchung zur pneumatischen
Flotation verschiedener Roh- und Abfallstoffe mit dem Allflot-System,
in: Aufbereitungs-Technik, 29. Jahrgang (1988), Heft 8, 470 - 477

KAUTZ, K. (1986): Ascheverwertung und Entsorgung bei Wirbelschichtanla-
gen, in: Fernwärme International, 15(1986)4, 237 - 240

KEIL, F. (1971): Zement, Springer-Verlag, Berlin/Heidelberg, 1971

KH (Fa. Kraftanlagen Heidelberg AG) (1988): Schriftliche Mitteilungen, Heidelberg

KIRSCH, H. ; SCHIRMER, U. ; SCHWARZ, G. (1980): Die Herkunft der
Spurenelemente Zink, Cadmium und Vanadium in Steinkohlen und ihr
Verbleib bei der Verbrennung, in: VGB Kraftwerkstechnik, Heft 10,
Oktober 1980, 814 - 824

KLETT, W. (1988): Gesetzliche Anforderungen an Errichtung und Betrieb von
Bauschutt-Aufbereitungsanlagen unter Berücksichtigung landesrechtli-
cher Besonderheiten, Vortrag anläßlich der Herbsttagung des Bundes-
verbandes der Baustoff-Aufbereiter e. V. , Bad Homberg, November
1988

KLOOK, I. (1969): Betriebswirtschaftliche Input-Output-Modelle, Betriebswirtschaftlicher Verlag Dr. Th. Gabler GmbH - Wiesbaden

KLÖPFER, W. (1989): Persistenz und Abbaubarkeit in der Beurteilung des Umweltverhaltens anthropogener Chemikalien, in: Z. Umweltchem. Ökotox. (1989) 2, 43 - 51

KNAUF, N. A. (1983): Die Probleme des Rauchgasgipses, in: Zement-Kalk-Gips, Mai 1983, 36. Jahrgang, 271 - 274

KOCH, R. (1989): Umweltchemie und Ökotoxikologie - Ziele und Aufgaben -, in: Z. Umweltchem. Ökotox. (1989) 1, 41 - 43

KÖHL, W. (1988): Technische, methodische und politische Probleme bei der Standortsuche für Abfallverwertungsanlagen, in: Raumforschung und Raumordnung, Heft 1 - 2, 1988, 63 - 69

KREFT, W. (1982): Methode zur Vorausberechnung von Schadstoffkreisläufen in Zementöfen, in: Zement-Kalk-Gips, August 1982, 35. Jahrgang, 456 - 459

KUNZE, W. (1974): Gesinterte Flugaschepellets als Zuschlag für Konstruktionsleichtbeton, Sonderdruck aus "Betonwerk und Fertigteiltechnik, Wiesbaden - Berlin

LANG, H. J. (1948). Simpified Approach to Priliminary Cost Estimates, in: Chemical Engineering, 55(1948), 226 ff.

LBF (Landesbergamt Freiburg) (1989): Möglichkeiten der Abfalleinlagerung in betriebenen und stillgelegten Bergwerken in Baden-Württemberg, interner Bericht, Freiburg

LOTZE, J. (1985): Verwertungsmöglichkeiten von Aschen der ersten großtechnischen ZWS-Feuerungsanlage, in: 17. Metallurgisches Seminar, Nordkirchen, 1985

MARBURGER, E. A. (1986): Zur ökonomischen Bewertung gesundheitlicher Schäden durch Luftverschmutzung, in: UMWELTBUNDESAMT (HRSG.): Kosten der Umweltverschmutzung, Tagungsband Symposium im Bundesministerium des Inneren, 12. und 13. September 1985, Berlin

MARX, D. (1990): Auswirkungen einer Umweltverträglichkeitsprüfung auf die Errichtung von Abfall-Entsorgungsanlagen, in: Z. Umweltchem. Ökotox. 2 (1) 45 - 48 (1990)

MASON, B. ; MOORE, C. B. (1985): Grundzüge der Geochemie, Ferdinand Enke Verlag, Stuttgart

MAURY, H. D. ; PAVENSTEDT, R. G. (1989): Primär- und Sekundär-Brennstoffe beim Klinkerbrennen, in: Zement-Kalk-Gips, Februar 1989, 42. Jahrgang, 90 - 93

ME (Montan-Entsorgung GmbH & Co. KG) (1988): Schriftliche und mündliche Mitteilungen, Essen

MEADOWS, De. ; MEADOWS, Do. ; ZAHN, E. ; MILLING, P. (1972): Die Grenzen des Wachstums - Bericht des Club of Rome zur Lage der Menschheit, Deutsche Verlagsanstalt, Stuttgart

MELUW (Ministerium für Ernährung, Landwirtschaft, Umwelt und Forsten Baden-Württemberg, Hrsg.) (1987): Abfallentsorgungsplan Baden-Württemberg, Teilplan Hausmüll (Entwurf), Stuttgart, Mai 1987

MIERHEIM, H. (1986): Ökologische Buchhaltung und Umweltkennziffern, in: Tutzinger Materialien Nr. 33/1986, 13 - 23

MÖLLER, H.; OSTERKAMP, R.; SCHNEIDER, W. (1981): Umweltökonomik, Athenäum Verlag GmbH, Königstein/Ts., 1981

MÜLLER-WENK, R. (1978): Die ökologische Buchhaltung. Ein Informations- und Steuerungsinstrument für umweltkonforme Unternehmenspolitik, Frankfurt und New York

MUTHMANN, E. (1984): Ermittlung der Investitionskosten von Chemieanlagen in verschiedenen Projektphasen, in: Chem.- Ing.- Techn., 56(1984)12, 940 - 941

MWMT (Ministerium für Wirtschaft, Mittelstand und Technologie Baden-Württemberg (1985): Schriftliche Stellungnahme des Ministeriums bezüglich der Anfrage von Landtagsabgeordneten über Gipsabbau, Drucksache 9/628 vom 19.10.1984

N. N. (1989): Waldsterben - Asche - Therapie, in: Entsorga-Magazin, 7 - 8, 1989, 32 - 39

NILL, B. (1986): Wirtschaftlichkeit als Kriterium für die Entwicklung, Auslegung und Auswahl von Apparaten und Maschinen für Prozeßstufen, in: Chem.-Ing.-Techn. , 58 (1986) Nr. 9, 720 -731

ODLER, I.; BLOSS, W. (1986): Neue Untersuchungen über das Calciumsulfit, in: TIZ - Fachberichte Vol. 110, No. 6, 1986, 381 - 382

OFFERMANN, H. (1988): Recycling von Bauschutt - Technische und ökonomische Kriterien bei der Verfahrenswahl, Dissertation, Universität Gesamthochschule Essen, Essen, 1988

PATZAK, G. (1982): Systemtechnik - Planung komplexer innovativer Systeme, Springer Verlag, Berlin - Heidelberg - New York

PFLÜGNER, W. (1988): Nutzen-Analysen im Umweltschutz - der ökonomische Wert von Wasser und Luft, Van Hoek & Ruprecht, Göttingen

POHMER, D. ; BEA, F. X. (1988): Produktion und Absatz, Band 2, Vandenhoeck & Ruprecht in Göttingen

PRINZ, W. (1985): Waldschäden in den USA und der Bundesrepublik Deutschland - Betrachtungen und Ursachen, in: VGB Konferenz "Kraftwerk und Umwelt" 1985, Essen

PRINZING, P. ; RÖDL, R. ; AICHERT, D. (1985): Investitionskosten-Schätzung für Chemieanlagen, in: Chem.-Ing.-Techn. , 57 (1985) Nr. 1, 8 - 14

PRO MINERAL (Fa. Pro Mineral GmbH) (1989): Schriftliche und mündliche Mitteilungen, Essen

PUTZ, M. ; BUCHHOLZ, K.-H. (1982): Die Genehmigungsverfahren nach dem Bundes-Immissionsschutzgesetz, E. Schmidt Verlag, Berlin

PUXBAUM, H. ; OBER, E. (1988): Reaktionen von Stickoxiden in der Atmosphäre, in: 3. "Stickoxide"-Symposium, Gesellschaft Österreicher Chemiker, Wien

RAPP, H. P. (1990): Ausweisung von Standorten für Abfallentsorgungsanlagen - eine Akzeptanzfrage?, in: EntsorgungsPraxis 1 - 2/9, 22 - 24

RENTZ, O. (1979): Techno-Ökonomie betrieblicher Emissionsminderungsmaßnahmen, Erich Schmidt Verlag, Berlin

RENTZ, O. (1970): Zum Problem der wirtschaftlichen Auswahl von Entstaubern, in: Wasser Luft und Betrieb, 14 (1970) 5, 1 - 5 und 14 (1970) 6, 6 - 8

REUTER, I. (1974): Das Flotationsverfahren und seine Anwendung bei Prozessen der fest/flüssig-Trennung, in: Aufbereitungstechnik, 15. Jahrgang (1974), Heft 9, 475 - 482

RODENHÄUSER, F. ; HERCHENBERG, H. (1986): Verringerung der gasförmigen Schadstoff-Emissionen aus Zementanlagen, in: Zement-Kalk-Gips, Oktober 1986, 39. Jahrgang, 575 - 577

ROEDER, A. (1988): Reststoffentsorgung, Schriftliche Mitteilungen der Rheinischen Kalksteinwerke, Wülfrath

ROHRBECK, M. (1979): Standortauswahl in der Abfallwirtschaft, Abfallwirtschaft in Forschung und Praxis, Band 7, E. Schmidt Verlag, Berlin

ROPOHL, G. (1975): Systemtechnik - Grundlagen und Anwendung, Carl Hauser Verlag, München - Wien

RPM (Reichspatentamt) (1931): Patentschrift Nr. 528 864, Verfahren zur Herstellung von Kalziumsulfat-1/2-Hydrat, Auslegetag 04.07.1931

RSU (Der Rat von Sachverständigen für Umweltfragen) (1987): Umweltgutachten, Stuttgart

RUPP, J.-J. (1988): REA-Gips und Abfallrecht, in: Recht, Jg. 49 (1988), Nr. 8, 158 - 162

RWE (Rheinisch-Westfälisches Elektrizitätswerk AG) (1989): Schriftliche und mündliche Mitteilungen, Essen

SAFA (Fa. Saarfilterasche-Vertriebs-GmbH & Co. KG) (1990): Mündliche Mitteilungen, Baden-Baden

SCHEUER, A. (1984): Untersuchungen zur Abscheidung von Schwermetallemissionen aus Rauchgasen an Trockenadditiven, Fortschritt-Berichte der VDI-Zeitschriften, Reihe 3, Nr. 86, VDI-Verlag GmbH, Düsseldorf

SCHIESSEL, P. ; SYBERTZ, F. (1988): Beurteilung der Wirksamkeit von Steinkohlenflugaschen, in: Vortragsband VGB Konferenz "Forschung in der Kraftwerkstechnik", Essen, März 1988, 134 - 144

SCHMITT-GLESER, G. (1988): Abfallentsorgung - Gesetze, Verordnungen, abfallrechtliche Informationen, ecomed Verlagsgesellschaft mbH, Landsberg/Lech

SCHÖNERT, K. (1987): Grundlagen des Zerkleinerns, in: Fortschritte in der Zerkleinerungstechnik - energiesparende Anlagen, Vortragsveröffentlichungen, Vulkan Verlag Dr. W. Classen Nachf. GmbH & Co. KG, Essen

SCHROER, D. (1987): Hydraulisch abbindende Baustoffe aus Entsorgungsprodukten für den Bergbau, in: Glückauf 123 (1987) Nr. 22, 1417 - 1422

SCHUBERT, H. (1974a): Aufbereitung fester mineralischer Rohstoffe, Band III, VEB Deutscher Verlag für Grundstoffindustrie, Leipzig

SCHUBERT, H. (1974b): Aufbereitung fester mineralischer Rohstoffe, Band I, VEB Deutscher Verlag für Grundstoffindustrie, Leipzig

SCHULZ, W. (1989): Ansätze und Grenzen der Monetarisierung von Umweltschäden, in: ZfU 1/89, 55 - 72

SCHULZE, J. ; HASSAN, A. (1981): Methoden der Material- und Energiebilanzierung bei der Projektierung von Chemieanlagen, Verlag Chemie, Weinheim - Deerfield Beach, Florida - Basel

SENN, J. F. (1986): Ökologie-orientierte Unternehmensführung, Verlag Peter Lang, Frankfurt am Main

SIMONIS, U. E. (Hrsg.) (1986): Ökonomie und Ökologie - Auswege aus einem Konflikt, Verlag C. F. Müller, Karlsruhe

SMBW (Staatsministerium Baden-Württemberg, Hrsg.) (1986): Wirtschaftliche Entwicklung - Umwelt - Industrielle Produktion, Stuttgart

SMBW (Staatsministerium Baden-Württemberg, Hrsg.) (1984): Bericht der Komission "Minderung der Stickoxidemissionen aus Kraftwerken in Baden-Württemberg", Stuttgart

SMBW (Staatsministerium Baden-Württemberg, Hrsg.) (1983): Bericht der Arbeitsgruppe "Energiebedarf-Umwelt-Kraftwerksbetrieb", Stuttgart

SPRUNG, S. (1984): Emissionsprognosen beim Einsatz von Abfallbrennstoffen, in: Zement-Kalk-Gips, Oktober 1984, 37. Jahrgang, 519 - 522

STAHL, H. ; JURKOWITSCH, H. (1985): Brikettierung von Rauchgasgips, in: Aufbereitungs-Technik, 26. Jahrgang (1985), Heft 8, 474 - 481

STEFFEN, R. (1973): Analyse industrieller Elementarfaktoren in produktionstheoretischer Sicht - Grundlagen für den Aufbau kurzfristiger Planungsmodelle, Erich Schmidt Verlag, Berlin

STEINRÜCK, P. (1988): Das Verfahren der Turbowirbelschicht der SGP, Firmenschrift Simmering-Graz-Pauker AG, Wien

STERN, (1984): Ziegel hohen Porosierungsgrades, in: Mitteilungen des Instituts für Ziegelforschung, Essen, Januar 1984

SUTTER, H. (1988): Vermeidung und Verwertung von Sonderabfällen: Grundlagen, Verfahren, Entwicklungstendenzen, Erich Schmidt Verlag, Berlin

SUTTER, H. (1990): Vermeidung von Sonderabfällen, in: EntsorgungsPraxis Spezial, Februar 1990, No 1, 3 - 10

TA ABFALL (Zweite Allgemeine Verwaltungsvorschrift zum Abfallgesetz - TA Abfall, Teil 1) (1990): Technische Anleitung zur Lagerung, chemisch/physikalischen und biologischen Behandlung und Verbrennung von besonders überwachungsbedürftigen Abfällen, in: AbfallwirtschaftsJournal, Nr. 5, Mai 1990, 265 - 328

TA LUFT (1985): Erste Allgemeine Verwaltungsvorschrift zum Bundes-Immissionsschutzgesetz (Technische Anleitung zur Reinhaltung der Luft - TA Luft) vom 27.02.1986 (GMBL. Nr. 7, S. 93 - 144)

TIETZ, M. P. (1988): Standortkriterien für Abfallentsorgungsanlagen als Grundlage für die planerische Abwägung im Raumordnungsverfahren, in: Informationen zur Raumentwicklung, Heft 10, 1988, 681 - 690

TVAB (1986): Technische Vorschriften für die Abfallbeseitigung, lose Blattsammlung, Ergänzungslieferung Stand Januar 1989, E. Schmidt Verlag, Berlin

UBA (Umweltbundesamt, Hrsg.) (1989): Forschungsbericht "Aufbereitung von Kraftwerksreststoffen zur Umweltentlastung, Steinkohlenflugasche" - Vorphase - FKS 1440529 I, Berlin

UHLIG, A. (1978): Ökologische Krise und ökonomischer Prozeß, Rüegger, Zürich

UMBW (Umweltministerium Baden-Württemberg, Hrsg.) (1990): Entsorgung von Reststoffen aus der Rauchgasreinigung, Teil 2: TA Luft - Feuerungsanlagen, Hefte 7 und 8 der Berichtsreihe Luft Boden Abfall, Stuttgart, Oktober 1990

UMBW (Ministerium Umwelt Baden-Württemberg, Hrsg.) (1988a): Volkswirtschaftliche Auswirkungen der Vermeidung und Verwertung von Abfällen, Heft 2 der Berichtsreihe Luft Boden Abfall, Stuttgart, Juni 1988

UMBW (Umweltministerium Baden-Württemberg, Hrsg.) (1988): Entsorgung von Reststoffen aus der Rauchgasreinigung, Teil 1: Großfeuerungsanlagen, Heft 1 der Berichtsreihe Luft Boden Abfall, Stuttgart, Mai 1988

URBAN, A. (1983): Verfahrensvergleich am Beispiel von Abfallaufbereitungsanlagen - Kriterien für die Auswahl, in: Karl. J. Thome-Kozmiensky (Hrsg.) (1983), Materialrecycling durch Abfallaufbereitung, EF Verlag für Energie und Umwelttechnik GmbH, Berlin

UVPG (1990): Gesetz über die Umweltverträglichkeitsprüfung bei bestimmten öffentlichen und privaten Projekten, BGBL. Jg. 90, Nr. 6, S. 205

VAUCK, W. R. ; MÜLLER, H. A. (1982): Grundoperationen chemischer Verfahrenstechnik, Verlag Chemie, Weinheim - Deerfield Beach, Florida - Basel

VDEW/VGB (Vereinigung Deutscher Elektrizitätswerke e. V. ; Technische Vereinigung der Großkraftwerksbetreiber e. V., Hrsg.) (1988): Verwertungskonzept für Reststoffe aus Kohlekraftwerken, Teil II: Aschen-Rückstände aus der Verbrennung, in: VGB Kraftwerkstechnik 86, Heft 11, 1172 - 1179

VDEW/VGB (Vereinigung Deutscher Elektrizitätswerke e. V. ; Technische Vereinigung der Großkraftwerksbetreiber e. V., Hrsg.) (1986): Verwertungskonzept für Reststoffe aus Kohlekraftwerken, Teil I: Gips aus der Rauchgasentschwefelung, Frankfurt - Essen

VDEW/VGB/BGI (Vereinigung Deutscher Elektrizitätswerke/Technische Vereinigung der Großkraftwerksbetreiber e. V./Bundesverband der Gips- und Gipsbauplattenindustrie e. V., Hrsg.) (1986): Verwertungskonzept für Reststoffe aus Kohlekraftwerken - REA-Gips

VDI (Verein Deutscher Ingenieure, Hrsg.) (1979): VDI-Richtlinie 3800 - Kostenermittlung für Anlagen und Maßnahmen zur Emissionsminderung, VDI Verlag GmbH, Düsseldorf

VDZ (Verein Deutscher Zementwerke) (1984): Zement Taschenbuch, Bauverlag GmbH, Wiesbaden - Berlin

VEBA (VEBA Kraftwerke Ruhr AG) (1988 und 1989): Mündliche und schriftliche Mitteilungen, Gelsenkirchen

VGB (Technische Vereinigung der Großkraftwerksbereiber e. V., Hrsg.) (1988): Untersuchungen an Aschen aus Wirbelschichtfeuerungen, Schlußbericht, Essen

VGB (Technische Vereinigung der Großkraftwerksbetreiber e. V., Hrsg.) (1989): Herstellung von wärmedämmenden Leichtbausteinen aus Steinkohlenaschen - VGB-TW 701-Schlußbericht zum VGB Forschungsprojekt 84, Essen

VON NIEDING, G. (1985): Wirkung von Schwefeldioxid (SO_2) auf die menschliche Gesundheit, in: Dokumentation Rauchgasreinigung, VDI-Verlag GmbH, Düsseldorf

VV (1990): Entwurf der 1. Verwaltungsvorschrift nach § 5 Abs. 1 Nr. 3 BImSchG zur Vermeidung, Verwertung und Beseitigung von Reststoffen, erscheint im Gemeinsamen Amtsblatt von Baden-Württemberg (GABL).

WAKABAYASHI, A. (1987): Manufacture of lightweight aggregate utilizing fly ash., in: Ash a valuable resource, CSIR Conference - Conference Paper, Volume 2, Pretoria (SA)- February 1987

WARGALLA, G. ; KÄMPF, F. ; BINGS, H. (1989): Aufarbeitung von Kraftwerksreststoffen im VAW-Werk Lünen, in: Sammelband VGB Konferenz "Kraftwerk und Umwelt 1989", Essen 282 - 285

WHG (1986): Gesetz zur Ordnung des Wasserhaushaltes - Wasserhaushaltsgesetz, vom 23.09.1986, BGBL. I S. 1529, S. 1654

WICKE, L. (1987): Europas Milliardenverluste durch Umweltzerstörung, in: Winter, G. (1987): Das Umweltbewußte Unternehmen, Verlag C. M. Beck, München

WIRGES, H.-P. (1985): Apparate für die Kristallisation, in: Chem.-Ing.-Techn. , 57 (1985) 11, 916 - 920

WÖRNER, Th. (1988): Umweltverträglichkeit alternativer Baustoffe für den Straßenbau, Dissertation Universität Karlsruhe (TH), 1988

ZISSELMAR, R. (1985): Zur Preßagglomeration von Rauchgasgips in Walzenpressen, in: Zement-Kalk-Gips, Nr. 5/1985 (38. Jahrgang), 243 - 249

ZSW (Zementberatung Südwest) (1990): Mündliche Mitteilungen, Leonberg

11 ABKÜRZUNGSVERZEICHNIS UND ANHANG

Verzeichnis häufig verwendeter Abkürzungen

AbfG	...	Abfallgesetz
BImSchG	...	Bundes-Immissionsschutzgesetz
BImSchV	...	Bundes-Immissionsschutzverordnung
DIN	...	Deutsche Industrie Norm
EN	...	Eurpoäische Norm
FCKW	...	Fluor-Chlor-Kohlenwasserstoffe
GFAVO	...	Großfeuerungsanalgenverordnung
IfBt	...	Institiut für Bautechnik
KWR	...	Calciumsulfit-/Calciumsulfatschlamm
KWR 1 - 4	...	Technische Entsorgungswege 1 - 4 für KWR
MAK	...	Maximale Arbeitsplatz-Konzentration
REA	...	Rauchgasentschwefelungsanlage
RFA	...	Rostfeuerungsflugasche
RFA 1 - 4	...	Technische Entsorgungswege 1 - 4 für RFA
SAR	...	Sprühabsorptionsreststoff
SAR 1 - 4	...	Technische Entsorgungswege 1 - 4 für SAR
TA Luft	...	Technische Anleitung zur Reinhaltung der Luft
TEW	...	technischer Entsorgungsweg
UVP	...	Umweltverträglichkeitsprüfung
VG	...	Verwertungsgruppe
WA	...	Wirbelschichtasche
WA 1 - 3	...	Technische Entsorgungswege 1 - 3 für WA
w/z-Wert	...	Wasser/Zement-Wert

Anhang 1:

In dieser Arbeit wurden in bezug auf die Reststoffaufbereitung Informationen folgender Hersteller/Anbieter berücksichtigt:

Firma/Firmensitz	Aufbereitungsfunktion						
	Mischen	Zerkl.	Anreichern	Aggl./ Komp.	Entw.	Tr.	Lag./ Förd.
Amandus Kahl Nachf. GmbH. & Co, Hamburg	-	-	-	Br	-	-	-
Allmineral Aufbereitungstechnik GmbH. & Co. KG, Duisburg	-	-	Fl	-	-	-	-
Alpine AG, Augsburg	-	-	Si	-	-	-	-
Babcock-BSH AG, Bad Hersfeld	-	-	-	-	-	X	-
Balcke Dürr AG, Ratingen	-	-	Umf	-	-	-	-
(BR) Barbara Rohstoffbetriebe GmbH., Wülfrath	X	-	-	-	-	-	-
Bautrans-Silo-Systeme GmbH., Germersheim	-	-	-	-	-	-	X
(BHS) Bayrische Berg-, Hütten- und Salzwerke AG, Sonthofen	-.	-	-	-	Entw.	-	-
Deutsche Babcock Anlagen AG, Krefeld	-	-	Umf	-	-	-	-
Draiswerke GmbH., Mannheim-Waldorf	-	-	-	Pl	-	-	-
(Ekof) Erz- und Kohleflotation GmbH., Bochum	-	-	Fl	-	-	-	-
(ETH) Entsorgung-Transport-Handel GmbH., Hamburg	X	-	Sb/Pl/Br	-	-	-	-
Fläkt Industrieanlagen GmbH., Butzbach	-	-	th.Ox	-	-	-	-
Gericke Gumbtt, Rielasingen	-	-	-	-	-	-	X
Kary GmbH., Bremen	-	-	Fl	-	-	-	-
KHD Humbold Wedag AG, Köln	-	X	Si/En	-	-	-	-
Knauf Research Cotrell GmbH., Würzburg	-	-	Umf	-	-	-	-
Knauf Research Cotrell Umwelttechnik GmbH., Würzburg	-	-	th.Ox	-	-	-	-
Joachim Kreyenbourg & Co. GmbH., Münster	X	-	-	-	-	-	-
Krupp-Koppers GmbH., Essen	-	-	-	St	-	-	-
Krupp Polysius AG, Bochum	-	X	-	-	-	-	-
Larox GmbH., Kriftel	-	-	-	-	Entw.	-	-
Gebrüder Lödige Maschinenbauges. mbH, Paderborn	X	-	-	-	-	-	-
Lurgi GmbH., Frankfurt	-	-	El	-	-	-	-
Maschinenfabrik Gustav Eirich, Hardheim	-	-	-	Pl	-	-	-
Maschinenfabrik Köppern GmbH. & Co KG., Hattingen	-	-	-	Br	-	-	-
Karl Merz Maschinenfabrik GmbH., Waldshut-Tiengen	-	X	-	-	-	-	X
Moser KG, Göppingen	-	-	-	-	-	X	-
Noell Wassertechnik GmbH., Bremen	-	-	Fl	-	-	-	-
O&K Orenstein & Koppel AG, Ennigerloh	-	-	Si/En	-	-	-	-
Pro Mineral GmbH., Essen	-	-	Umk	-	-	-	-
Rhewum GmbH., Remscheid	-	-	Sb	-	-	-	-
Josef Russig GmbH. & Co KG., Bochum	-	-	-	Pl	-	-	-
Salzgitter Industriebau GmbH, Salzgitter	-	-	Umk	-	-	-	-
Schwarz GmbH., Dorstedt	-	-	Fl	-	-	-	-
Stanelle Behälter- und Stahlbau GmbH & Co. KG, Güglingen	-	-	-	-	-	-	X
L&C Steinmüller GmbH., Gummersbach	-	-	El/Fl/Sb/Si	-	-	-	-
VEBA Kraftwerke Ruhr AG, Gelsenkirchen	-	-	-	St	-	-	-
Westfälische Maschinenbau-Gesellschaft mbH., Unna	-	X	-	-	-	-	X

```
Zerkl. ... Zerkleinern     Aggl./Komp. ... Agglomerieren / Kompaktieren     Entw. ... Entwässern
Tr.    ... Trocknen        Lag. /Förd. ... Lagern / Fördern
```

```
Sb ... Sieben      Pl ... Pelletisieren     Br ... Brikettieren         Si  ... Sichten
Fl ... Flotieren   Umf... Umfällen          Umk... Umkristallisieren     th.Ox... Thermisch Oxidieren
Tr ... Trocknen    St ... Sintern           El ... Elektrosortieren
```

Anhang 2: Zementwerke in Baden-Württemberg

Anhang 3: Karte der Regionen von Baden-Württemberg

Anhang 4: Gipswerke in Baden-Württemberg

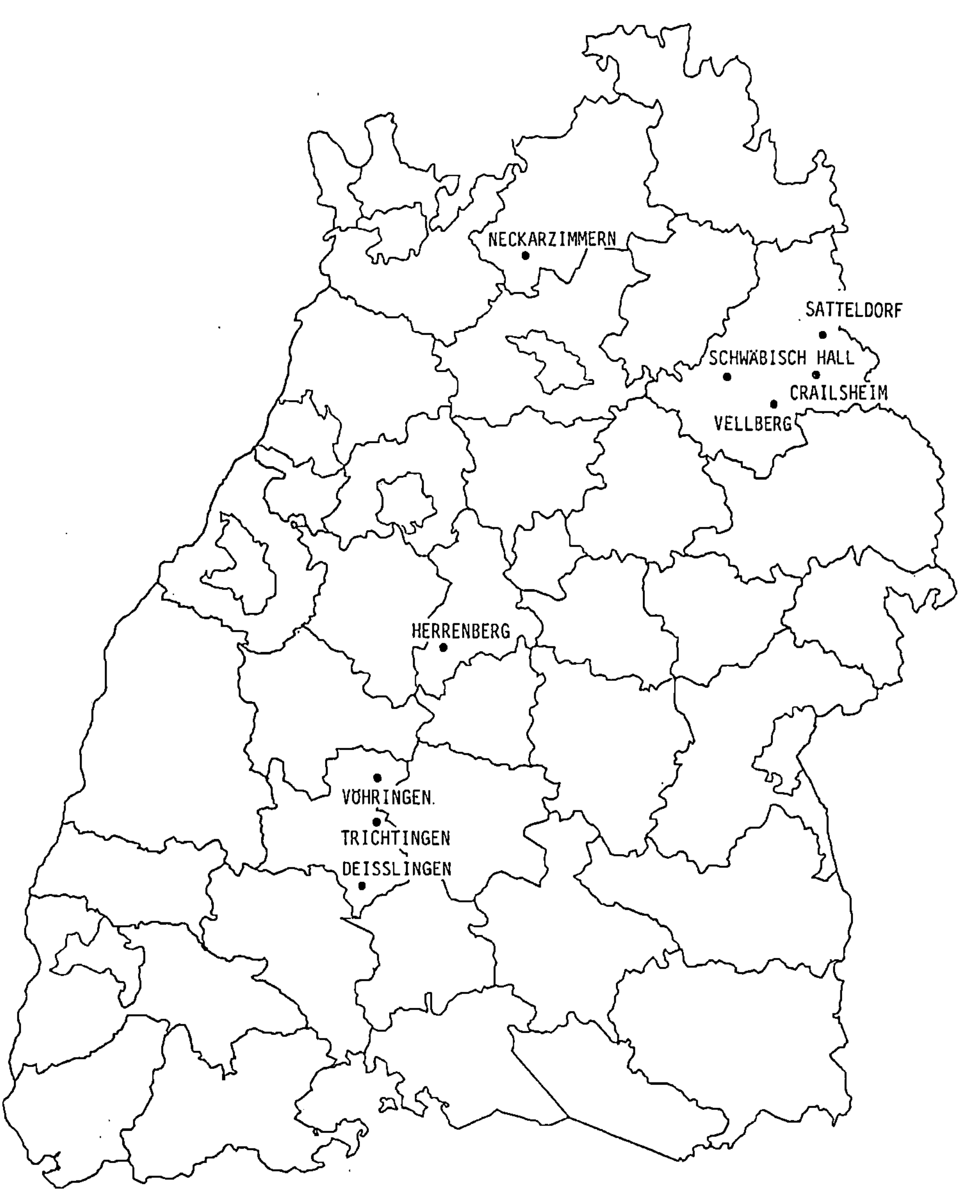

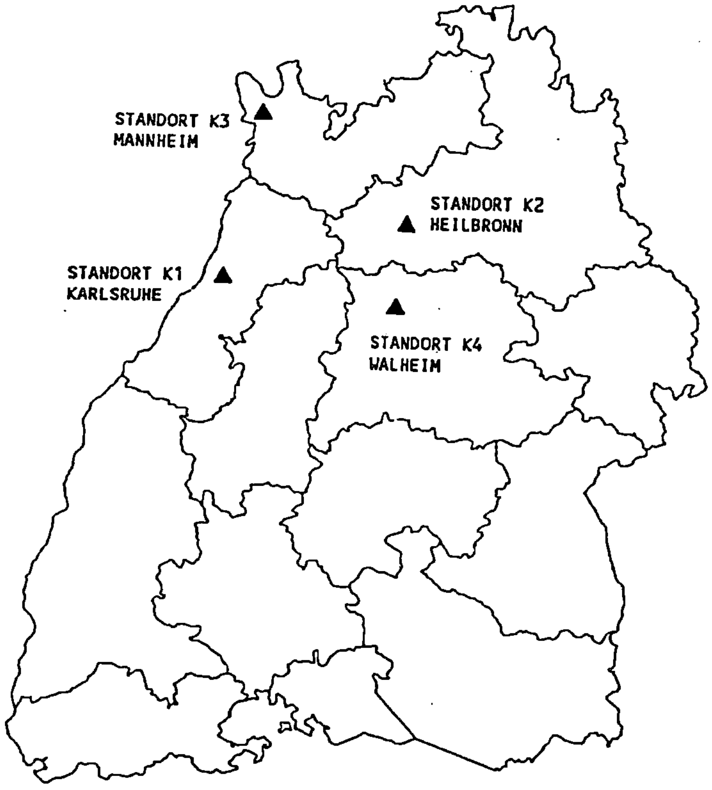

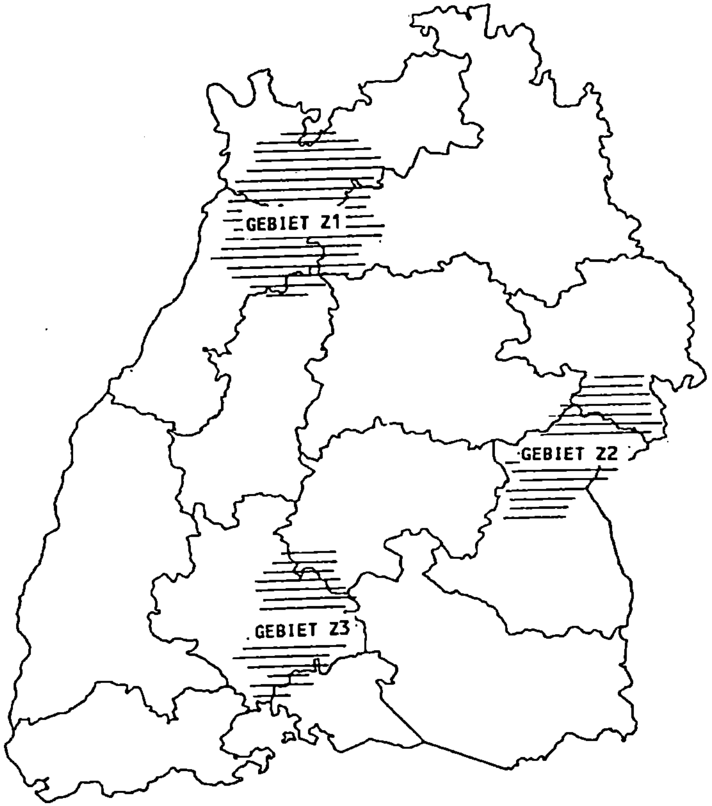

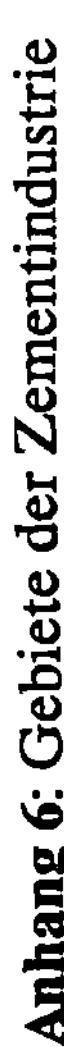

Anhang 6: Gebiete der Zementindustrie

Anhang 5: Kraftwerksstandorte

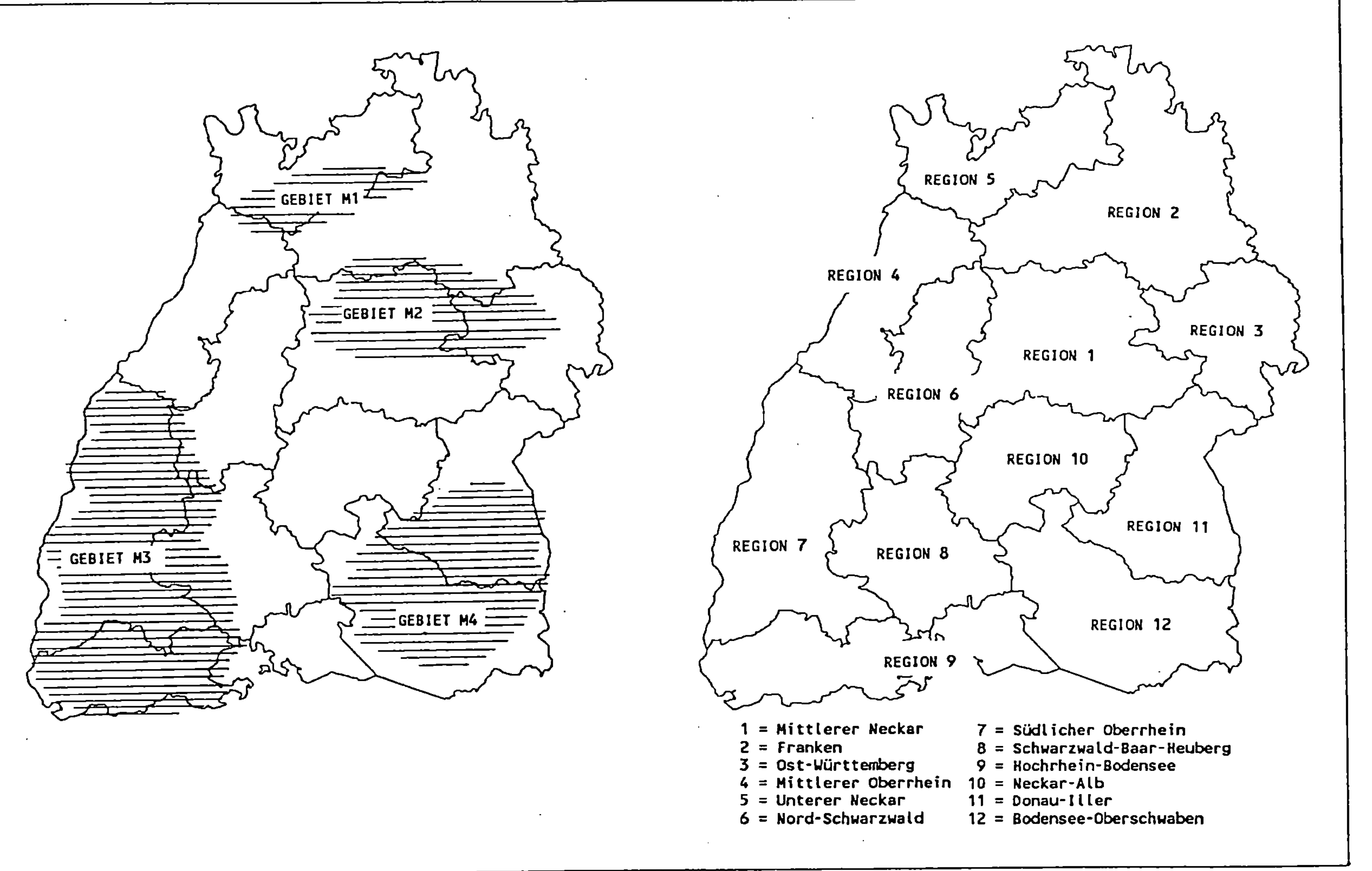

Anhang 7: Gebiete der Mauerziegelwerke

Anhang 8: Regionen der Betonwerke

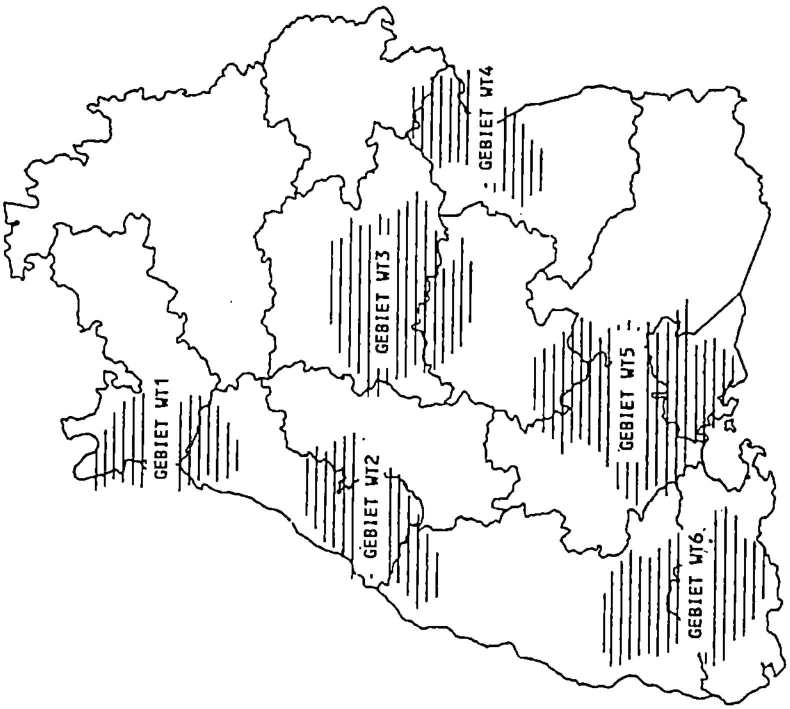

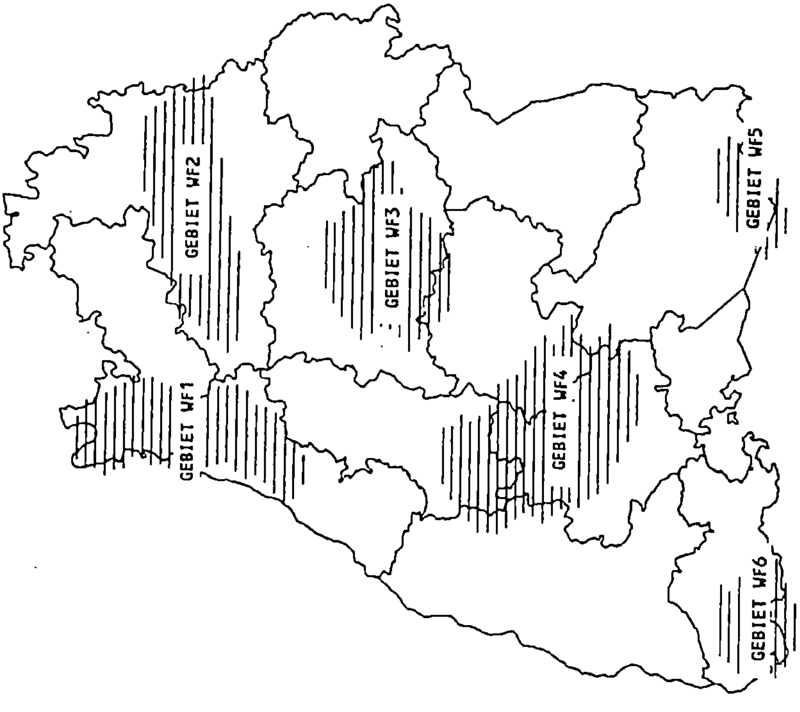

Anhang 10: Gebiete der Trockenmörtelwerke

Anhang 9: Gebiete der Frischmörtelwerke

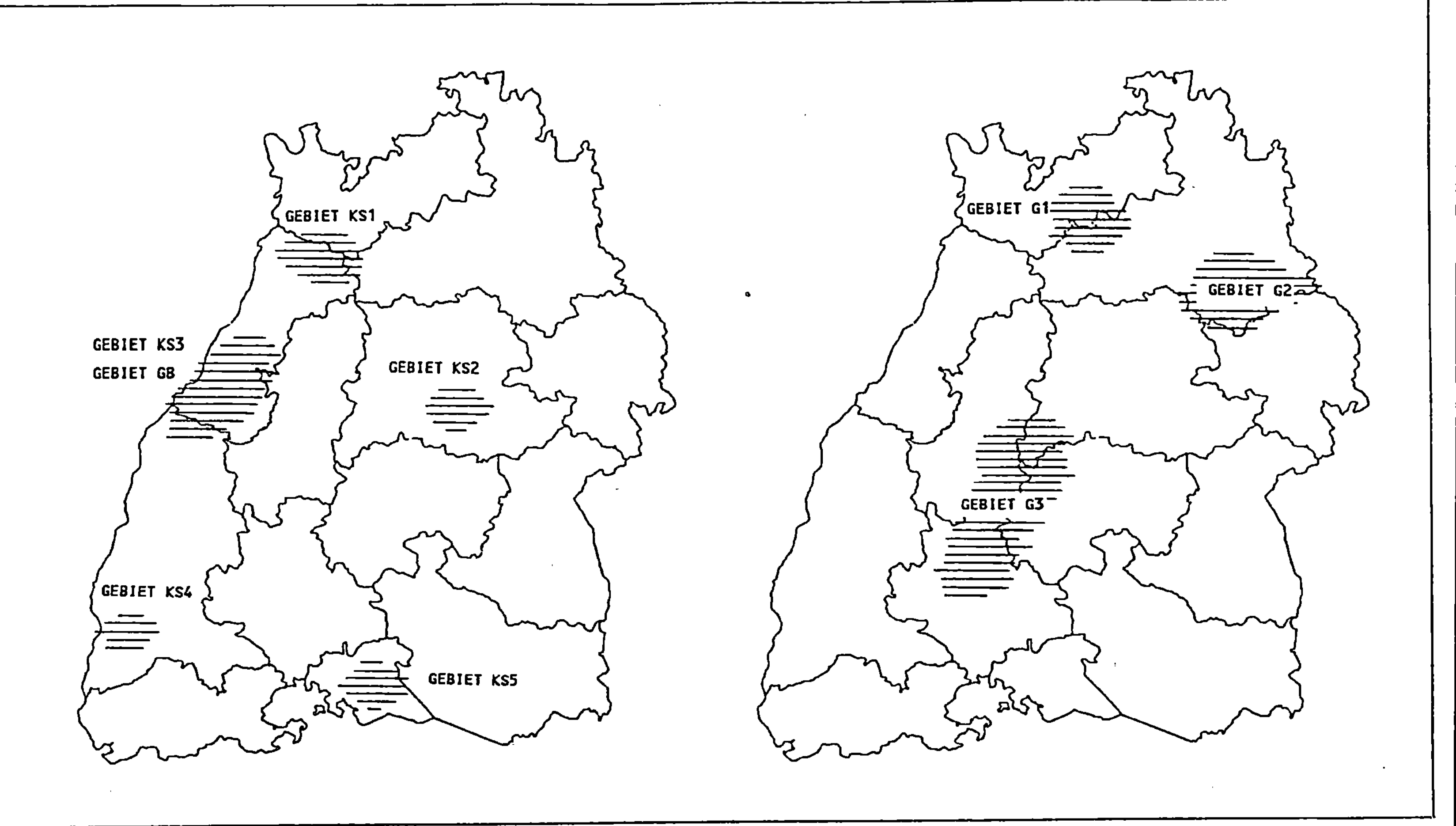

Anhang 11: Gebiete der Kalksandstein- und Gasbetonsteinwerke   **Anhang 12:** Gebiete der Gipsindustrie

Anhang 13: Landkreiskarte von Baden-Württemberg